科学出版社"十三五"普通高等教育本科规划教材

新能源科学与工程专业系列教材

新型储能技术及其应用

主编 钱 斌 陶 石

参编 孙陈诚 吴大军 孔凡军

易庆华 魏源志 毛焕宇

科学出版社

北 京

内 容 简 介

本书结合储能领域的发展概况,系统地介绍了储能技术的分类,化学电源基础,储能材料的制备及检测技术,锂离子电池、钠离子电池及超级电容器等方面的知识。全书共 9 章,主要包括新能源概述、化学电源、储能材料制备技术与检测技术、锂离子电池及其生产工艺、钠离子电池、超级电容器以及储能技术的应用案例。

本书可作为应用型本科院校的新能源科学与工程及相关专业的教材,也可供从事储能材料研究的科技工程人员参考。

图书在版编目(CIP)数据

新型储能技术及其应用 / 钱斌,陶石主编. —北京:科学出版社,2023.3
科学出版社"十三五"普通高等教育本科规划教材·新能源科学与工程专业系列教材
ISBN 978-7-03-075202-4

Ⅰ.①新… Ⅱ.①钱… ②陶… Ⅲ.①储能-研究 Ⅳ.①TK02

中国国家版本馆 CIP 数据核字(2023)第 045952 号

责任编辑:余 江 / 责任校对:王 瑞
责任印制:赵 博 / 封面设计:迷底书装

科 学 出 版 社 出版
北京东黄城根北街 16 号
邮政编码:100717
http://www.sciencep.com

北京华宇信诺印刷有限公司印刷
科学出版社发行 各地新华书店经销
*
2023 年 3 月第 一 版 开本:720×1000 1/16
2025 年 1 月第三次印刷 印张:16
字数:320 000

定价:59.00 元
(如有印装质量问题,我社负责调换)

前　言

能源是国家战略基础，新能源已成为当今世界能源行业发展的新驱动，中国提出"双碳"目标，构建绿色低碳、循环发展的经济体系。党的二十大报告指出："推动经济社会发展绿色化、低碳化是实现高质量发展的关键环节。"日益突出的环境问题和资源问题促进了以太阳能、风能为代表的新能源的迅猛发展，新型的储能技术被认为是解决新能源发电并网、建设智能电网电力品质的关键技术，对我国能源可持续发展战略具有举足轻重的作用。

近年来，我国在光伏、风力、新型储能技术等方面获得了前所未有的发展，在一些关键核心技术领域实现突破，已成为利用可再生能源第一大国。如何结合当前的新能源产业梳理和总结该领域的最新科学与技术，对于储能领域的科研与技术人员十分重要。目前国内有100多所高校开设新能源科学与工程专业，肩负着培养储能技术人才的使命，但相应的教材紧缺，急需建设一系列该领域的教材。"新型储能技术及其应用"是新能源科学与工程专业的核心课程，该专业学生必须系统学习和熟练掌握相关专业知识。本书的编写在一定程度上弥补了当前储能技术教材存在的某些不足，具有一定的创新性。

由于储能技术具有多学科交叉的特点，涉及物理、化学、先进材料、过程工程、热力学、机械工程、能源工程、电力电子等学科，因此为编写新型储能技术教材增加了一定的难度。总体来看，储能技术及材料的教材数量偏少、种类不够丰富、应用性不强。已有的教材大多针对特定的储能技术及其基本原理进行阐述，而对近年来新型储能材料的生产工艺讲述较少。作者一直致力于新型功能材料，特别是锂离子电池、钠离子电池和超级电容器的科学研究，在该专业领域积累了较为丰富的科研成果和教学经验。本书就是作者按照教学和认知规律精心组织编写的，融合了该学科的基本内容与前沿知识。

本书共9章，对储能技术及其应用的各个部分都进行了全面系统的阐述，涵盖各类新型储能技术从理论到实践的内容，使理论知识具体化，并增加了工程技术的应用。以储能技术的原理为基础，以典型的储能材料的制备和加工为载体，以工程应用作为典型案例，结合企业生产标准和技术规范，突出实用性和工艺性。

　　在本书的编写过程中，苏州宇量电池有限公司、烯晶碳能电子科技无锡有限公司和远东电池江苏有限公司的相关人员给予了帮助和支持，在此表示感谢。

　　由于作者水平有限，书中难免存在不妥之处，恳请广大读者予以指正。

作　者

2023 年 2 月

目　　录

第1章 新能源概述

1.1 能 源 现 状

我们所处的时代堪称"能源时代",随着经济和社会的快速发展,能源在人们日常生活中的地位不断提升,渗透到方方面面。世界工业革命使得煤炭、石油等化石能源成为驱动社会进步的重要动力源泉,但随着环境问题的日益突出,催生了新能源技术的快速发展。本章将重点介绍一次能源、新能源的技术及储能技术的特点、分类和研究现状。

1.1.1 世界能源的分布与需求情况

世界能源结构以一次能源(化石能源)为主,2010~2019 年全球一次能源消费量呈逐年上升态势,2020 年略有下降,约为 556.63EJ(1EJ=10^8J)(图 1-1),绝大部分电力都是依靠化石能源生产的。其中,中国的一次能源消费量处于一直上升状态,2020 年达到 151.21EJ,占全球的 27.17%。化石能源开发利用的技术成熟,价格低廉,已经系统化和标准化。在今后的 20 多年里,石油仍是最主要的能源,全球需求量将以年均 1.9%的速度增长;煤是电力生产的主要燃料,全球发电量从 2010 年的 21570.7TW·h(1TW=10^{12}W)增长至 2019 年的 27001.0TW·h。2020

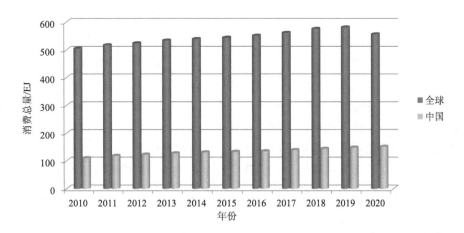

图 1-1 全球和中国一次能源消费总量

年，全球发电量有所下降，为 26823.2 TW·h，中国占比 30.2%（图 1-2）。从全球来看，2020 年以煤炭作为燃料的发电量占比 35.1%，而中国以煤炭作为燃料的发电量占总发电量的 63.2%，可见化石能源仍然是我们在地球上赖以生存和发展的能源基础。

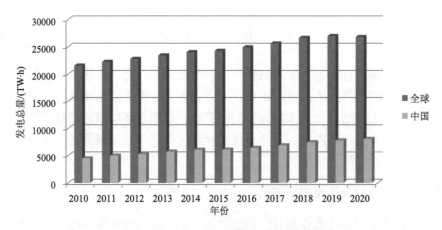

图 1-2　全球和中国发电总量

化石能源的物理特性决定其可耗竭性特点，随着全球工业的发展、社会需求的增加，有限的储量决定了各类化石能源面临消耗殆尽。《bp 世界能源统计年鉴》2021 年版显示，2020 年底全球石油探明储量较 2019 年减少了 20 亿桶，总量为 1.732 万亿桶。根据 2020 年的全球储产比，全球石油还可以生产使用 50 余年。石油输出国组织（Organization of the Petroleum Exporting Countries，OPEC）拥有 70.2% 的全球储量。2020 年全球天然气探明储量比 2010 年减少了 2.2 万亿 m^3，总量为 188.1 万亿 m^3。根据 2020 年的全球储产比，全球天然气还可以生产使用 48.8 年。2020 年全球煤炭储量为 10740 亿吨，主要集中在以下少数几个国家：美国（23%）、俄罗斯（15%）、澳大利亚（14%）和中国（13%）。其中大部分（70%）储量为无烟煤和沥青。根据 2020 年全球储产比，全球煤炭还可以生产使用 139 年。从以上数据可以看出，化石能源在国家间的分布差异很大，呈现不均匀分布的状况，作为能源主体的化石能源是不可再生能源，总有枯竭的一天。

化石能源除了必将枯竭这个老问题受到全人类的特别关注外，近些年世界石油市场结构受地缘政治的影响，新一轮大调整备受关注。能源问题关系到一个国家的社会经济可持续发展的重大战略问题，世界各国将合理利用化石能源、研发清洁的新能源作为主要国策，可见能源是当今世界发展的主要命脉。

1.1.2　世界面临的环境问题情况

能源与环境问题紧密关联，化石能源的开发利用在促进经济增长和社会发展的同时，也造成了严重的环境问题。化石能源中含有大量的碳、硫等元素，使用时以化合物的形式排放到大气中(图 1-3)，一方面会造成温室效应，海平面上升；另一方面引起酸雨，危害土壤、水和建筑物以及人体健康。当前，能源系统与环境系统的关联已引起人们的高度关注。

图 1-3　工业废气对大气的污染

从 1850 年至今，美国二氧化碳排放量全球第一，约 5090 亿吨。我国排在第二位，约 2884 亿吨。特别是 21 世纪以来，我国随着经济快速发展，二氧化碳排放量也随之增加。2020 年，全球能源二氧化碳排放量达到 322.8 亿吨。亚太地区高达 167.8 亿吨，其次为美洲地区 65.1 亿吨。虽然我国历史人均累计碳排放量远低于发达国家，但单位国内生产总值(GDP)能耗与碳排放量远高于发达国家，如2020 年我国单位 GDP 二氧化碳排放量为 6.7 吨/万美元，均远高于全球平均水平及美国、日本、德国、法国、英国等发达国家。为此，中国作为一个发展中大国，积极实施应对气候变化的国家战略，提出碳达峰、碳中和的目标和愿景。在碳排放强度控制基础上，逐步转向碳排放总量和强度"双控"，优化产业结构和能源结构，提高新能源和清洁能源的占比，大力推进低碳能源替代高碳能源、可再生能源替代化石能源。太阳能、风能、核能、地热能等可再生能源的研发迅速展开，尤其是美国、日本、中国等国家都在大力开发新能源储能与转换技术。

1.2　新能源的开发利用

新能源(new energy)，又称为非常规能源，是指传统能源以外的各种能源形式。目前主要包括太阳能、地热能、风能、海洋能、生物质能和核能等。新能源产业的发展既是整个能源供应系统的有效补充手段，也是环境治理和生态保护的重要举措，是满足人类社会可持续发展需要的最终能源选择。

1.2.1 核能的开发利用

核能(或称为原子能)是通过核反应从原子核释放的能量,有三种核反应形式:①核裂变,较重的原子核分裂释放结核能。②核聚变,较轻的原子核聚合在一起释放结核能。③核衰变,原子核自发衰变过程中释放能量。人们开发核能的途径有两条:一是重元素的裂变,如铀的裂变;二是轻元素的聚变,如氕、氘等的聚变。重元素的裂变技术已得到实际性的应用;而轻元素聚变技术也正在积极研究之中。

1. 核电站的工作原理

原子核由质子与中子组成,质子带正电、中子不带电,二者统称为核子。原子核分裂成新的原子核与其他粒子称为"裂变",或者原子核与核子聚合成新的原子核称为"聚变",裂变和聚变都会产生巨大的能量,这种能量称为核能。目前商业化运行的核电站都属于裂变核电站。核电站的工作原理是裂变反应能够释放出大量的热能,可以将二回路蒸汽发生器中的水转化为水蒸气,从而推动汽轮发电机组持续性发电(图 1-4)。当前世界上有多种形式的反应堆,如压水反应堆、重水堆及改进型气冷堆等。压水反应堆是目前核能发电的最常见形式,普通的水

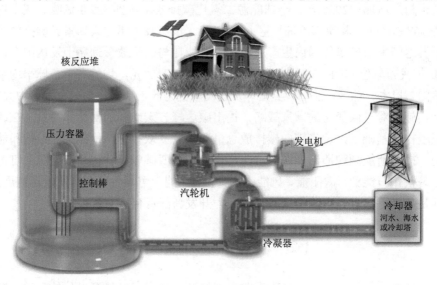

图 1-4　核电站工作原理示意图

主要承担着冷却和慢化的功能,同时也是从军事反应堆基础上发展出来最为成熟的动力堆堆型。用铀做成的核燃料在压水反应堆中发生裂变并释放出大量的热能,再利用反应堆冷却剂泵等设备将处于高压下的水导出带走热能,在蒸汽发生器二次侧产生蒸汽,推动汽轮发电机组做功,产生源源不断的电源,并通过高压电网传输到千家万户。

2021 年我国的核电站共有 54 台机组运行。

(1)秦山核电站(我国最大的核电站,位于浙江嘉兴,7 台机组运行);

(2)大亚湾核电站(位于广东深圳,2 台机组运行)(图 1-5);

(3)田湾核电站(位于江苏连云港,6 台机组运行);

(4)岭澳核电站(位于广东深圳,4 台机组运行);

(5)红沿河核电站(位于辽宁大连,5 台机组运行);

(6)宁德核电站(位于福建宁德,4 台机组运行);

(7)阳江核电站(位于广东阳江,6 台机组运行);

(8)福清核电站(位于福建福清,6 台机组运行);

(9)方家山核电站(位于浙江嘉兴,2 台机组运行);

(10)昌江核电站(位于海南昌江,2 台机组运行);

(11)防城港核电站(位于广西防城港,6 台机组运行);

(12)三门核电站(位于浙江台州,2 台机组运行);

(13)海阳核电站(位于山东海阳,2 台机组运行)。

图 1-5　大亚湾核电站

2. 核电站的优点与不足

1) 核电站的优点

核能发电所使用的是铀燃料，全球铀的蕴藏量丰富；核能发电不会产生温室气体；核燃料能量密度高，运输与储存都很方便；燃料费用所占的比例较低，不易受到国际经济形势的影响。

2) 核电站的不足

核电站会产生放射性废料，处理工序烦琐；核电站投资成本大，财务风险系数高；核电站热效率较低，热污染较严重；核电站的反应器内有大量的放射性物质，一旦泄漏，会对生态及民众造成严重伤害。

1.2.2　风能的开发利用

风能是利用空气强烈流动而形成的动能，严格来说，是太阳能间接形式的一种。它具有可再生特性，取之不尽。

风能的利用分两种：

(1) 利用风力作为动力，直接带动各类机械系统，如风帆。

(2) 利用风力带动发电机发电，如风力发电机。风力发电机的优点是明显的：成本低，污染少；但是缺点也是明显的：风力不稳定，受地理和季节性影响大，难以储存与传输等。

目前我国风能开发利用的现状是：风力资源丰富，可以开发的陆地风能资源大约为 253GW，海洋风能资源大约为 750GW。风力发电厂主要分布在新疆、内蒙古等地，如闻名全球的新疆达坂城风力发电站(图 1-6)。2012 年我国成为全球风电市场的"领头羊"，2020 年上半年全国风电发电量为 2379 亿 kW·h，同比增长 10.91%。

1.2.3　海洋能的开发利用

海洋能可以分为潮汐能、波浪能和海流能等，其中潮汐能是比较常见的。月球与太阳对地球海水的吸引力，以及地球的自转引起海水周期性地做有节奏的垂直涨落是海洋潮汐能的主要来源，是一种用之不竭、没有污染、不消耗燃料的可再生能源。据统计，全球海洋潮汐能的储藏量在 27 亿 kW 左右，每年的发电量可达 33480 亿 kW。潮汐发电是利用潮汐水流的移动，或是潮汐海面的升降，从其中取得能量，也是一种水力发电的形式。我国在浙江的温岭市与广东的汕尾市建立了潮汐电站(图 1-7)。

图 1-6　新疆达坂城风力发电站之一

图 1-7　浙江的江厦潮汐电站

　　海洋能的共性是可以再生，储量非常丰富。其开发也有局限性，受地理位置影响比较大，单位面积或体积内的能源储量不高，难以有效利用。

1.2.4　地热能的开发利用

　　地热能是由地壳抽取的天然热能，能量来源于地球内部的熔岩，并以热力形式存在，如火山爆发和温泉等途径将内部的热量(地热能)不断地输送到地面。

　　地热能的特点：

　　(1)储量丰富。距地表 2km 内储藏的地热能为 2500 亿吨标准煤。

(2)可再生。地热能大部分来自地球的熔融岩浆和放射性物质的衰变，能够产生庞大的能量，具有取之不尽和可再生的优点。

(3)具有连续性。相对于太阳能和风能的不稳定性，地热能的利用不受昼夜和季节的变化影响，可稳定输出，是一种比较理想的清洁能源。

地热能既可以直接用于地热供暖，也可以地热发电，如我国西藏的羊八井地热电站(图1-8)。

图 1-8　羊八井地热电站

羊八井地热的开发利用，开创了国际上利用中低温地热发电的先例，在世界新能源的开发利用上占有重要位置。据统计，我国地热发电装机容量位居世界第十二位，其中西藏在地热开发利用方面位居我国第一位。

1.2.5　太阳能的开发利用

太阳每天送到地球陆地和海洋的光功率有 80 万 TW，地球上的所有石油资源的能量相当于太阳在 1.5 天时间内供应给地球的光能。此外，太阳的寿命有 50 亿余年，对我们而言，太阳能是取之不尽和用之不竭的。

太阳能的利用主要有以下两条途径。

1)热太阳能

热太阳能方面如太阳灶、太阳供热系统。太阳能热水器是一种常见的太阳供热系统，我国是太阳能热水器生产量与销售量最大的国家。与其他国家相比，我国在太阳能热水器的推广应用方面潜力仍很大。

2）光电太阳能

光电太阳能方面如太阳能电池、太阳能热电站。太阳能电池是一种利用太阳光直接发电的光电半导体薄片，又称为"太阳能芯片"或"光电池"，是通过光电效应或者光化学效应直接把光能转化成电能的装置（图 1-9）。国家能源局统计数据显示，2021 年，全国新增光伏发电装机 54.88GW，其中集中式光伏新增装机 25.60GW，分布式光伏新增装机 29.28GW。

图 1-9　太阳能光伏发电站

太阳能热发电站是通过聚光装置把太阳光线聚集在装有某种液体的管道或容器，借助太阳热能，液体被加热到一定温度，产生蒸气然后驱动涡轮机发电，热能转化为电能。根据镜场的集热方式，太阳能热发电可以分为槽式太阳能热发电、塔式太阳能热发电、碟式太阳能热发电和线性菲涅耳式太阳能热发电（图 1-10）。此外，目前还有将太阳能热发电技术与常规能源集成，如太阳能燃煤互补电站和太阳能燃气互补电站等。

与传统火力发电站相比，太阳能热发电站发电过程无碳排放，清洁，无污染；利用太阳能，无须考虑燃料成本。此外，太阳能热发电所用的热能，其储存成本比电池储存电能的成本低得多。

我国从 2007 年开始已经着手这方面的研究，经过十多年的发展，在太阳能聚光、高温光热转换、碟式聚光器系统的设计、兆瓦级塔式电站系统设计集成等方面已实现技术上的突破。目前国内已基本可全部生产太阳能光热发电的关键和主要装备，一些部件具备了商业生产条件。

以太阳能为能源引发的光伏研发与生产在世界各地正在如火如荼地开展，其中集热水供应、取暖、制冷、光伏并网发电系统与建筑融为一体的建筑正在各地呈星火燎原态势。

| (a) 槽式太阳能热发电技术 | (b) 塔式太阳能热发电技术 |

| (c) 碟式太阳能热发电技术 | (d) 线性菲涅耳式太阳能热发电技术 |

图 1-10　四种主要的太阳能热发电技术

1.3　储能技术的概况与发展

1.3.1　储能技术的概况

　　储能技术由一系列设备、器件和控制系统等组成,以实现电能或热能的储存和释放,是智能电网、可再生能源高占比能源系统、能源互联网的重要组成部分和关键支撑技术。储能技术能够提高风、光等可再生能源的消纳水平,能够促进能源生产消费开放共享和灵活交易,实现多能协同,是构建能源互联网、推动电力体制改革和促进能源新业态发展的核心基础。

　　储能技术主要分为储电与储热。目前主要分为四类(图 1-11):机械储能、电磁储能、相变储能和电化学储能。

　　机械储能是将电能转换为机械能进行储存(如抽水储能、压缩空气储能、飞轮储能等);电磁储能是将电能转化为电磁能进行储存(如超导储能、超级电容器储能等);相变储能是利用相变材料将能量转换为热能进行储存,也称相变储热(如显热储热、潜热储热等);电化学储能是将电能转化为化学能进行储存(如铅酸电池、氧化还原液流电池、钠硫电池和锂离子电池等)。

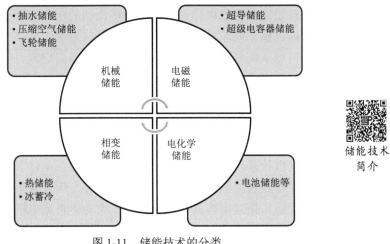

图 1-11　储能技术的分类

1. 机械储能

机械储能包括：抽水储能、压缩空气储能、飞轮储能等。

1）抽水储能

抽水储能是在电力负荷低谷期将水从下池水库抽到上池水库，将电能转化成重力势能储存起来，在电网负荷高峰期释放上池水库中的水发电。抽水储能主要用于电力系统的调峰填谷、调频、紧急事故备用等。抽水储能电站的建设受地理位置的限制，存在很大的局限性。

2）压缩空气储能

压缩空气储能在电网负荷较低时利用电能将空气高压密封在储气井中，当电网负荷高峰期时释放所压缩的空气推动汽轮机发电。压缩空气主要用于电力调峰和系统备用，压缩空气储能电站对地质结构有特殊要求，受地形制约。

3）飞轮储能

飞轮储能利用电动机带动飞轮高速旋转，将电能转化成机械能储存起来，在需要时飞轮带动发电机发电。飞轮系统运行于真空度较高的环境中，其特点是对环境没有影响、风阻小、寿命长、维护周期长，适用于电网调频和电能质量保障。飞轮储能的缺点是能量密度比较低，目前主要应用于为蓄电池系统作补充。

2. 电磁储能

电磁储能包括：超导储能、超级电容器储能。

1）超导储能

超导储能系统利用超导线圈将电磁能直接储存起来，需要时再将电磁能回馈至电网或其他负载设施，能量以超导线圈中循环流动的电流储存于磁场中。其工作原理是外电流通过整流向超导电感充电，然后保持恒流运行；当外电压跌落或功率不平衡时，可以从超导电感提取能量，经逆变器变成交流，保障外电网的电压稳定和平衡。其优点是无能量形式转换，具有响应速度快(毫秒级)、功率密度高等特点；缺点是成本高昂、能量密度低、设备维护复杂，目前大多是实验性的。

2) 超级电容器储能

超级电容器是近几年批量生产的一种新型电力储能器件，建立在亥姆霍兹所提出的界面双电层理论基础上，又称为超大容量电容器、电化学电容器或双电层电容器。其工作原理是利用极化电解质实现电能储存，该过程不发生化学反应，具有高放电功率优势。超级电容器被广泛应用于大功率直流电机的启动支撑、瞬态电压恢复器等，在电压跌落和瞬态干扰期间提高供电水平。

3. 相变储能

相变储能是利用相变材料的相变潜热来实现能量的储存和利用，有助于提高能效和开发可再生能源，是近年来能源科学和材料科学领域中一个十分活跃的前沿研究方向。在太阳能的利用、电力的"移峰填谷"、废热和余热的回收利用、工业与民用建筑和空调的节能等领域具有广泛的应用前景(图1-12)。

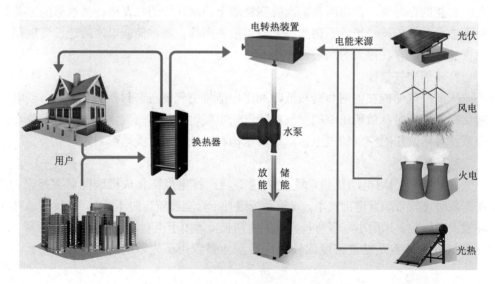

图 1-12　相变储能在新能源技术上的应用

相变储能利用的是材料在从一种物态到另外一种物态转换过程中热力学状态(熵)的变化。例如，冰在融化为水的过程中要从周围环境吸收大量的热量，而在重新凝固时又要放出大量的热量。相变储能材料是指在其物相变化过程中，可以与外界环境进行能量交换，从而达到控制环境温度和利用能量的目的的材料。

理想的相变储能材料必须具有较大的潜热和较高的导热系数，其熔化温度应在实际操作范围内，熔融温度应与最低过冷度一致，且化学稳定性好、成本低、无毒、无腐蚀性等。相变材料有一些特定的要求，如：①化学性能方面，在反复的相变过程中化学性能稳定，可多次循环利用，对环境友好，无毒，安全；②物理性能方面，材料发生相变时的体积变化小，容易储存，放热过程温度变化稳定；③经济性方面，材料的价格比较便宜，并且较容易制备。常见的相变状态中，固-气相变和液-气相变在变化过程中有气体产生，自身体积变化较大。

目前使用的相变材料较多，有多种不同的分类标准。相变材料可分为无机类相变储能材料、有机类相变储能材料、金属基相变储能材料和复合类相变储能材料。典型的无机类相变材料有结晶水合盐、熔融盐等，具有导热系数大、相变潜热较大、成本低等优点，但存在过冷和相分离现象；有机类相变材料包括石蜡、脂肪酸等，其成型较为优良，无过冷和相分离现象，性能较稳定，是目前研究较多的一类，但热导率相对偏低；金属基相变材料主要有铝基、锌基、镁基合金等，具有导热系数大、相变体积变化小、过冷度小、储热量较大等优点，但存在高温腐蚀性强、抗氧化性差等问题；复合类相变材料与传统相变材料相比，克服了无机类或有机类相变材料的单一缺点并集合了两者的优点，拓展了相变材料的应用范围，是未来研究的重点。

4. 电化学储能

电化学储能是以化学方式储存能量，也称为化学电源(电池)。它既可以通过电化学氧化还原反应将其内部物质的化学能直接转化成电能，也可以通过充电的方式恢复其化学能。电化学储能包括铅酸电池、镍镉电池、镍氢电池、钠硫电池、液流电池和锂离子电池等。其中，锂离子电池是当前的研究热点和重点。表 1-1 对这几种电化学储能电池的各项参数做了详细对比。

表 1-1　几种不同电化学储能电池的性能参数对比

电池类型	电压/V	质量比能量/$(W \cdot h \cdot kg^{-1})$	体积比能量/$(W \cdot h \cdot L^{-1})$	循环寿命/次	每月自放电率/%	有害物质
铅酸电池	2	30～45	60～90	300～500	4～5	铅
镍镉电池	1.2	40～60	100～150	500～1000	20～30	镉
镍氢电池	1.2	60～80	150～200	500～1000	30～35	—
锂离子电池	3.7	110～230	250～500	500～3000	<5	—

由表 1-1 可以看出，锂离子电池具有比能量高、比功率高、输出电压高、充放电效率高、自放电小、对环境友好等诸多优点，但是应用于大容量储电仍然面临电池的安全性和成本问题(锂、钴资源)。随着科学技术的进步，锂离子电池的能量密度和安全性问题得到了很大的改善。同时，随着材料制备技术的发展和电池制备工艺的改进，锂离子电池成本也有望进一步降低，促使锂离子电池逐步向电动汽车和大规模储能电池等领域扩展，可能成为储能领域的领先者。

1.3.2 储能技术的发展

储能技术是能源系统、能源互联网的重要环节，是智能电网关键支撑技术之一。新能源汽车和可再生能源的快速发展，给储能产业带来了新的发展机遇。

1. 储能技术的市场前景

随着新能源产业的兴起，储能应用日益受到世界各国的重视，由于各国技术发展阶段不同，储能产业政策各具特色。基于已公布储能项目统计，2019 年，全球储能新增装机规模为 2.7GW，全球宣布开发的储能项目总规模为 9.7GW。综合各机构的统计结果，2019 年，虽然全球年度储能装机增速放缓，但仍稳步增长。截至 2020 年，全球包括抽水储能、电化学储能、压缩空气储能、飞轮储能和储热等在内累计运行的储能项目装机规模为 191.15GW，其中抽水储能 181.12GW、电化学储能 4.05GW、储热 3.28GW。抽水储能是全球迄今部署最多的储能方式，是目前最为成熟、成本最低的储能技术；其次是电化学储能，电化学储能是应用范围最为广泛、发展潜力最大的储能技术；飞轮储能等机械储能也具有较大的发展前景。目前，全球储能技术的开发主要集中在电化学储能领域，最受关注的有铅蓄电池、全钒流电池和锂离子电池等技术。

发展新能源汽车是国际社会重点支持的战略方向，对保障能源安全、节能减排、促进汽车工业的可持续发展具有重要意义。新能源汽车的兴起对储能产业的需求愈加迫切。2021 年，全球锂电池总体出货量达到 562.4GW·h，动力电池占比达到 66.0%。预计随着电动汽车进一步发展，到 2025 年，全球锂电池整体需求量将达到 1223GW·h，其中动力电池占比达 75.2%。我国拥有全球最大的消费市场和新能源汽车销售额，2017 年以来，我国动力电池市场需求位居世界首位。2021 年，我国动力电池装机 140GW·h，同比增长 165%，即使政府补贴下滑，伴随着对于新能源汽车整体及其生态链的大力支持，我国锂电行业发展前景广阔。

此外，传统化石能源的日益匮乏与环境问题日趋恶化，促使可再生能源迅速发展。据国际可再生能源署(International Renewable Energy Agency，IRENA)最新发布的数据，2019 年底全球可再生能源发电装机容量达 2536.8GW，其中我国占

29.9%，处于全球领先地位。预计到 2030 年，在整个能源结构中，可再生能源将会占据主导地位。2020 年我国新增可再生能源发电装机 1.39 亿 kW，特别是风电和光伏发电新增装机 1.2 亿 kW，创历史新高。可再生能源正逐渐由辅助能源变为主导能源。但是风能、太阳能等新能源具有不稳定性和不连续性，在时间和空间上分布不均，且它的开发和利用受到昼夜、季节、地理位置等诸多因素的限制。我国弃风、弃光量仍处于较高数值，若要解决以上根本问题，需要配置储能设备，平衡发电和用电，确保电网稳定，实现安全供电。因此，大规模储能技术是实现可再生能源开发和普及的关键核心技术。基于以上分析，一旦大型储能电站技术获得认可，将给储能技术带来很好的发展机遇。

2. 储能技术的展望

近年来，社会经济快速发展，生活质量提高，人口数量增长，人们对能源的需求随之越来越大。传统的化石能源不仅储藏有限，而且使用时所排放出的 CO_2、NO_x、碳氢化合物及硫化物等污染物，会造成全球温室效应、环境污染，危害人们的身心健康。人们迫切需要绿色能源来满足日益发展的需求和改善当前严重的能源和环境问题。太阳能、风能、核能和水力发电等可持续发展能源备受人们的青睐。然而，这些绿色能源的应用会受到地理位置和自然环境的限制，往往不能满足实时、有效、稳定的能量供给需求。因此，需要与之相配套的能量储存装置来实现能源的高效利用。一直以来，储能技术的研究和发展备受各国能源、交通、电力、电信等部门的高度关注，尤其对发展新能源产业具有重大意义。受环境约束，各国纷纷大力提倡发展新能源，然而由于新能源发电具有不稳定性和间歇性，大规模开发和利用将使供需矛盾更加突出，全球弃风、弃光问题普遍存在，严重制约了新能源的发展。因此，储能技术的突破和创新就成为新能源能否顺利发展的关键。从某种意义上说，储能技术应用的程度将决定新能源的发展水平。

储能技术进步关键在于材料技术突破。随着储能新材料的不断创新发展，在储能元件延长使用寿命、提高能量密度、缩短充电时间和降低成本等方面有望取得重要突破。

习　　题

一、选择题

1. 下列不属于新型能源的是（　　）。

A. 天然气　　　　　B. 风能　　　　　　C. 太阳能　　　　　　D. 地热能

2. 下列不属于物理储能技术的是（　　）。

A. 热储能　　　　　B. 抽水储能　　　　C. 压缩空气储能　　　D. 飞轮储能

3. 储能材料储存能量的方式有（　　）。

A. 电　　　　　　　B. 热　　　　　　　C. 氢　　　　　　　D. 以上都是

4. 下列风光互补发电系统说法正确的是（　　）。

A. 调峰性能好　　　B. 输配电损耗高　　C. 成本低　　　　　D. 操作复杂

5. 镍氢电池属于下列哪种储能技术（　　）。

A. 化学储能　　　　B. 机械储能　　　　C. 相变储能　　　　D. 电磁储能

二、填空题

1. 储能技术分为物理储能、电磁储能、相变储能和＿＿＿＿＿四大类。

2. 抽水储能等属于＿＿＿＿＿储能技术。

3. 相变储能的储能方式是＿＿＿＿＿。

4. 太阳能光热发电技术的常见类型有＿＿＿＿＿。

5. 电化学储能是一种以＿＿＿＿＿储存能量，也称为化学电源（电池）。

三、简答题

1. 储能技术在新能源发电系统中的主要作用是什么？

2. 请简述电化学储能技术的发展趋势。

参 考 文 献

曹雨军, 夏芳敏, 朱红亮, 等, 2021. 超导储能在新能源电力系统中的应用与展望[J]. 电工电气, 10: 1-6, 26.

程道平, 2012. 智能电网中储能技术及其容量合理配置分析[J]. 供用电, 20(5): 1-7.

崔荣国, 郭娟, 程立海, 等, 2021. 全球清洁能源发展现状与趋势分析[J]. 地球学报, 42(2): 179-186.

丁志龙, 杜春水, 张承慧, 2014. 平抑光伏发电功率波动的储能配置方法[J]. 电源学报, 12(6): 24-30.

冯献灵, 薛广宇, 2021. 核电站工作原理及发展前景展望[J]. 产业与科技论坛, 20(7): 75-76.

高子涵, 乔婧, 黄裕荣, 2015. 浅析我国太阳能光热发电产业发展趋势[J]. 情报工程, 1(2): 49-56.

胡娟, 杨水丽, 侯朝勇, 等, 2015. 规模化储能技术典型示范应用的现状分析与启示[J]. 电网技术, 39(4): 879-885.

黄港, 邱玮, 黄伟颖, 等, 2022. 相变储能材料的研究与发展[J]. 材料科学与工艺, 30(3): 80-96.

黄志高, 2018. 储能原理与技术[M]. 北京: 中国水利水电出版社.

李峰, 耿天翔, 王哲, 等, 2021. 电化学储能关键技术分析[J]. 电气时代, 9: 33-38.

李建林, 孟高军, 葛乐, 等, 2020. 全球能源互联网中的储能技术及应用[J]. 电器与能效管理技术(1): 1-8.

李仕锦, 程福龙, 薄长明, 2012. 我国规模储能电池发展及应用研究[J]. 电源技术, 36(6): 905-907.

李文圣, 王文杰, 张锦程, 2010. 飞轮储能技术在风力发电中的应用[C]. 厦门: 中国电源学会第

18 届全国电源技术年会.

刘素琴, 黄可龙, 刘又年, 等, 2005. 储能钒液流电池研发热点及前景[J]. 电池, 35(5): 356-359.

孙峰, 毕文剑, 周楷, 等, 2021. 太阳能热利用技术分析与前景展望[J]. 太阳能, 7: 23-26.

王海洋, 荣健, 2021. 碳达峰、碳中和目标下中国核能发展路径分析[J]. 中国电力, 54(6): 86-94.

王冀, 2020. "蓝"能可贵的海洋能[J]. 地球, 2: 6-11.

吴皓文, 王军, 龚迎莉, 等, 2021. 储能技术发展现状及应用前景分析[J]. 电力学报, 36(5): 434-443.

邢利钧, 2021. 清洁能源开发利用方式与储能技术展望[J]. 科技资讯, 19(1): 56-58.

许守平, 李相俊, 惠东, 2013. 大规模储能系统发展现状及示范应用综述[J]. 电网与清洁能源, 29(8): 94-100.

薛嘉义, 2021. 中国新能源资源基础及发展前景展望[J]. 时代汽车, 9: 12-13.

姚良忠, 邓占锋, 李建林, 等, 2021. 规模化储能技术进展及其在高比例可再生能源和电力电子设备电力系统中的应用[J]. 全球能源互联网, 4(5): 426.

赵尧, 2020. 浅析新能源电力系统中的储能技术[J]. 电子世界, 17: 134-135.

BUENO C, CARTA J A, 2006. Wind powered pumped hydro storage systems, a means of increasing the penetration of renewable energy in the Canary Islands[J]. Renew Sust Energy Rev, 10(4): 312-340.

第2章 化 学 电 源

化学电源是一种能直接将化学能转化成低压电流电能的装置，它实际上相当于一个能量转换器。它是为电气设备、仪器配套的供能系统。用电设备、仪器的体积和质量不一，可以大到火箭、导弹，也可以小到助听器和电子手表。从广义上讲，这些用电设备、仪器统称为用电器。用电器的使用有一定的技术要求，相应地与之相配套的化学电源也有一定的技术要求。人们设计使化学电源既能发挥自己的特点，又能以较好的性能适应用电器的要求。比能量高、成本低、无毒无污染、安全可靠是化学电源追求的重点。本章将从化学电源发展史、组成、分类及专业术语等方面进行重点介绍。

2.1 化学电源的发展史

化学电源又称电池，是将化学能转变成电能的装置，包括原电池、蓄电池和燃料电池等。化学电源具有能量密度高、能量转换效率高、无噪声污染、可随意移动等特点，在日常生活、航空航天和军事等领域中得到了广泛的应用。早在 1800年就有类似化学电源的装置出现，伏打(Volta)利用两种不同金属放置在电解质中构成了"Volta 堆"，也被称为是第一个电池。1839 年，威廉·格罗夫(William Grove)提出空气电池的概念并进行了氢氧燃料电池的研究。1860 年，法国的普朗特(Planté)首次发明了实用的铅蓄电池，而且一直沿用至今。1866 年，法国的勒克兰谢(Leclanche)采用 NH_4Cl 水溶液为电解质的锌/二氧化锰电池，是当今使用锌锰电池的雏形，在 1888 年成功商业化。1899 年，瑞典科学家尤格尔(Jungner)发明了碱性镍镉电池，其具有循环寿命长、自放电较小、性能稳定、大电流放电等特点，因其存在记忆效应，以及镉对人体存在健康隐患等不足，现在已逐步被镍氢电池所取代。

20 世纪初，电池理论和技术经历了一段缓慢的发展时期。随着电池在理论上获得基础性电极过程动力学的突破及技术上的进步，电池技术进入了快速发展时期，尤其是电器的普及。在所有金属中，锂摩尔质量很小(M=6.94g/mol)、电极电势极低(–3.04V 相对标准氢电极)，锂电池在理论上能获得最大的能量密度，因此它很快吸引了电池设计者的注意，自 20 世纪 60 年代就开始了锂原电池的研究。与其他碱金属相比，室温下锂金属与水反应速率比较慢，且锂的弱酸盐难溶于水，因此"非水电解质"的开发使用是锂金属得到应用关键的一步。1958 年，哈里斯 (Harris)发现有机电解质作为锂电池的电解质，该想法拉开了锂电池研究的序幕。 1970 年前后，研究者发现锂离子半径小的特点使得其可以在 TiS_2 和 MoS_2 等化合 物的晶格中嵌入和脱出。1991 年，日本索尼(Sony)公司以钴酸锂为正极，以石墨 为负极和有机电解液，率先推出商业化锂离子电池。在随后的十多年中，锂离子 电池具有其他二次电池难以比拟的优点，被广泛应用到各种电子产品中，得到了 飞速发展。1995 年，聚合物锂离子电池被成功研发，以聚合物固体电解质替代液 体有机电解质，是锂离子电池的一个重大进步。

电子技术、移动通信事业的发展助推了电池技术和产业的高速发展，镍氢电 池、锂离子电池等新型电池系列不断实现商业化。电动车的发展更是促进了锂离 子电池和燃料电池等取得突破性进展。化学电源是一门古老而又年轻的科学，它 与汽车、电器、电力、电信互相促进发展，与人们的生活密不可分，为社会的发 展奠定了基础。

2.2 化学电源的概况

2.2.1 化学电源的组成

化学电源实现能量储存与转换过程需要具备以下条件：

(1)必须在两个分开的区域进行电极上的氧化还原反应；

(2)两个电极进行氧化还原反应时，必须有外电路传递所需要的电子。

按照以上条件，无论电池是什么系列、形状、大小，均由电极(分为正极和负 极)、电解质(液)、隔离物(隔膜)、外壳组成，常称为电池构成的四要素。

1. 电极

电极是电池的核心部分，由活性物质和导电骨架组成。活性物质是正负极参 加成流反应的物质，是产生电能的源泉，也是决定电池基本特征的重要部分。导 电骨架又称为导电集流体，起着传导电流、均分电极表面电流电位的作用，有的 集流体还起着支撑和保持活性物质的作用，如用于铅酸电池的板栅和用于镍氢电 池的发泡镍集流体等。

电极活性物质的状态分为固态、液态、气态三种，不同电池所选用的物态不 同，以适应不同的设计要求。一般情况下，大多数电池系列选用固态活性物质， 因为它具有体积比容量大、活性物质易保持、便于生产、两极之间只需要一般隔 膜隔离就可以防止两极短路等优点。液态与气态活性物质，一般用于燃料电池中， 平时这种活性物质保持在电池外面，只有在电池工作时，由外部连续地给电池供应活性物质，以保持电极反应的正常进行。

对活性物质的要求：

(1)电动势高，即正极活性物质的标准电极电位越正，负极活性物质的标准电极电位越负；

(2)活性物质具有电化学活性，自发的反应能力越强越好；

(3)质量比容量和体积比容量要大；

(4)活性物质在电解液中化学稳定性要高(且具有不溶性)，以减少电池储存过程中的自放电，从而提高电池的储存性能；

(5)有高的电子导电性，以降低电池内阻；

(6)物质来源广泛，价格便宜。

在实际使用中，如何选择活性物质是个关键问题，主要考虑活性物质的能量、性能可靠性、经济性，具体选择时应将理论和实践两方面结合来考虑，理论方面又要根据能量和容量两方面来综合考虑。电池电动势越高，给出的能量越大。在元素周期表中，各元素的电极电位有规律地变化，元素周期表左侧第Ⅰ、Ⅱ主族元素(如 Li、Na、K 等)标准电极电位较负，理论上作负极较好；反之，元素周期表中右侧第Ⅵ、Ⅶ主族元素(如 F、Cl、Br 等)标准电极电位较正，理论上作正极较好。

2. 电解质

电解质是化学电源的主要组成之一，在正负电极之间起传输电荷的作用，因此电解质应具有高离子导电性的特点。此外，电解质还参与成流反应(如铅酸电池中的硫酸)。电解质经常以溶液的形式出现，因此也称为电解液。电解质应具备以下条件：

(1)稳定性强。电解质需长期保存在电池内部，因此需要有稳定的化学性质。反应活性低才能使电池在储存期间电解质与活性物质界面发生化学反应的可能性较小，这样才能使产生的自放电容量损失较小。

(2)电导率高。电解质的电导率高，溶液欧姆压降就小，其他条件相同时，电池内阻就小，电池放电特性就能得以改善。但不同系列的电池要求也不同，例如，锂电池为了提高电导率和电池特性，电解质将高介电系数、低黏度的有机溶剂混合使用；镍镉电池中常使用氢氧化钾水溶液；锌锰干电池为了提高和改善性能，把中性电解液改为碱性溶液，得到高能量的碱锰电池。

因此，电解质选择时不仅要考虑电解质的稳定性、高低温特性等因素，还应考虑电解质的电导率的大小，另外很关键的一点是不具备电子导电性，否则会产生漏电现象。

电解质的种类和形态一般分为液态、固态、熔融盐和有机电解质，电池具体使用哪种形态的电解质，应根据电池的不同系列的实际要求来确定。

3. 隔膜

隔膜也可称为隔离物，处在电池正负电极之间，有薄膜、板材、棒材等形式。隔膜的主要作用是阻止正负极活性物质相接触从而引起电池内部短路，因此，隔膜具有允许离子通过但不导电的特点。

隔膜的性能直接影响电池的寿命，对隔膜一般有以下要求：

(1) 化学稳定性良好，耐活性物质的氧化还原反应；

(2) 具有一定的机械强度，应避免在电池安装和使用过程中受外力而损坏及极板充电过程中产生弯曲变形而损坏；

(3) 较高的离子穿过率，阻力小；

(4) 良好绝缘体(电子)，能有效防止活性物脱落；

(5) 材料来源丰富，价格低廉，使用方便。

目前较常用的有棉纸、浆层纸、微孔橡胶、微孔塑料、玻璃纤维、尼龙、石棉、水化膜、聚丙烯膜等薄膜类隔膜材料，根据不同的电池种类选择合适的隔膜材料。

4. 外壳

外壳是电池的最外层，起保护电极及电池内物质的作用，目前只有锌锰电池的外壳兼作负极，因此，外壳需要具有良好的机械强度，抗振动冲击，并要具有一定的承受高低温的变化和电解质的腐蚀的稳定性。

电池的这四部分组成中，对电池性能起决定作用的是正负极活性物质，但并非绝对，在一定条件下，每个组成部分都可能成为影响电池性能的决定性因素。例如，电池正负极活性物质及工艺确定后，隔膜或电解质将成为影响电池性能的关键。锌银电池的负极枝晶生长并穿透隔膜，使电池两极短路，那么隔膜就成了决定电池寿命的关键因素。

2.2.2　化学电源的分类

化学电源可按以下三种不同的方法分类。

1. 按电解质种类划分

(1) 酸性电池，以硫酸水溶液为电解质，如铅酸电池；

(2) 碱性电池，以氢氧化钾溶液为电解质，如碱性锌锰电池、镍镉电池、镍氢电池等；

(3)中性电池，以盐溶液为电解质，如锌锰干电池、海水电池等；

(4)有机电解质电池，主要以有机溶液为电解质，如锂电池、锂离子电池等。

2. 按工作性质和储存方式划分(图 2-1)

(1)原电池，又称为一次电池，是不能再次充电的电池，如锌锰电池、锂电池等；

(2)蓄电池，又称为二次电池，可充电再次利用，如铅酸电池、镍氢电池、镍镉电池、锂离子电池等；

(3)超级电容器，又称为电化学电容器，通过极化电解质来储存电荷，如双电层电容器和赝电容器等；

(4)燃料电池，其活性材料在电池工作时从外部连续不断地加入电池中，如氢燃料电池等；

(5)储备电池，其储存时不含电解质，只有电池使用时才加入电解质，如镁氯化银电池(又称为海水电池)等。

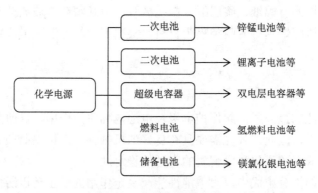

图 2-1　化学电源的分类

3. 按电池的正负极材料划分

(1)锌系列电池，如锌银电池和锌锰电池等；

(2)镍系列电池，如镍氢电池和镍镉电池等；

(3)铅系列电池，如铅酸电池等；

(4)锂系列电池，如锂离子电池和锂电池等；

(5)二氧化锰系列电池，如锌锰电池和酸锰电池等；

(6)金属-空气(氧气)系列电池，如锂空气电池、铝空气电池和锌空气电池等。

2.2.3　化学电源的种类

化学电源按其工作性质和储存方式的不同，可分为一次电池、二次电池、超级电容器、燃料电池和储备电池(图 2-1)。实际上，储备电池和燃料电池属于特殊的一次电池。

1. 一次电池

一次电池也称为原电池(primary battery)。一次电池在使用中其化学变化体系的自由能会逐渐减少，是一个将减少的自由能直接转化成电能输出的装置。电池放电过程发生的是不可逆反应，电极活性物质只能利用一次，用完即废弃，不能用充电的方式使得电极材料恢复原来的形态，故称为一次电池。电解液为非流动性介质的一次电池也称为干电池。

以锌锰电池为例，负极为锌制筒形外壳，正极材料是二氧化锰、氯化铵和炭黑组成的混合物，正极材料中间是一根顶盖上有铜帽的石墨棒用于引流，电解液为饱和氯化铵和氯化锌混合溶液。电极反应式如下：

负极(锌筒)　　　　　$Zn - 2e^- \longrightarrow Zn^{2+}$　　　　　　　　　　(2-1)

正极(石墨)　　　$2NH_4^+ + 2e^- \longrightarrow 2NH_3 + H_2$　　　　　　　(2-2)

　　　　　　　　$H_2 + 2MnO_2 \longrightarrow Mn_2O_3 + H_2O$　　　　　　(2-3)

总反应　　$Zn + 2NH_4^+ + 2MnO_2 \longrightarrow Zn^{2+} + 2NH_3 + Mn_2O_3 + H_2O$　　(2-4)

一次电池具有高的电动势、小的内部阻抗、大的单位质量(或体积)能量密度、价格低廉等特点；电池不工作时自放电小、活性物质的消耗小、保存性能良好；形状多样、工艺简单、容器的密封性能好。随着科学技术的发展，用电设备小型化、多功能化的发展需求越来越高，用电设备对电池的大小和功能方面提出了更高的要求。锌锰电池将原来的中性电解液换成了高离子导电性的碱性电解液，原来负极的锌片也换成了大比表面积的锌粉，使得反应的面积大大增加，从而使放电电流大幅提升。

2. 二次电池

二次电池也称蓄电池，工作时其内部的电化学反应为可逆反应，因此，可通过充电的方式恢复活性物质的初始状态。二次电池的放电和充电可反复进行多次，在各种电子设备和电动车上使用的就是二次电池。

二次电池的种类很多，比较常见的有铅酸电池、镍氢电池、镍镉电池、锂离子电池等。图 2-2 为几种常见二次电池的能量密度对比图。这里将简单介绍一下铅酸电池、镍镉电池和镍氢电池，第 5 章和第 6 章将主要针对锂离子电池进行详细介绍。

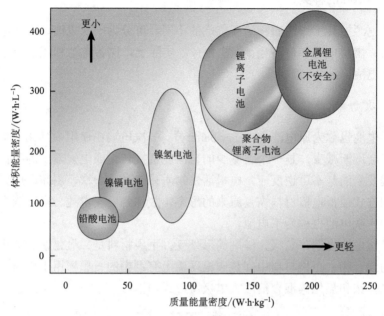

图 2-2　常见二次电池的能量密度对比图

以铅酸电池为例，如图 2-3 所示，电池的最外壳为硬橡胶或透明塑料(防止电解液泄漏)，内有多层电极板，其中负极为海绵状的金属铅，正极为二氧化铅，正负电极之间用微孔橡胶或微孔塑料板隔开起隔膜的作用，防止正负电极直接接触引起短路，电极均浸没在硫酸溶液中。

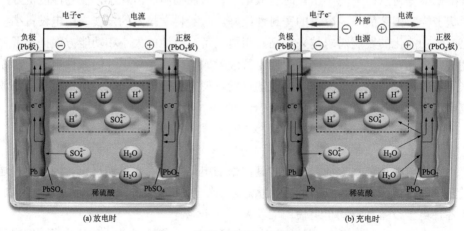

图 2-3　铅酸电池的工作原理图

放电时为原电池，其电极反应如下：

负极 $\qquad\qquad$ $Pb + SO_4^{2-} =\!\!= PbSO_4 + 2e^-$ $\qquad$ (2-5)

正极 $\qquad$ $PbO_2 + 4H^+ + SO_4^{2-} + 2e^- =\!\!= PbSO_4 + 2H_2O$ $\qquad$ (2-6)

总反应式 $\qquad$ $Pb + PbO_2 + 2H_2SO_4 =\!\!= 2PbSO_4 + 2H_2O$ $\qquad$ (2-7)

放电过程中，电解液的浓度将不断降低。

充电时为电解池，其电极反应如下：

正极 $\qquad$ $PbSO_4 + 2H_2O =\!\!= PbO_2 + 4H^+ + SO_4^{2-} + 2e^-$ $\qquad$ (2-8)

负极 $\qquad$ $PbSO_4 + 2e^- =\!\!= Pb + SO_4^{2-}$ $\qquad$ (2-9)

总反应式 $\qquad$ $2PbSO_4 + 2H_2O =\!\!= Pb + PbO_2 + 2H_2SO_4$ $\qquad$ (2-10)

图 2-4 为铅酸电池的形象示意图。铅酸电池具有大电流脉冲放电、安全性可靠、易于保养维护、造价低等优点，缺点是比能量低、对环境不友好、自放电比较严重。我国铅酸电池产业年增长率为 20%，随着生产方式和工艺的不断优化，铅酸电池的比能量和循环寿命以及安全性都得到了提高。

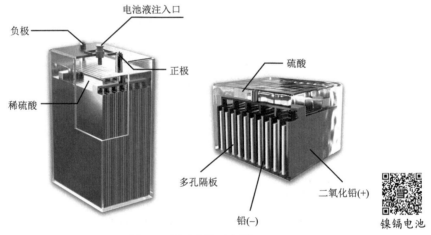

图 2-4 铅酸电池示意图

镍镉电池是由金属镉为负极，羟基氧化镍为正极，电极液为氢氧化钠/氢氧化钾。充放电反应原理如下：

负极 $\qquad$ $Cd + 2OH^- =\!\!= Cd(OH)_2 + 2e^-$ $\qquad$ (2-11)

正极 $\qquad$ $2NiOOH + 2H_2O + 2e^- =\!\!= 2Ni(OH)_2 + 2OH^-$ $\qquad$ (2-12)

总反应式 $\qquad$ $Cd + 2NiOOH + 2H_2O =\!\!= 2Ni(OH)_2 + Cd(OH)_2$ $\qquad$ (2-13)

放电时，负极的 Cd 被氧化，形成 $Cd(OH)_2$；正极的 NiOOH 被还原，形成 $Ni(OH)_2$。充电时，过程正好相反。

镍镉电池具有使用寿命长的特点，可提供 500 次以上的循环次数；大电流充放电性能好和工作温度范围宽。缺点是能量效率低，价格与铅酸电池相比较贵，金属镉对环境有污染。以极板盒式为主的大容量镍镉电池是工业上常见的产品。

镍氢电池的发展，也是当今二次电池重要的发展方向之一，其电量储备比镍镉电池多 30%。相比于镍镉电池，镍氢电池具有质量更轻、使用寿命更长、环境友好等特点。其基本组成有氢氧化镍正极、储氢合金负极及碱性电解质（主要为氢氧化钾溶液），如图 2-5 所示。

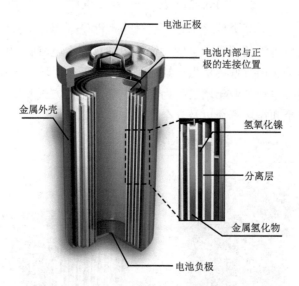

图 2-5　镍氢电池的反应原理图

充电时，电极反应如下：

正极反应　　　　$Ni(OH)_2 + OH^- \Longrightarrow NiOOH + H_2O + e^-$　　　　　　(2-14)

负极反应　　　　$M + H_2O + e^- \Longrightarrow MH + OH^-$　　　　　　　　　　(2-15)

总反应　　　　　$M + Ni(OH)_2 \Longrightarrow MH + NiOOH$　　　　　　　　　(2-16)

放电时，电极反应如下：

正极　　　　　　$NiOOH + H_2O + e^- \Longrightarrow Ni(OH)_2 + OH^-$　　　　　　(2-17)

负极　　　　　　$MH + OH^- \Longrightarrow M + H_2O + e^-$　　　　　　　　　(2-18)

总反应　　　　　$MH + NiOOH \Longrightarrow M + Ni(OH)_2$　　　　　　　　　(2-19)

以上反应式中，MH 为吸附了氢原子的储氢合金，M 为储氢合金。最常用的储氢合金为 $LaNi_5$。

　　镍氢电池由于具有高性能、安全、环保、无记忆效应、价格低廉等特点，被广泛应用在消费性电子产品中，大功率的镍氢电池也使用在油电混合动力和纯电池动力车中，最好的例子就是丰田汽车公司的 Prius 和福特汽车公司的 Ford Ranger EV，是目前最具发展潜力的"绿色能源"电池之一。但是镍氢电池也有自己的不足，如价格比镍镉电池高、性能比锂电池差等。

　　3. 超级电容器

　　超级电容器是一种新型储能器件，介于传统电容器与蓄电池之间，又称为电化学电容器。根据反应原理不同，超级电容器可分为双电层电容器和法拉第赝电容器。电极和电解质是超级电容器的核心部分，也是研究者对其性能进行改良和优化的着手点。图 2-6 为双层电容器的工作原理示意图。

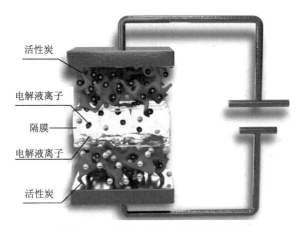

图 2-6　双层电容器工作原理示意图

　　超级电容器相比于其他化学电源具有充电时间短、使用寿命长、温度特性好和绿色环保等特点，能够在极短的时间内释放大电流，即有高的比功率，这一特性很好地满足了某些用电设备的需求。超级电容器在消费类电子产品领域和太阳能发电系统、新能源汽车、工业节能系统等领域均有重要的应用。

　　4. 储备电池

　　储备电池是特殊的一次电池，与普通一次电池不同的是，储备电池的正负极活性物质与电解质不直接接触，直到使用时才借助动力源作为电解质，以激活电池。因此，储备电池也称为激活电池。使用时注入清水、电解液或海水来激活电池，故也称为注水电池(或注液式电池、水激活电池)；使用时将电解质加热至熔融态的称为热激活电池(或热池)。

典型的储备电池有海水激活的镁氯化银电池、用氢氧化钾溶液激活的锌银电池、用高氯酸激活的铅高氯酸锂电池、热激活的热电池等。由于储备电池在使用前处于惰性状态,故可以储存较长时间,如几年甚至十几年。

5. 液流电池

液流电池是一种新型的电化学储能技术,由电堆单元、电解液储存供给单元、电堆控制管理单元等部分组成。如图 2-7 所示,电池正极和负极储液罐中的电解液通过外接泵输送到电堆内相应的电极中,并在电极上发生氧化还原反应,实现电能和化学能的相互转换与能量储存,反应后的电解液再输送回储液罐中。正极和负极之间的离子交换膜,可以有选择地允许离子在正负极之间相互运输,从而保持电解液中的电解质平衡。电子通过集流体和外电路进行传输。由于含有活性物质的电解液具有流动性,电化学反应场所电堆和电解液储存罐在空间上可以实现分离,这有利于功率密度和能量密度的独立设计(电池的输出功率由电堆的大小和数量决定,电池的能量密度取决于电解质的浓度和体积),便于模块组合和因地制宜放置,适合大规模储能。目前,发展较为成熟的液流电池有锌-溴电池、铁-铬电池、全钒液流电池等。其中,全钒液流电池是最具有产业化前景的一种液流电池技术,具有安全性高、循环寿命长、系统设计灵活、启动速度快、热管理方法简单、倍率性能好、易于回收利用、环境友好等特点。

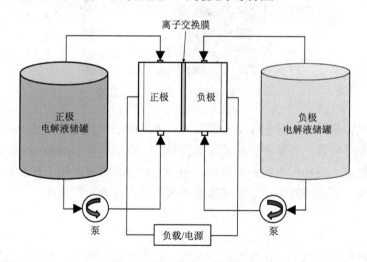

图 2-7　液流电池工作示意图

6. 燃料电池

燃料电池（fuel-cell）也是一次电池，它与普通化学电池不同的是，其正负极本身不包含活性物质，而是储存在电池本体之外，因此需要将活性物质连续地注入电池才能够使电池持续不断地放电。燃料电池的工作方式是，不间断地向电池内部输入燃料和氧化剂，同时排出反应产物，从电极输出电能。因此，从工作形式上看，它类似于燃油发动机与发电机组，但工作原理和特性有很大差别。

单节燃料电池组成部分有阳极、阴极、电解质和隔膜等，在阳极燃料发生氧化反应，在阴极氧化剂发生还原反应，进而完成整个电化学反应过程。电解质和隔膜的作用是分隔燃料和还原剂并传导离子。当阳极一侧持续通入氢气、甲烷、煤气等燃料气体，在阴极一侧通入氧气或空气，电解质完成离子传导，在阴极和阳极发生电子传输，在两极之间产生电势差，形成电池。在两极之间连上外电路，在外电路中形成电流，便可带动负载工作。图 2-8 为燃料电池的反应原理图。

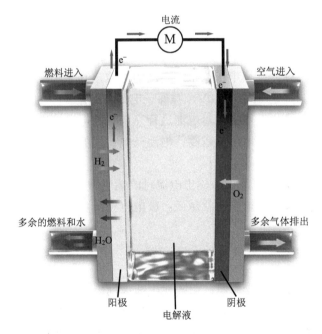

图 2-8　燃料电池的反应原理图

燃料电池与常规化学电源一样，其原理是将化学能转化为电能，但是它们又有本质的区别。根据前面所述可知，化学电源是利用反应物之间发生化学反应产生电能，因此电池的容量取决于参与反应的物质的量，而燃料电池是利用外部提供的物质进行电化学反应而产生能量，从理论上讲，只要外部源源不断地提供物质，就可以连续产生电能。

2.3　化学电源的常用参数和术语

2.3.1　化学电源的常用参数

化学电源的性能参数主要包括电压、内阻、容量、能量、功率和寿命等。

1. 电压

化学电源的电压是指正、负电极之间的电位差，单位为 V(伏特)，是衡量化学电源性能的重要参数之一。电压主要包括：开路电压、工作电压、额定电压、充电电压和放电电压等。

(1)开路电压：是指电池(化学电源)未向外电路输出电流时，正、负电极之间的电位差。开路电压与电池的静止电动势相等，其值与电池正、负极和电解液的材料有直接关系，而与电池的几何结构和尺寸大小无关。

(2)工作电压：是指电池工作时向外输出电流时正负电极之间的电位差。

(3)额定电压：是指电池开路电压的最低值(保证值)，或在规定条件下电池工作的标准电压，也称为标称电压。不同类型的电池，其额定电压是有所不同的，例如，铅酸电池的额定电压为 2.0V，锂离子电池的额定电压为 3.6V。

(4)充电电压：是指充电电源对电池进行充电时的电池端电压。充电电流越大，电池的极化就越大，充电电压就越高；电池充电初期的充电电压较低，当电池充足电时充电电压达到最高。

(5)放电电压：是指电池向外输出电流时的端电压。由于电池存在内阻，因此电池的放电电流越大，放电电压就越低；放电电压会随着电池放电深度的增加而降低。

2. 内阻

电池的内阻是指电流输出时，电流在电池内部受到的阻力，是表示电池性能与状态的重要参数。电池内阻越大，电压降得越快，自身消耗的能量越多，电池的最终使用效率越低。其单位为 Ω(欧姆)，包括欧姆内阻和极化内阻两部分。

(1)欧姆内阻：主要与电池电极的材料、结构及装配工艺等有关，不同电解质表现出来的电阻也不同。因此，不同类型的电池、不同结构的电池甚至不同电解质的电池，其内阻是不同的。无论哪种电池，随着放电程度的增加，其内阻都会相应增大。

(2)极化内阻：是指电池的正极和负极在电化学反应进行时，由于极化(电化学极化和浓差极化)所引起的内阻。极化内阻除了与活性物质的本性、电极的结构、电池的制造工艺等有关外，影响最为明显的是电池工作条件与状态。因此，极化内阻是动态变化的。电化学极化和浓差极化较大时会导致极化内阻增大；温度降低对电化学极化、离子扩散均有不利影响，故电池的内阻也会增大。

电池的内阻直接影响电池的工作电压、输出电流、输出能量和功率等，内阻大的电池在充放电过程中发热严重，导致电池整体温度急剧上升。内阻越小，电池的充放电性能越好。

3. 容量

容量是指电池储存电量的大小，是在一定电流下所输出的电量，或者说是指在允许放电范围内所输出的电量，单位为安时（A·h）。容量是衡量电池放电能力的重要参数，在不同放电条件下电池所能输出的电量是不同的。

(1) 理论容量：是指电极活性物质全部参加电化学反应而输出的电量，是根据法拉第（Faraday）定律计算出的电量。理论容量通常用质量比容量（A·h·kg^{-1}）和体积比容量（A·h·L^{-1}）表示。

(2) 实际容量：是指满电的电池在实际工作中所能输出的电量，其值是放电电流与放电时间的乘积。电池的实际容量小于理论容量，实际容量与放电条件有紧密的联系，如放电电流大小和环境温度等。

(3) i 小时放电率容量：是指电池以某一恒定大小的电流放电 i 小时，当放电至终止电压时电池所输出的电量，通常用 C_i 表示。充放电电流一般表示为额定容量的倍数（称为 C 率或倍率）。例如，额定容量为 1A·h 的电池，$C/10$（也称为 10h 倍率放电）放电电流为 1A/10=100 mA。

(4) 额定容量：是指充满电的电池在规定条件下所能输出的电量。额定容量一般是制造商标明的电池容量，记录在产品铭牌上，作为电池性能的重要指标。我国国家标准中，以 3h 放电率容量（C_3）定义为电动汽车动力电池的额定容量，以 20h 放电率容量（C_{20}）定义为电动汽车启动型电池的额定容量。

4. 能量

电池的能量是指在一定放电条件下所输出的电能，单位为 W·h（瓦时）。能量可用于衡量电池的供电能力，是反映电池综合性能的重要参数。

(1) 标称能量：是指在规定放电条件下电池所能输出的电能，是额定容量与额定电压的乘积。

(2) 实际能量：是指在实际放电条件下电池所输出的电能。实际容量与放电过程平均电压的乘积是电池的实际能量值。

(3)比能量：又分为质量比能量和体积比能量，是指电池单位质量或体积所输出的电能，单位为 $W \cdot h \cdot kg^{-1}$ 或 $W \cdot h \cdot L^{-1}$。电池的比能量越高，其续航里程越长，占用体积就越小。在电池能量相等的情况下，锂离子电池的质量和体积会比镍镉/氢电池小很多。

5. 功率

功率是指电池在规定放电条件下，单位时间所输出的电能，单位为 W。电池的功率大小将决定电动汽车的加速度和最高车速。

比功率，又称为功率密度，是指电池单位质量或体积所能输出的功率，单位为 $W \cdot kg^{-1}$ 或 $W \cdot L^{-1}$。电池的比功率越大，瞬间释放能量就越高。在电动汽车中，电池的比功率越大，电动汽车的加速、爬坡性能越好，最高车速越高。

6. 寿命

电池的寿命包括循环寿命和储存寿命，经历一次充电和放电过程称为电池的 1 个循环或 1 个周期。

(1)循环寿命：在一定放电条件下，当电池的容量下降到规定的低限时，电池所经历的充放电循环次数。不同类型电池的循环寿命有所不同，对于某种类型的电池，其循环寿命与充放电电流的大小、环境温度、充放电深度等均有关系。

(2)储存寿命：是指电池容量或电池性能下降到额定指标以下的储存时间。影响储存寿命的主要因素是自放电。锌锰干电池、碱电池和锂一次电池的保质期通常分别为 1 年、3～7 年和 5～10 年，镍镉电池、镍氢电池和锂离子电池的保质期通常为 2～5 年(如果经历充放电或带电储存，可用 10～20 年)。

2.3.2 化学电源的常用术语

化学电源在使用过程中，通常采用一些专业术语来描述其工作条件和状态，常用的术语简介如下。

1. 终止电压

终止电压是指充电或放电结束时的电压，分为充电终止电压和放电终止电压。

(1)充电终止电压。电池在充电结束时，其充电电压已上升至极限，若继续充电会使得电池处于过充状态，这个上限电压称为充电终止电压。充电终止电压与充电电流的大小有关，只有采用较大的充电电流对电池进行充电时，电池才有可能达到充电终止电压。如果充电电流越大，达到充电终止电压越快。

(2)放电终止电压。电池在放完电时，其放电电压已下降至极限，继续放电将导致电池过放电状态，这个低限电压称为放电终止电压。放电电流越大，达到放电终止电压越快。

2. i 小时充/放电率

i 小时放电率是指电池以恒定的电流放电，放电 i 小时，正好使电池放电至终止电压(放完电)；i 小时充电率是指电池以恒定电流充电，恒流值与 i 小时放电率的恒流值相等。

3. 过充电与过放电

电池的过充电与过放电是指充电过度或放电过度。

(1)过充电。电池已经充足电后继续充电，此时电池处于过充电。另外，充电时采用的充电电流大于电池可接受的电流时，若继续以该电流充电也属于过充电。

(2)过放电。电池已经放电至终止电压(放完电)时，继续对电池进行放电即为过放电。

4. 荷电状态

电池荷电状态(state of charge, SOC)数值上等于电池剩余的容量与其额定容量的比值，用于描述电池在充放电过程中的存电状态。

5. 放电深度

电池的放电深度(depth of discharge, DOD)数值上等于电池已放出的电量与其额定容量的比值，用于描述电池在放电过程中所达到的放电深度。

6. 库仑效率

库仑效率是指在一定充放电条件下，放电所释放出的电荷与充电时充入的电荷之间的百分数，也称为充放电效率。影响库仑效率的因素有很多，如电解质的分解，电极界面的钝化，电极材料的结构、形态和导电性的变化等。

2.4 化学电源的应用与发展趋势

以信息、通信和汽车为主导的智能电子产品对设备提出了小型化、便携化、多功能化等方面的要求，科学技术与化学电源互相促进、互相依赖，因此对化学电源也提出了电流大、质量轻、体积小、无污染、使用寿命长等方面的要求，世界各国都在为发展新一代电池投入巨大的人力和物力。其发展趋势有以下几个方面。

(1)一次电池正向高容量、无水银、碱性化方向发展,锰干电池市场逐渐萎缩,碱锰电池在市场上占的比例逐渐增大。

(2)二次电池中,锂离子电池逐渐拓宽自己的市场,提高所占的市场份额,打破原来以镍基电池为主流的格局。

(3)随着环保意识的增强和电池技术的发展,高性能的锂离子电池、超级电容器、燃料电池将是21世纪最受欢迎的绿色电池,并将逐步挤占电池市场,例如,以电池为能源的电动汽车将逐步取代部分燃油汽车。

(4)电动汽车在召唤新的化学电源。传统化石能源的汽车尾气污染严重,因此电动汽车是解决汽车尾气污染的最佳方案。电动汽车可以在夜间用电低峰时进行充电,也进一步缓解了日夜用电不均的情况。决定电动汽车性能和价格的关键是化学电池的性能和价格,电动汽车对化学电源提出了高的比能量、比功率、长寿命和合理的价格的要求。

(5)随着新能源汽车和光伏产业的发展,电池除了应用于电子产品以外,还在动力电池和储能领域有广泛的应用。近年来,新型能源发电(如风能发电和光伏发电)装机容量逐年上升,而风能发电具有较强的随机性和波动性,光伏发电也具有较强的波动性,随着新能源发电装机容量的上升,电网的调峰能力和安全运行将面临巨大的挑战。储能技术在很大程度上能解决发电的波动性方面的问题,实现发电的平滑输出,使大规模并网成功实现。另外,我国能源资源所在地多远离负荷地,需开发远距离输送,这也进一步加大了电网运行和控制风险,因此对储能电池的发展显得愈发迫切。

习　题

一、选择题

1. 电解池中,电极发生氧化反应的是(　　)。

A. 正极　　　　B. 负极　　　　C. 阴极　　　　D. 阳极

2. 电极是化学电源的核心部分,通常由下列哪些组成 (　　)。

A. 活性物质　　B. 导电剂　　　C. 黏结剂　　　D. 集流体

3. 镍氢电池的工作电压一般是(　　)。

A. 1.0 V　　　　B. 1.2 V　　　　C. 2.0 V　　　　D. 3.4 V

4. 铅酸电池放电时,负极的产物是(　　)。

A. Pb　　　　　B. PbO_2　　　　C. $PbSO_4$　　　D. H_2O

5. 下列哪些选项中属于欧姆内阻(　　)。

A. 电解液内阻　　B. 活性物质电阻　　C. 隔膜内阻　　D. 浓度差电阻

二、填空题

1. 活性物质的_____和_____越小，电池的质量比容量或体积比容量越大。

2. _____是指电池(化学电源)未向外电路输出电流时，正负极之间的电位差。

3. 一种能连续地把燃料的化学能变为电能的装置是_____。

4. 按工作性质和储存方式划分，化学电源主要包括_____。

三、简答题

1. 请简述铅酸电池的工作原理。

2. 请简述电极活性物质的选择原则。

3. 影响化学电源(电池)循环寿命的主要因素有哪些？

参 考 文 献

陈栋阳, 王拴紧, 肖敏, 等, 2009. 全钒液流电池离子交换膜的研究进展[J]. 高分子材料科学
　　与工程, 25(4): 167-174.

陈建斌, 胡玉峰, 吴小辰, 2010. 储能技术在南方电网的应用前景分析[J]. 南方电网技术, 4(6):
　　32-36.

高晓菊, 白嵘, 韩丽娟, 等, 2012. 钠硫电池制备技术的研究进展[J]. 材料导报: 纳米与新材料
　　专辑, 26(11): 197-199.

黄可龙, 王兆翔, 刘素琴, 2007. 锂离子电池原理与关键技术[M]. 北京: 化学工业出版社.

黄志高, 2018. 储能原理与技术[M]. 北京: 中国水利水电出版社.

贾传坤, 王庆, 2015. 高能量密度液流电池的研究进展[J]. 储能科学与技术, 4(5): 467-475.

蒋兵, 2011. 锂离子电池正极材料的发展现状和研究进展[J]. 湖南有色金属, 27(1): 39-42.

李渊, 李绍敏, 陈亮, 等, 2010. 锂电池正极材料磷酸铁锂的研究现状与展望[J]. 电源技术,
　　34(9): 963-966.

林登, 雷迪, 2007. 电池手册[M]. 3 版. 汪继强, 等译. 北京: 化学工业出版社.

刘春娜, 2012. 铅酸蓄电池期待新机遇[J]. 电源技术, 36(4): 456-457.

刘庆华, 张赛, 蒋明哲, 等, 2019. 低成本液流电池储能技术研究[J]. 储能科学与技术, 8(S1):
　　60-64.

刘彦龙, 2012. 电池产业发展分析[R]. 中国化学与物理电源行业协会理事会.

宋永华, 阳岳希, 胡泽春, 2011. 电动汽车电池的现状及发展趋势[J]. 电网技术, 35(4): 1-7.

孙玉城, 2012. 锂离子电池正极材料技术进展[J]. 无机盐工业, 44(4): 50-54.

王金良, 2010. 动力锂离子电池发展及技术路线探讨[J]. 电池工业, 15(4): 234-238.

温兆银, 2007. 钠硫电池及其储能应用[J]. 上海节能(2): 7-10.

谢聪鑫, 郑琼, 李先锋, 等, 2017. 液流电池技术的最新进展[J]. 储能科学与技术, 6(5):
　　1050-1057.

徐金, 2011. 锌银电池的应用和研究进展[J]. 电源技术, 35(12): 1613-1616.

杨林, 赖勇, 郑文祥, 等, 2009. 锌锰电池产业的现状与未来[J]. 电池工业, 14(6): 413-415.

杨勇, 2009. 太阳能系统用铅酸蓄电池综述[J]. 蓄电池, 46(2): 51-57.

曾勇, 2021. 新能源汽车动力电池应用现状及发展趋势[J]. 时代汽车(17): 139-140.

张华民, 2011. 浅谈大规模液流储能电池材料发展[J]. 新材料产业(7): 55-56.

张永锋, 俞越, 张宾, 等, 2021. 铅酸电池现状及发展[J]. 蓄电池, 58(1): 27-31.

赵瑞瑞, 任安福, 陈红雨, 2009. 中国铅酸电池产业存在的问题与展望[J]. 电池, 39(6): 333-334.

第3章 储能材料制备技术

发改能源〔2017〕1701号文件《关于促进储能技术与产业发展的指导意见》指出，储能是智能电网、可再生能源高占比能源系统、"互联网+"智慧能源的重要组成部分和关键支撑技术，还指出"十四五"期间，需全面掌握具有国际领先水平的储能关键技术和核心装备，集中攻克一批具有关键核心意义的储能技术和材料。在全球能源危机日益严重的情况下，开发和利用新能源是十分迫切的事情，而储能技术贯穿在新能源的开发与利用的各个环节，是能源转换、能源储存等领域的重要技术，是新能源"上位"的必经之路，尤其是对新能源汽车、消费电子、工业储能和医疗电子等领域，因此开发高效、稳定、安全、绿色的储能器件是非常关键的部分。新材料产业是战略性、基础性产业，是未来高新技术产业发展的基石和先导。利用各种新材料、新技术来提高材料的物理化学性质，可以实现更高性能和更长的使用寿命，从而提高产品的质量。由图3-1可知，材料是高性能储能器件的基础，因此，高质量的储能材料制备工艺是储能技术中的关键。

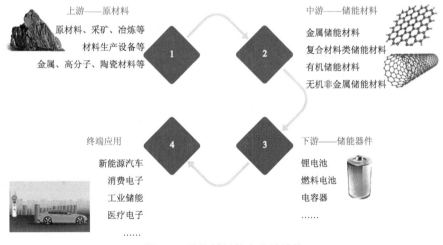

图 3-1　储能材料的产业链结构

储能材料根据储能方式不同可分为相变储能材料、电化学储能材料、电磁储能材料和物理储能材料等，其中电化学储能材料可分为镍氢电池材料、锂离子电池材料、钠离子电池材料、钾离子电池材料和超级电容器材料等。根据储能材料属性可分为金属储能材料、无机非金属储能材料、有机储能材料和复合材料类储能材料等。根据材料生长的介质环境不同可分为固相法、液相法和气相法生长的材料。本章将根据储能材料的生长方法从固相法、液相法和气相法方面进行介绍。

3.1 固 相 法

固相法是指具有固态物质参加的反应，是一种传统制备粉体的方法。具体是将金属盐或金属氧化物直接按照一定比例充分混合、研磨后进行煅烧，通过发生固相反应直接制得粉体。根据参与反应的物质形态可以分为以下几种：仅一种固态物质的反应，如固体的热分解；单一固相物质内部的缺陷平衡；固态物质的表面反应；固态和气态物质参加的反应，如钛与氨气反应生成氮化钛的反应；固态和液态物质参加的反应；两种以上固态物质间的反应等。众所周知，固体中离子、原子的扩散速度要比气体和液体中的速度慢几个数量级，因此反应时间比气相和液相中的反应时间长得多，为了加快反应速率，一般需要在高温条件下反应。对固相反应而言，主要由参与反应的固体物质的内在因素和参与反应的外在因素来决定反应的速率，如固态物质的晶体结构、缺陷、形貌、粒径、比表面积、孔径及物质的反应活性等内在因素的影响，如反应的温度、外部辐照等外在因素的影响。

固相法制备储能材料，主要是通过机械手段对原材料进行研磨搅拌，然后经过高温烧结从而得到目标产物。该方法工艺简单、可操作性较强、成本低、易于大规模生产，因此也是工业中最常用的方法之一。

3.1.1 高温固相合成法

1. 高温固相合成法简介

高温固相合成法是指固态物质在室温或较低温度条件下不反应，而加热到高温条件下时，固体界面间经过接触、反应、成核、晶体生长而生成目标产物的方法。在这个过程中反应物必须不断地穿过反应界面并生成物质层，整个过程中发生了物质的输运，也就是原来处于晶格结构中平衡位置上的原子或离子在一定条件下脱离原位置而进行无规则运动，形成移动的物质流。这种物质流的推动力是原子核空位的浓度差及化学势梯度。高温固相合成法中常采用各种高电阻炉、聚焦炉、等离子体电弧、激光、放电、高能粒子等方式为反应体系提供高温环境。

2. 高温固相合成法的影响因素

在固相反应中，原材料、升温速率、煅烧温度、煅烧时间和气氛等对最终产物的组分、晶粒大小和结晶度等都有重要影响。原料的选择很重要，在选择反应物时一般以方便易得且可热分解为非反应性气体产物(如碳酸盐、草酸盐和乙酸盐等)的材料作为原材料。参与固相反应的各组分的原子和离子受到晶体内聚力的限制，使得固相反应不像液相和气相反应中原子、分子或离子能自由移动，因此粉体的均匀性、原料的粒径和比表面积等具有重要影响。例如，在磷酸铁锂材料的合成过程中，将原材料进行一定程度的球磨使前驱体混合均匀，不仅可以缩短煅烧时间、降低温度，而且所得到的样品颗粒相对较小，电化学性能也要比一般传统高温固相合成法好些。以固相法合成 Li_3VO_4 纳米颗粒为例，以 V_2O_5 和 Li_2CO_3 为原料，先 600℃煅烧 5h 后在 900℃的空气中煅烧 3h 可得到 Li_3VO_4 纳米颗粒；相同的原材料相似的步骤，Kim 等将原料在 550℃煅烧 5h 后在 600~1100℃空气气氛中煅烧 3h 也可得到 Li_3VO_4 纳米颗粒，这也说明反应条件对产物有一定的影响。

3. 高温固相合成法的应用实例

在储能材料的合成中，早期对磷酸铁锂的研究多采用高温固相合成法。高温固相合成法的一般过程如图 3-2 所示，具体是将化学计量比的乙酸铁、草酸铁(或乙酸亚铁、草酸亚铁、磷酸亚铁)等有机铁盐，磷酸二氢铵或磷酸氢二铵和碳酸锂(或乙酸锂、氢氧化锂)混合均匀，在 N_2 或 Ar 等惰性气体中分两步煅烧。第一步在 300~350℃，主要用于反应物的分解，排出原料分解产生的气体；第二步在 600~800℃，合成出磷酸铁锂材料。该方法操作简单，是目前合成磷酸铁锂最常用、最成熟的方法，也是最容易实现产业化的方法之一。

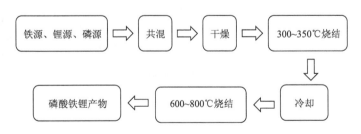

图 3-2　高温固相法合成磷酸铁锂示意图

3.1.2　自蔓延高温合成法

1. 自蔓延高温合成法简介

自蔓延高温合成法也称为燃烧合成法，是利用反应物之间高的化学反应热的自加热和自传导作用来合成材料的一种技术。整个反应需要在热量的支持下继续，反应物一旦被引燃，便会自动向没反应的区域传播，表现为燃烧波蔓延至整个体系，最后合成所需的材料，是一种制备无机物高温材料的新方法。自蔓延高温合成法具有以下特点：①反应一经引燃，不需要外界提供能量，体系内部在燃烧过程中会释放大量的热，为反应提供热能。②燃烧波传播快，反应很迅速，一般为秒级。③燃烧温度高，化学反应转变完全，并可将易挥发杂质排除，产品纯度高。④反应过程中高温既完成了材料的合成又完成了烧结或后期退火的过程。

2. 自蔓延高温合成法的应用实例

Deganello 等通过自蔓延高温合成法合成了 Ce 和 Co 掺杂的 $SrFeO_{3-\delta}$ 电催化剂，并研究了聚乙二醇对产物结构及性能的影响。具体的合成流程如图 3-3 所示。将 $Sr(NO_3)_2$、$Ce(NO_3)_3 \cdot 6H_2O$、$Co(NO_3)_2 \cdot 6H_2O$、$Fe(NO_3)_3 \cdot 9H_2O$ 按照原子计量比混合溶于水中，加入适量的硝酸铵和蔗糖分别作为氧化剂和推进剂模板络合

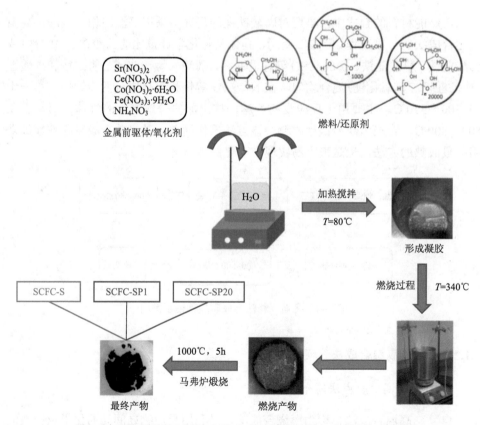

图 3-3　自蔓延高温合成法合成 Ce 和 Co 掺杂的 $SrFeO_{3-\delta}$ 的流程图

剂，以不同分子量的聚乙二醇为二次燃料，在磁力搅拌下，整个反应过程中前驱
体溶液的水分蒸发，当温度为 80℃时，可形成均匀的黏性凝胶，当加热温度设置
为 340℃时，即可发生燃烧反应，如果需要更高结晶度的纳米颗粒则可将产物进
一步退火得到结晶性较好的材料。

3.1.3　高能球磨法

1. 高能球磨法简介

高能球磨法是利用球磨的转动或振动，使硬球对原料进行强烈的撞击、研磨
和搅拌，在球磨过程中机械能转化为化学能可以启动化学活性，使得通常在高温
下进行的反应能在较低温度下进行，最终使原料发生结构、性能的转化，从而制
备出纳米级微粒的方法。由此可知，高能球磨法具有能明显降低反应活化能、细
化晶粒、增强粉体活性、提高烧结能力、诱发低温化学反应的特点。高能球磨法
主要用于减小纳米颗粒直径和混合不同的原料使之发生化学反应形成新的物相。
高能球磨法常用的设备如图 3-4 所示，常见的球磨罐和球磨球如图 3-5 所示。

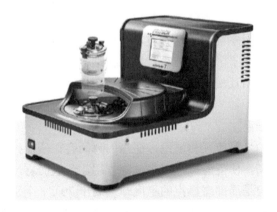

图 3-4　微型行星式高能球磨机

图 3-5　常见的球磨罐和球磨球

高能球磨法与传统球磨法的不同之处在于球磨的运动速度较大，不受外界转速的限制，使粉体产生塑性变形及相变，传统球磨法只对粉体起到破碎和混合均匀的作用。高能球磨通过搅拌器将动能通过球磨球传递给作用物质，能量利用率大大提高，从而改善材料的性能，是一种节能、高效的材料制备技术，并且可批量生产，已经成为制备纳米材料的重要方法之一。

高能球磨法可分为干法高能球磨法和湿法高能球磨法，两者工作原理相同，但是湿法高能球磨中需要有液体助磨剂，液体助磨剂的参加有利于缩短球磨时间，提高效率。通过高能球磨法能实现细化，最后实现不同组元原子互相掺入和扩散，发生反应，实现固相反应中各组分的均一性。

2. 高能球磨法的原理

高能球磨法中，粒子在球磨过程中反复不断地碰撞使晶粒细化，碰撞过程中会产生很大的能量出现局部温度升高，从而使晶格发生松弛和结构裂解，最终实现合成。具体过程如下。

1) 晶粒细化

球磨过程经过反复碰撞和碾碎，使得放入的原始粉末直径逐渐变小直到纳米级别。随后粉末原子中表面的化学键断裂，产生晶格缺陷，缺陷不断扩大化，随着球磨时间的增长，无序增加。这种对原有化学态的破坏使得系统本身为了寻求新的平衡而相互交换离子形成新的键，发生在纳米颗粒表面的这种现象会逐渐蔓延到内部使不同原料相互浸入对方材料形成新的稳定态，随即发生化学反应形成新的化合物。

2) 局部碰撞点升温

在球磨过程中纳米颗粒互相碰撞，碰撞的瞬间会在碰撞处产生很大的能量，从而使温度瞬间升高，使得碰撞点产生化学作用。一般而言，球磨罐中的总体温度不会超过 70℃，但是局部碰撞点的温度却远高于 70℃，个别碰撞点的超高温度会有利于产生的缺陷进行扩散从而使不同成分浸入对方体系，有利于原子之间重新组合，形成新的化学键。有科学家发现机械化学过程在作用的瞬间也就是在 $10^8 \sim 10^9$ s 的范围内，局部能够产生高温，最高能够达到 1000K，产生的高压最高能够达到 $1 \sim 10$GPa。

3) 晶格松弛与结构裂解

有科学家认为机械力的持续作用会让原料中本身存在的晶格松弛，晶格内部原子的部分电子开始活跃，激发出高能电子及等离子区域，使得原有的完整结构被裂解。对于高能球磨法而言，球磨过程中使原子激发产生 10eV 的能量比较容易实现，但是通常条件下加热到 1000℃ 以上都很难达到这个能量，所以说通过机械力作用有可能进行通常情况下热化学所不能进行的反应。

3. 高能球磨法的影响因素

1）球磨装置

球磨装置由球磨机底座、球磨罐和球磨珠组成。球磨机根据运转规律分为行星式球磨机、振动式球磨机、搅拌式球磨机和水平滚筒式球磨机。实验室一般常采用行星式球磨机和振动式球磨机。行星式球磨机可一次对多个罐体提供球磨功能，而振动式球磨机只能为一个罐体提供球磨。相比于行星式球磨机，振动式球磨机提供的转速更大，因此提供的机械能也越大，反应更加高效。而搅拌式球磨机和水平滚筒式球磨机常用于工业化生产中来搅拌和降低材料直径。

2）球磨参数

（1）原材料。球磨原材料的性质对最终产物具有重要影响，如原材料的机械强度（脆性、韧性）。

（2）球磨珠材质和大小。常见的球磨珠的材质有氧化铝、氧化锆、玛瑙、铁、不锈钢、合金、聚四氟乙烯和聚丙烯等。通常来说，球磨珠的材质需要根据球磨罐进行选择，另外球磨珠的材质、直径大小和数量等与原料的冲击力大小有密切的关系。球磨珠的材质需要根据实际合成的材料进行选择。球磨珠可根据直径分为不同规格型号，直径大小与接触的物质的冲击力大小有关，大球磨珠能为球磨体系提供大的动能，使样品快速反应，小的球磨珠可提供更大的接触面积，使产物更加均匀，因此在球磨过程中可采用大小球磨珠组合的方式来满足实验需求。

3）球磨时间

在一定的条件下，随着球磨的进行，时间越长材料的粒径越小，直至达到平衡状态；而达到平衡状态后，球磨时间进一步延长，材料粒径并不会进一步减小，而是容易出现副产物或杂质等，因此球磨时间一般选择物质达到平衡状态的时间。

4）球磨转速

一般而言，球磨转速越大则提供的动能越大，反应越剧烈，但是转速受仪器的自身制约，另外转速太大容易出现离心力太大，使材料直接贴在罐体边缘与罐体一起转动而不掉落，不利于材料的有效合成。而转速太低则无法提供足够的动能，不能发生有效的反应，无法合成所需的材料。因此，球磨转速的选择也将是影响产物质量的重要因素。

5）球磨罐的装料率

球磨罐的装料率对球磨产物有重要影响，例如，装料率低则留给原料移动的空间大，有利于反应均匀进行，但产率低，而装料率高则留给原料移动的空间小，不利于充分反应。因此，球磨罐的装料率通常为 40%～60%，最高不超过

80%。

4. 高能球磨法的应用实例

高能球磨法在储能材料的合成中具有广泛的应用，例如，刘盛林课题组采用高能球磨法成功制备了 $Li_4Ti_5O_{12}$ 负极材料。将锂源（如 Li_2CO_3）和钛源（TiO_2）按原子比混合，乙醇为溶剂，在不锈钢球磨罐中球磨珠的作用下球磨发生 $2Li_2CO_3 + 5TiO_2 \longrightarrow Li_4Ti_5O_{12} + 2CO_2\uparrow$ 反应，从而得到 $Li_4Ti_5O_{12}$，煅烧后即可得到结晶的 $Li_4Ti_5O_{12}$。同时他们还研究了不同球磨参数对产物的影响（图 3-6）。例如，随着球磨时间的增加，$Li_4Ti_5O_{12}$ 的粒径急剧减小，当球磨时间进一步增加时，$Li_4Ti_5O_{12}$ 的粒径几乎不变；而从球磨时间与 Fe 和 Cr 含量的关系曲线可以得知，随着球磨时间的增加，Fe 和 Cr 的杂质含量也逐渐增大。这也进一步说明了球磨参数对产物具有重要的影响。

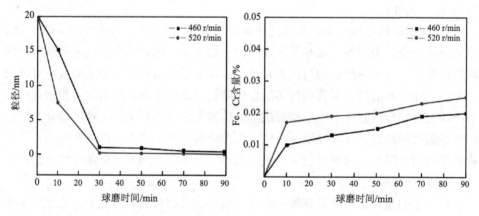

图 3-6　球磨时间与产物粒径和 Fe、Cr 含量的关系曲线

3.2　液　相　法

液相法是以均相的溶液为基础，通过各种途径使溶质和溶剂分离，溶质形成一定形状和大小的颗粒，得到所需粉末的前驱体，热解后得到纳米微粒。液相法是目前实验室和工业上应用最广泛的制备纳米材料的方法。相比于固相法，液相法具有在分子或原子层面上可精确控制化学组分、纳米结构的形状和尺寸容易控制、设备简单、原料容易获得、纯度高、均匀性好等特点。根据反应机理的不同，液相法又可分为沉淀法、水热法（溶剂热法）、溶胶-凝胶法、模板法、静电纺丝法和电化学沉积法等，接下来将主要介绍沉淀法、水热法（溶剂热法）、溶胶-凝胶法

和模板法。

3.2.1　沉淀法

1. 沉淀法简介

沉淀是溶解的逆过程，是指在一定温度条件下溶液在溶剂中不断溶解，当溶液达到饱和时，固体与溶液呈平衡状态，此时溶液中的溶质浓度称为饱和浓度，当溶质在溶液中的浓度超过饱和浓度时才有可能析出沉淀物。沉淀法通常是在溶液状态下将不同化学组分的物质混合，在混合溶液中加入适当的沉淀剂制备纳米粒子的前驱体沉淀物，再将此沉淀物进行干燥或煅烧，从而制得相应的纳米材料的方法。具体地，向含有一种或多种粒子的可溶性盐溶液中加入沉淀剂(如 $NH_3 \cdot H_2O$、OH^-、$C_2O_4^{2-}$、CO_3^{2-} 等)后，形成不溶性的水合氧化物或盐，再经过滤、洗涤后，在一定温度下热解或脱水即得到所需的产物。该方法操作简便，不需要高温条件就可以生成接近化学计量比的产物，与固相反应相比，产物组分更均匀，成本低，过程简单，便于推广，产量可控，适合工业化生产等特点，是液相化学反应合成纳米颗粒较为常用的方法。

2. 沉淀的形成机理

沉淀的形成一般要经过晶核形成和晶核长大两个过程。将沉淀剂加入含有金属盐的溶液中，离子通过相互碰撞聚集成微小的晶核，晶核形成后，溶液中的构晶离子向晶核表面扩散，并沉积在晶核上，晶核就逐渐长大成晶体，晶体聚结和团聚形成沉淀微粒。在过饱和溶液中形成沉淀通常涉及三个步骤(图 3-7)，具体如下：

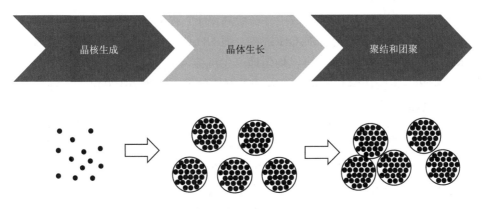

图 3-7　沉淀的形成过程

（1）晶核生成：在离子或分子的作用下形成离子或分子簇，再形成晶核。晶核生成相当于生成若干新的中心，再自发长成晶体。晶核生长过程决定生成晶体的粒度和粒度分布。

（2）晶体生长：物质沉积在这些晶核上，晶体由此生长。

（3）聚结和团聚：由细小的晶粒最终生成粗晶粒，这个过程包括聚结和团聚。

为了从液相中析出大小均一的固相颗粒，必须使成核和生长两个过程分开，以便使形成的晶核同步长大，并在长大过程中不再有新核形成。产生沉淀过程中的颗粒成长有时在单一核上发生，但通常是靠微小的一次颗粒的二次凝集。然而在材料的实际生长过程中，晶核的生长和晶体的生长两者是同时进行的，因此沉淀物的粒径取决于形成核与核成长的相对速率，即如果核形成速率低于核成长速率，那么生成的颗粒数就少，单个颗粒的粒径就大。

3. 沉淀法的影响因素

由于沉淀法的操作步骤较繁杂，因此影响因素也较多，如沉淀剂种类、沉淀方法、温度、时间、溶液浓度、沉淀剂浓度、阴离子的种类、pH、溶剂、加料方式、搅拌强度、老化、焙烧和添加剂等都会影响沉淀的效果。沉淀剂是反应的重要参与物质，在沉淀剂的选择上应尽可能选用易分解挥发的；便于过滤和洗涤；溶解度要大；必须无毒，不会造成环境污染。例如，采用沉淀法制备锂离子电池三元正极材料 $LiNi_{1/3}Co_{1/3}Mn_{1/3}O_2$，在制备前驱体时，加入氨水作为辅助络合剂，它可以与镍离子、钴离子和锰离子优先形成络合物，控制体系中镍离子、钴离子、锰离子的浓度，降低一定 pH 条件下溶液体系中过渡金属离子的过饱和度，控制结晶过程中成核速度和晶体生长速度。而如果在沉淀法中采用尿素水溶液，在常温下，该溶液体系没有明显的变化，但是当温度升高到 70℃以上时，尿素就会水解生成沉淀剂 NH_4OH。如果溶液中存在金属离子，就可以生成相应的氢氧化物沉淀，消耗 NH_4OH，不至于 NH_4OH 过浓，而 NH_4OH 消耗后控制温度可使尿素继续水解提供 NH_4OH，这样就可以均匀地产生沉淀，从而使沉淀均匀析出。由前面的介绍可知，影响因素较多使得该方法重复性欠佳，因此控制好沉淀条件是保证沉淀物质量的关键。

4. 沉淀法的分类

沉淀法可分为单组分沉淀法、共沉淀法和均匀沉淀法等（图 3-8）。

（1）单组分沉淀法：是在金属盐溶液中加入沉淀剂，使生成的沉淀从溶液中析出，将阴离子从沉淀中除去，再经热分解制得纳米氧化物。常见的沉淀剂有 $NH_3 \cdot H_2O$、NaOH、$(NH_4)_2CO_3$、NH_4HCO_3、Na_2CO_3、$(NH_4)_2C_2O_4$ 等。直接沉淀法反应过程简单,是早期氧化物粉体材料制备的常用方法,但制得的材料粒径不易控制,颗粒大小不均匀。

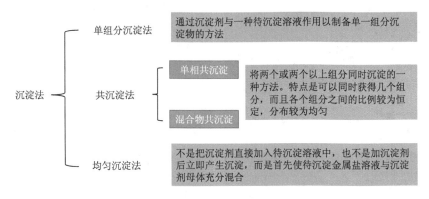

图 3-8 沉淀法的分类

(2)共沉淀法:是向多种金属离子混合的溶液中加入沉淀剂得到多种成分混合均匀的沉淀,然后加热分解得到纳米产物。该法是制备含有两种以上金属元素的复合氧化物材料的成熟技术,如常见的草酸盐法和铵盐法等。用该方法制备的金属氧化物组分易控制。

(3)均匀沉淀法:是先使待沉淀金属盐溶液与沉淀剂母体充分混合,预先制造一种十分均匀的体系。然后调节温度和时间,逐渐提高 pH,或者在体系中逐渐生成沉淀剂等方式,创造形成沉淀的条件,使沉淀缓慢进行,以制得颗粒十分均匀而且比较纯净的沉淀物。

5. 沉淀法的应用实例

采用共沉淀法生长 $LiNi_{0.5}Mn_{1.5}O_4$ 纳米颗粒,其具体的合成路线如下:①先配制总金属离子浓度为 2.0mol/L 的 $NiSO_4$ 和 $MnSO_4$ 混合溶液,其中,Ni^{2+} 和 Mn^{2+} 的摩尔比为 1∶3。接着将其泵入一个 30L 惰性气体保护的自制反应容器中,并在 1000r/min 的速度下搅拌。同时将 2.0mol/L 的 NaOH 溶液和一定浓度的 NH_4OH 溶液分别以一定的速度泵入上述容器中。小心控制反应容器中的金属离子浓度、pH 及泵入速率等参数。在 55℃下,持续加料反应 12h 后,停止加料,并继续搅拌 10h。接着将沉淀物过滤、洗涤、干燥,即得到 $(Ni_{0.5}Mn_{1.5})(OH)_4$ 前驱体。②将上述合成的 $(Ni_{0.5}Mn_{1.5})(OH)_4$ 前驱体和化学计量比的 $LiOH·H_2O$ 进行充分混合,接着置于马弗炉中,空气气氛下,450℃烧结 5h,继续升高温度到 900℃烧结 10h,自然冷却后即得到最终产物。不同 pH 条件下生长的 $(Ni_{0.5}Mn_{1.5})(OH)_4$ 纳米结构的扫描电镜(scanning electron microscope,SEM)图如图 3-9 所示。

图 3-9　沉淀法合成 $(Ni_{0.5}Mn_{1.5})(OH)_4$ 的 SEM 图

(a)、(b) pH=10.0；(c) pH=10.5；(d) pH=11.0

水热法

3.2.2　水热法（溶剂热法）

　　1845 年，K. F. Eschafhautl 以硅酸为原料在水热条件下制备石英晶体，从此开启了水热法生长矿物质的新篇章，到 1900 年地质学家制备出了约 80 种矿物，其中经鉴定确定有石英、长石、硅灰石等。1900 年，G. W. Morey 和他的同事在华盛顿地球物理实验室开始进行相平衡研究，提出并建立了水热合成理论。随着水热法的不断发展和对反应机理的深入理解，水热反应成为无机化学领域重要的材料合成方法，广泛应用于无机物纳米结构的构建、复合功能材料的合成等领域。

　　1. 水热法简介

　　水热法是指在特制的密闭反应器（高压釜）中，采用水溶液作为反应体系，通过对反应体系加热、加压(或自生蒸气压)，创造一个相对高温、高压的反应环境，使得通常难溶或不溶的物质溶解并重结晶而进行无机合成与材料处理的一种有效方法，具体的反应流程如图 3-10 所示。

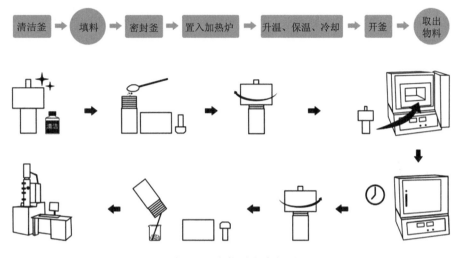

图 3-10　水热反应流程图

在水热反应中，水既作为溶剂又作为反应组分参与反应，在液态或气态环境中还是传递压力的媒介。由于在高压下绝大多数反应物均能部分溶解于水，从而促使反应在液相或气相中进行，加速了晶体的形成和生长。通过水热反应既可实现超细纳米粒子的生长，也可制备颗粒尺寸较大的单晶，还可以用于制备陶瓷薄膜，既可制备单组分的晶体，又可合成双组分或多组分的粉体材料。同时，水热法可以制备其他方法难以制备的某些含羟基物相的物质，如黏土、分子筛、云母等，或者某些氢氧化物等。这些反应中水是它们的反应组分参与反应，所以只能选用水热法进行制备。水热反应可以在相对低的反应温度下直接获得结晶态产物，不必使用煅烧的方法使无定形产物转化为结晶态，有利于减少颗粒的团聚，可直接得到结晶完好、粒径分布窄的粉体，且产物分散性良好，无须研磨，避免了由研磨而造成的结构缺陷和引入的杂质。水热过程中的反应温度、压强、处理时间，以及溶媒的成分、pH、所用前驱体的种类及浓度等对反应速率、生成物的晶型、颗粒尺寸和形貌等有很大影响，可以通过控制上述实验参数达到对产物性能的"剪裁"。

2. 水热法反应动力学和机理研究

水热法常采用氧化物、氢氧化物或者凝胶体作为前驱体，以一定的填充比加入高压釜,它们在加热过程中溶解度随着温度和压强的升高而降低,最终导致溶液过饱和,并逐步形成更加稳定的新相。整个反应的驱动力则是最后可溶解的前驱体或中间产物与最终产物之间的溶解度差,即反应向吉布斯自由能减小的方向进行。水热反应机理研究是当前水热研究领域中非常重要的研究方向,目前水热体系中晶粒形成的机理大致可分为三种类型:"均匀溶液饱和析出"机制、"溶解-结晶"机制和"原位结晶"机制。

1)"均匀溶液饱和析出"机制

由于水热反应温度和体系压力的升高,溶质在溶液中的溶解度降低并达到饱和,以某种化合物结晶态形式从溶液中析出。当采用金属盐溶液为前驱体时,随着水热反应温度和体系压力的增大,溶质(金属阳离子的水合物)通过水解和缩聚反应生成相应的配位聚集体(可以是单聚体,也可以是多聚体),当其浓度达到过饱和时就开始析出晶核,最终长大成晶粒。

对于遵循"均匀溶液饱和析出"机制的晶粒形成过程如式(3-1)所示:

$$\Delta G = \Delta G_{unit} + \Delta G_{cryst} \tag{3-1}$$

式中,ΔG 是相应的自由能变化;ΔG_{unit} 是配位多聚体形成而引起的自由能变化;ΔG_{cryst} 是晶粒成核和生长引起的自由能变化。晶粒的形成速度 J 可表示为

$$J = B\exp\left(-\frac{\Delta G}{kT}\right)\exp\left(-\frac{\Delta E}{kT}\right)$$

$$= B\exp\left(-\frac{\Delta G_{unit}}{kT}\right)\exp\left(-\frac{\Delta E_{unit}}{kT}\right)\exp\left(-\frac{\Delta G_{cryst}}{kT}\right)\exp\left(-\frac{\Delta E_{cryst}}{kT}\right) \tag{3-2}$$

式中,k 是玻尔兹曼常数;T 是温度;ΔE 是晶核的形成功,它由金属阳离子配位聚集体的形成功 ΔE_{unit} 和聚集体转变为晶粒的形成功 ΔE_{cryst} 两部分构成,ΔE_{unit} 的负值即是聚集体(生长基元)的稳定能 U。生长基元稳定能越高,晶粒形成速度越快。

2)"溶解-结晶"机制

当选用的前驱体是在常温常压下不可溶的固体粉末、凝胶或沉淀时,在水热条件下,固定粉末、凝胶或沉淀先发生溶解。"溶解"是指水热反应初期,前驱体微粒之间的团聚和连接遭到破坏,从而使微粒自身在水热介质中溶解,以离子或离子团的形式进入溶液,进而成核、结晶形成晶粒。"结晶"是指当水热介质中溶质的浓度高于晶粒成核所需要的过饱和度时,体系内发生晶粒成核和生长。随着结晶过程的进行,介质中用于结晶的物料浓度又变得低于前驱体的溶解度,这使得前驱体的溶解继续进行。如此反复,只要反应时间足够长,前驱体将完全溶解,生成相应的晶粒。

对于遵循"溶解-结晶"机制的晶粒形成过程的反应,相应的自由能变化 $\Delta G'$ 可表示为

$$\Delta G' = \Delta G_{ion} + \Delta G_{unit} + \Delta G_{cryst} \tag{3-3}$$

与式(3-1)相比,式(3-3)右边增加了固态前驱体溶解并以离子形式进入水热反应介质而引起的自由能变化 ΔG_{ion} ,它可表示为

$$\Delta G_{ion} = \left[kT\ln\left(\rho+1\right) \right] i' \tag{3-4}$$

式中, i' 是溶解进入水热介质的离子数; ρ 是前驱体的溶解度。晶粒的形成速度 J' 可表示为

$$J' = B\exp\left(-\frac{\Delta G_{ion}}{kT}\right)\exp\left(-\frac{\Delta G_{unit}}{kT}\right)\exp\left(\frac{U}{kT}\right)\exp\left(-\frac{\Delta G_{cryst}}{kT}\right)\exp\left(-\frac{\Delta E_{cryst}}{kT}\right) \tag{3-5}$$

3)"原位结晶"机制

当选用常温常压下不可溶的固体粉末、凝胶或沉淀为前驱体时,如果前驱体和晶相的溶解度相差不大,或者"溶解-结晶"的动力学速度过慢,则前驱体可以经过脱去羟基(或脱水),原子发生原位重排而转变为结晶态。

对于遵循"原位结晶"机制的晶粒形成过程,相应的自由能变化 $\Delta G''$ 可用式(3-6)表示:

$$\Delta G'' = \Delta G_{s\text{-}c} \tag{3-6}$$

式中, $\Delta G_{s\text{-}c}$ 是前驱体微粒通过脱去羟基(或脱水)、原子发生原位重排而转变为结晶态引起的自由能变化。晶粒的形成速度 J'' 可表示为

$$J'' = B\exp\left(-\frac{\Delta G_{s\text{-}c}}{kT}\right)\exp\left(-\frac{\Delta G_{cryst}}{kT}\right) \tag{3-7}$$

总的来说,水热反应可以使得反应物质活性改变和提高,制备出固相反应难以制备出的材料;相对于气相法和固相法,水热法的低温、等压、溶液条件,有利于生长缺陷极少、取向好、完美的晶体,且合成产物结晶度高及易于控制产物晶体的粒径;所得到的材料纯度高、分散性好、均匀、分布窄、无团聚、晶形好、形状可控、利于环境净化等;反应体系为密闭的环境,对环境污染少、成本低、易于商业化。当然水热法也有它的不足,如所制备的材料种类少,关于晶核形成过程和晶体生长过程影响因素的控制等很多方面缺乏深入研究,目前还没有得到令人满意的结论。另外,水热法需要高温高压步骤,使其对生产设备的依赖性比较强,这也阻碍了水热法的发展。

3. 溶剂热法

水热法虽然有很多优点，但是它以水为溶剂，往往只适用于氧化物功能材料或少数一些对水不敏感的硫族化合物的生长，而对水敏感（与水反应、水解、分解或不稳定）的化合物，如Ⅲ～Ⅴ族半导体、碳化物、氟化物、新型磷(砷)酸盐分子筛三维骨架结构材料的制备与处理则不适应，因此限制了水热法的应用。溶剂热法是在水热法的基础上发展起来的，具体是指在密闭体系如高压釜内，以有机物或非水溶媒为溶剂(如有机胺、醇、氨、四氯化碳或苯等)，在一定的温度和溶液的自生压力下，使原始混合物进行反应的一种合成方法。

溶剂热法中溶剂处在高于其临界点的温度和压力下，可以溶解绝大多数物质，从而使常规条件下不能发生的反应可以进行或加速进行。溶剂的作用还在于它可以在反应过程中控制晶体的生长，实验证实使用不同的溶剂可以得到不同形貌的产品。同时该方法还具有能耗低、团聚少、颗粒形状可控等优点，不足之处是产率较低、产品的纯度不够，并且在产品尺寸和形貌的均一程度上不尽如人意。

溶剂热法与水热法的不同之处在于所使用的溶剂为有机溶剂而不是水。在溶剂热反应中，一种或几种前驱体溶解在非水溶剂中，在液相或超临界条件下，反应物分散在溶液中变得比较活泼，发生反应并缓慢生成产物。该过程相对简单和易于控制，并且在密闭体系中可以有效防止有毒物质的挥发和制备对空气敏感的前驱体。另外，物相的形成、粒径的大小形态也能够控制，且产物的分散性较好。在溶剂热条件下，溶剂的性质(密度、黏度、分散作用)相互影响变化很大，且其性质与通常条件下相差很大，相应的反应物(通常是固体)的溶解、分散及化学反应活性大大提高或增强，这就使得反应能够在较低的温度下发生。

与水热法相比，溶剂热法具有许多优点：①由于反应是在有机溶剂中进行的，可以有效地抑制产物的氧化，阻止空气中氧的污染，有利于高纯物质的制备；②在有机溶剂中反应物具有高的反应活性，有可能替代固相反应实现一些具有特殊光、电、热、磁学性能的亚稳相物质的软化学合成；③溶剂热法中溶剂不用水，可选择的溶剂种类范围扩大，同时对反应原料的种类选择也更多；④溶剂热法中采用有机物作为溶剂，一般在相同的条件下有机溶剂的沸点更低，可以达到比水热条件下更高的压力，有利于产物的结晶；⑤以有机物为溶剂替代水反应，降低了纳米结构产物表面的羟基包覆率，可降低纳米颗粒的团聚程度。

4. 水热法(溶剂热法)的应用实例

1997 年磷酸铁锂首次被应用于锂电池中作为正极材料，其循环稳定性好、理论容量高、充/放电势比大等特点吸引了研究者的广泛关注。科研工作者利用水热法制备不同形貌的 LiFePO$_4$/C 并研究其在锂离子电池中的特性，将氢氧化锂、硫酸亚铁、磷酸、L-抗坏血酸和十二烷基苯磺酸钠按一定的比例混合，搅拌均匀后将溶液转移至反应釜中并在一定温度下反应一段时间后(图 3-11)，即可得到 LiFePO$_4$，将水热生长的 LiFePO$_4$ 与碳经过热处理即可得到 LiFePO$_4$/C。值得一提的是，十二烷基苯磺酸钠的量可调控 LiFePO$_4$ 的形貌，其结果如图 3-12 所示，可得到纳米颗粒、纳米棒和纳米片等结构的 LiFePO$_4$/C。

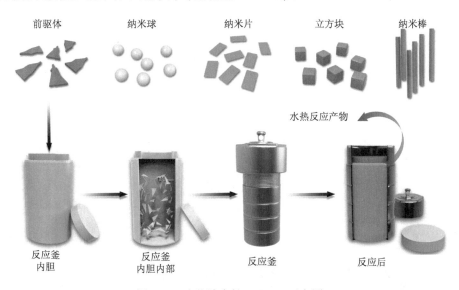

图 3-11　水热法生长 LiFePO$_4$ 示意图

3.2.3　溶胶-凝胶法

溶胶-凝胶法

1846 年，法国化学家 J. J. Ebelmen 发现正硅酸酯在潮湿的空气中水解并形成凝胶；1939 年，W. Geffcken 证实金属烷氧基化合物水解形成的凝胶可以用来制备氧化物薄膜，从此溶胶-凝胶(sol-gel)技术被重新认识并开展广泛研究。20 世纪 70 年代，溶胶-凝胶技术被成功地应用于制备块状多组分凝胶玻璃，得到材料界研究者的广泛关注并获得迅速发展。20 世纪 80 年代以来，溶胶-凝胶技术进入了发展的高峰期，成了合成无机材料的重要方法，目前也广泛应用于锂离子电池电极材料的生长。

1. 溶胶-凝胶法简介

溶胶-凝胶法是一种制备超细粉末的湿化学法。通常凝胶中含有大量的液相物质或气体，因此需要利用萃取或蒸发除去液体介质，并在一定的温度下热处理，最后形成相应的物质化合物粉体。利用溶胶-凝胶法可制备单晶、纤维和薄膜等结构的材料。

图 3-12   水热法合成的不同形貌的 LiFePO$_4$/C 的扫描电镜图和透射电镜图

(a)～(c)为纳米颗粒；(d)～(f)为纳米棒；(g)～(i)为纳米片

胶体是一种非常奇妙的形态。它是一种分散相粒径很小的分散体系，分散相粒子的重力相当于液体张力，几乎可以忽略不计，使得胶体可以稳定存在。分散相粒子之间的相互作用主要是短程作用力。溶胶是具有液体特征的胶体体系，分散的粒子是固体或者大分子，分散的粒子大小为 1～100nm。当溶胶受到某种作用（如温度变化、搅拌、化学反应或电化学平衡等）而导致体系的黏度增大到一定程度时，可得到一种介于固态和液态之间的冻状物，它具备由胶粒聚集成的三维空间网络结构，这种相当黏稠的物质即为凝胶。凝胶是溶胶通过凝胶化作用转变而成的、含有亚微米孔和聚合链的相互连接的坚实的网络，是一种无流动性的半刚性的固相体系。

2. 溶胶-凝胶法的原理

溶胶-凝胶法的基本原理是将无机盐或金属醇盐溶于溶剂中发生水解或醇解，同时发生缩合反应形成均匀、稳定、透明的溶胶体系，经陈化，胶体之间缓慢聚合形成三维空间网络结构的凝胶，干燥烧结制备出纳米结构的材料。下面详细介绍有机醇盐和无机盐溶胶-凝胶法的原理。

1) 有机醇盐溶胶-凝胶法的原理

通过水解与一定程度的缩聚反应形成溶胶，再经进一步缩聚得到凝胶。

水解反应为

$$M(OR)_n + xH_2O \longrightarrow M(OH)_x + nRO \quad （完全水解） \tag{3-8}$$

$$M(OR)_n + xH_2O \longrightarrow M(OH)_x(OR)_{n-x} + xROH \quad （部分水解） \tag{3-9}$$

缩聚反应为

失水缩聚

$$—M—OH + HO—M— \longrightarrow —M—O—M— + H_2O \, （完全水解） \tag{3-10}$$

失醇缩聚

$$—M—OR + HO—M— \longrightarrow —M—O—M— + ROH \, （部分水解） \tag{3-11}$$

总反应

$$M(OR)_n + xH_2O \longrightarrow MO_2 + nROH \tag{3-12}$$

2) 无机盐溶胶-凝胶法的原理

首先获得溶胶的前驱体溶液，再经水解得到溶胶和凝胶，水解反应为

$$M^{n+} + xH_2O \longrightarrow M(OH)_n + nH^+ \tag{3-13}$$

通过向溶液中加入碱液使这一水解反应不断向正方向进行，逐渐形成 $M(OH)_n$ 沉淀，然后将沉淀物充分水洗过滤，将其分散于强酸溶液，进而制备成溶胶前驱体溶液，并添加相应的稳定剂可得到溶胶，最后再经脱水处理制备凝胶。

3. 溶胶-凝胶法的制备过程

为了更加清晰地介绍溶胶-凝胶法，下面将以金属醇盐为原料详细介绍溶胶-凝胶法的制备过程(图 3-13)。

(1)均相溶液的制备。首先制备金属醇盐和溶剂的均相溶液,在制备过程中需强烈搅拌以保证金属醇盐进行水解反应。由于金属醇盐在水中的溶解度不大且大部分金属醇盐极易发生水解,因此在溶剂的选择上一般选醇类作为溶剂并控制醇类和水的比例,如果含水量较高则金属醇盐快速发生水解产生沉淀,而如果没有水参加反应,则溶胶过程较难进行,因此水和醇类有机溶剂的比例控制非常重要。

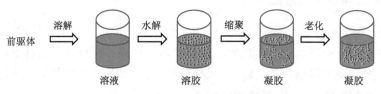

图 3-13　溶胶-凝胶法的制备过程

(2)溶胶的制备。制备溶胶的过程可以分为两大类:聚合法和颗粒法。两者最大的区别在溶剂中水的含量,含水量大则金属离子与水迅速发生水解反应,形成粒子溶胶;而若控制水解的速度,即减少溶剂中水的含量,使得水解产物和部分未水解的醇盐分子之间聚合而形成溶胶。因此,控制水解和聚合反应是实现均匀的溶胶的根本原因。

(3)溶胶-凝胶转化。通过控制电解质浓度,迫使胶粒间相互靠近,使体系失去流动性,形成一种开放的三维网络骨架结构。

(4)陈化过程。使得凝胶颗粒与颗粒之间形成较厚的界面,保证凝胶的强度,避免破碎。

(5)凝胶干燥并热处理。在一定条件下使溶剂蒸发得到粉体,并将干燥后的产物在一定温度下进行热处理即可得到所需的产物。

4. 溶胶-凝胶法的分类

溶胶-凝胶法按产生溶胶-凝胶过程机制主要分为传统胶体型、无机聚合物型和络合物型三种类型,其具体的特性等见表 3-1。

表 3-1　三种类型溶胶-凝胶法的特性

过程	凝胶	化学特征	前驱体	应用
胶体型	调 pH 或加入电解质使粒子表面的电荷中和,蒸发溶剂使粒子形成凝胶网络	① 密集的离子形成凝胶网络; ② 凝胶中固相含量高,透明强度较弱	由金属无机物与添加剂反应得到的密集粒子	粉末 薄膜
无机聚合物型	前驱体的水解和缩聚	① 凝胶透明,凝胶体积与前驱体溶液体积完全一致; ② 无机聚合物构成的凝胶网络	主要是金属氢氧化物类	薄膜 块体 纤维

过程	凝胶	化学特征	前驱体	应用
络合物型	络合反应导致较大混合配合体的络合物	① 凝胶透明，在湿气中可能水解； ② 氢键连接的络合物构成的凝胶网络	金属醇盐 硝酸盐 乙酸盐	薄膜 粉末 纤维

(1)传统胶体型。通过控制溶液中金属离子的沉淀过程，使形成的颗粒不团聚成大颗粒而沉淀得到稳定均匀的溶胶，再经过蒸发得到凝胶。

(2)无机聚合物型。通过可溶性聚合物在水中或有机相中的溶胶过程，使金属离子均匀分散到凝胶中。常用的聚合物有聚乙烯醇、硬脂酸等。

(3)络合物型。通过络合剂将金属离子形成络合物，再经过溶胶及凝胶过程生成络合物凝胶。

5. 溶胶-凝胶法的影响因素及特点

(1)水的加入量。水的加入量低于按化学式计量关系所需要的消耗量时，随着水量的增加，溶胶的时间会逐渐缩短，超过所需量时会增长；若加入的水量过多则会使得水解加剧，容易形成沉淀。

(2)滴加速度。滴加速度越快，凝胶速度也越快，但速度快容易造成局部水解过快而聚合凝胶生成沉淀，同时一部分溶胶液未发生水解导致无法获得均一的凝胶。

(3)反应液的 pH。反应液的 pH 不同，其反应机理不同，对同一种金属醇盐的水解缩聚，往往产生结构、形态不同的缩聚。

(4)反应温度。温度越高，水解速率相应增大，胶粒分子动能增加，碰撞概率也增大，聚合速率快，从而导致溶胶时间缩短。温度升高也会导致生成的溶胶相对不稳定，易生成多种水解产物聚合。

溶胶-凝胶法作为一种典型的化学溶液法，除了具有化学溶液法的特点外，还有自身方法的特点，具体如下：

(1)溶胶-凝胶法中溶质溶于溶剂中形成低黏度的溶液，能在短时间内获得分子水平的均匀性，在形成凝胶时，反应物之间在分子水平上被均匀地混合。

(2)在均相溶液中容易实现定量地掺杂微量元素，实现分子水平上的均匀掺杂。

(3)与固相反应相比，溶液体系中化学反应容易进行且仅需要较低的合成温度，一般认为溶胶-凝胶体系中组分的扩散在纳米范围内，而固相反应时组分扩散在微米范围内，因此反应容易进行，温度较低。

(4)选择合适的条件可以制备各种新型材料。当然，溶胶-凝胶法也不可避免地存在一些问题：原料金属醇盐成本较高；有机溶剂对人体有一定的危害性；整个溶胶-凝胶过程耗时较长，一般需要几天或几周；容易因为气体等因素造成产物中含气孔；存在残留的碳；在干燥过程中会逸出气体及有机物，并产生收缩。

6. 溶胶-凝胶法的应用实例

溶胶-凝胶法是材料生长中的一种经典方法，广泛应用于金属氧化物、金属碳化物、金属氮化物、磷酸盐等材料的生长。Li_3VO_4 具有平稳的放电台阶和高的容量，因此是一种非常具有潜力的锂离子电池阳极材料，Zhao 等以 V_2O_5、$LiCH_3COO \cdot 2H_2O$ 和柠檬酸为原料通过溶胶-凝胶法成功合成了碳包覆的 Li_3VO_4 纳米材料。具体示意图如图 3-14 所示，将 V_2O_5 和 $LiCH_3COO \cdot 2H_2O$ 按比例溶于去离子水中，60℃搅拌 30min，随后加入柠檬酸得到黄色的溶液，将溶液 80℃加热搅拌蒸发多余的水分形成胶体，经48h老化干燥，在氩氢混合 $(30\% H_2 + 70\% Ar)$ 气氛下煅烧即可得到碳包覆的 Li_3VO_4。在整个反应过程中，柠檬酸不仅是螯合剂还是碳源。

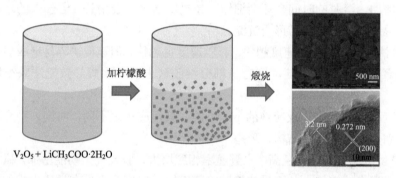

图 3-14　溶胶-凝胶法合成碳包覆 Li_3VO_4 的示意图及产物的扫描电镜和透射电镜图

3.2.4　模板法

1. 模板法简介

顾名思义，模板法就是以有规则形状的模板为基础来合成材料的方法，具体的是利用物理或化学方法将材料沉积在一定结构的模板的孔洞或表面，而后将模板去除，从而得到具有模板规则形貌与尺寸的纳米材料的过程。由于模板法可根据目标材料的性能要求及形貌来设计模板的结构和材料，如纳米线、纳米带、纳米丝、纳米管与纳米片等各种纳米结构的材料，因此模板法是一种合成具有一定结构形貌的纳米复合材料的重要方法，也是纳米材料研究中应用最广泛的方法，特别是制备性能特异的纳米材料。模板法可用于生长的纳米材料种类繁多，最常用模板法制备的纳米材料主要是 II～VI 主族、III～V 主族纳米材料与部分氧化物纳米材料。

模板法作为一种制备纳米材料的重要方法，在模板中既可以发生气相反应也可以发生液相反应，目前较多的是液相反应。与其他液相法最大的区别在于模板法只能在有限的区域内发生反应，从而也使得模板法表现出诸多与其他溶液法不同的优点：

(1)以模板为载体能精确控制纳米材料的尺寸、形貌和结构；

(2)可实现纳米材料的合成与组装一体化，同时还可以防止纳米材料团聚现象的发生；

(3)模板法合成纳米材料具有一定的灵活性；

(4)实验装置简单，操作条件温和，适合批量生产。

2. 模板法的分类

模板法根据其模板的自身特点和限域能力的不同可分为硬模板法和软模板法两种。两者的相同之处是都能提供一个有限大小的反应空间，区别在于前者提供的是静态的孔道，物质只能从开口处进入孔道内部；后者提供的是处于动态平衡的空腔，物质可以透过腔壁扩散进出。

1)硬模板法

硬模板主要是通过共价键维系的特异形状的模板，具有一定的刚性，如具有不同空间结构的阳极氧化铝膜、多孔硅、分子筛、金属模板、高分子聚合物(如聚苯乙烯微球)、天然高分子材料、胶态晶体、碳纳米管等(图 3-15)。阳极氧化铝模板表面呈蜂窝状结构，由六棱柱为单元，每个单元中间含一个圆形孔，因此可以利用氧化铝模板生长纳米线和纳米管等；而多孔硅、分子筛等则可利用模板的孔洞使物质在渗入孔洞内填充反应生成物质，将模板去除后即可得到多孔物质。以上方法中都是利用模板的孔洞结构使物质渗入孔洞或填充孔洞的方式来生长一定结构的材料。另一类模板法则是以模板为基础在表面沉积得到一定形貌特征的物质，如以聚苯乙烯小球为模板在表面反应沉积物质后将模板去除可生长三维网络结构，调控聚苯乙烯小球的直径可调控三维网络结构的孔径。例如，以 Te 纳米线为模板可在表面沉积生长出 Te@C 纳米电缆，而将 Te 模板去除则可得到碳质纳米管；如以碳纳米管等则可用于生长碳基复合功能材料等。以上模板法的介绍中都是以模板为基础来生长具有一定纳米结构的材料，物质与模板都没有发生化学反应。而模板法中有一部分反应则是以模板为基础，通过置换模板中的原子形成新的物质或通过与模板发生氧化还原反应形成新的物质，也就是说这些反应中模板参与化学反应并形成新的物质。更有意思的是，利用模板法不仅可制备单一物质，还可制备多组分结构，如图 3-16 所示，以阳极氧化铝为模板通过控制反应条件实现多段结构、同轴结构和异质结构等，甚至是 3D 储能器件等。由以上可知，硬模板具有较高的稳定性和空间限域作用，能严格地控制纳米材料的大小和形貌，但硬模板结构比较单一，因此用硬模板制备的纳米材料的形貌通常变化也较小，而模板的开发将是硬模板法发展的关键。

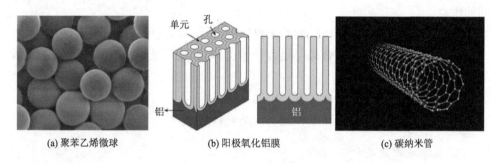

(a) 聚苯乙烯微球　　　　　　(b) 阳极氧化铝膜　　　　　　(c) 碳纳米管

图 3-15　常见的硬模板

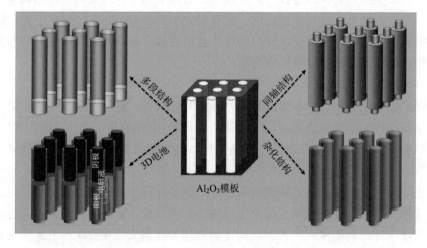

图 3-16　以 Al_2O_3 为模板可生长杂化结构类型

2) 软模板法

软模板通常是由表面活性剂分子聚集而成的，主要包括两亲分子形成的各种有序聚合物，如液晶、囊泡、胶团、微乳液、自组装膜及生物分子和高分子的自组织结构(图 3-17)等。通过分子间或分子内的弱相互作用形成不同空间结构特征的聚集体，聚集体的空间限域能力，引导和调控游离前驱体的规律性组装，从而控制纳米材料的组成、结构、形貌、尺寸、取向和排布，形成具有特异结构的纳米材料。

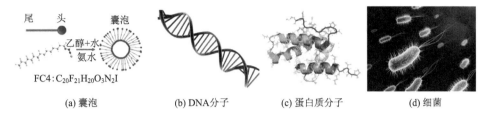

尾　　头　　　　囊泡

乙醇+水
氨水

FC4: $C_{20}F_{21}H_{20}O_3N_2I$

(a) 囊泡　　　　　(b) DNA分子　　　　(c) 蛋白质分子　　　　(d) 细菌

图 3-17　常见的软模板

软模板在制备纳米材料时的主要特点有：

(1) 软模板在模拟生物矿化方面有绝对的优势；

(2) 软模板的形态具有多样性；

(3) 软模板一般都很容易构筑，不需要复杂的设备。

但是相对于硬模板法，软模板法不具有刚性，其形成的孔结构容易受到环境的影响，导致孔结构坍塌，往往可以借助于冻干等手段来固定孔结构。在储能领域，科研人员常采用表面活性剂构建微乳液体系来合成电池电极材料。

微乳液法是利用微乳液为软模板来合成纳米材料的方法，微乳液是由水(W)、油(O)、表面活性剂(S)和助表面活性剂(A)形成透明、热力学稳定且光学各向同性的液体体系。根据在溶液中连续相的种类可分为水包油(O/W)、油包水(W/O)、双连续型三种类型，如图 3-18 所示。水包油类型主要是指水作为连续相，表面活性剂分子包裹分散的油相核；油包水类型主要是指以油(有机溶剂)作为连续相，表面活性剂分子包裹分散的水相；而双连续相指体系中既包含水包油又包含油包水的微乳液体系。在微乳液体系中，包覆形成的微乳液液滴就犹如一个微小的反应空间或"水池"，液滴互相独立，直径一般在 100 nm 以下，是非常好的反应容器。

3. 模板法的应用实例

X. L. Wang 团队使用硬模板法合成蜂窝状的三维的 MoC/N 掺杂的 C 纳米结构，具体步骤如图 3-19 所示。300nm 的二氧化硅纳米球与双氰胺和钼酸铵混合形成水溶液，加热搅拌干燥形成固体粉末后煅烧，将煅烧后材料用氢氧化钠去除二氧化硅球即可得到三维多孔 MoC/N 掺杂的 C 材料。该纳米结构材料用于锂硫电池中作为催化剂具有高的倍率特性和长的循环寿命。

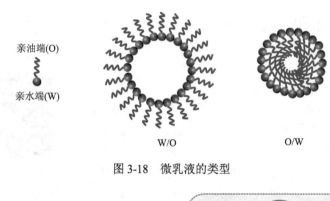

图 3-18　微乳液的类型

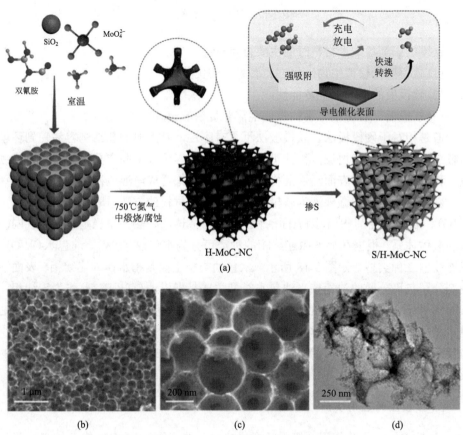

图 3-19　硬模板法生长蜂窝状多孔 MoC/N 掺杂 C 材料

石墨具有电势低、储量丰富和电化学性能稳定等特点，是工业上锂离子电池中常见的负极活性材料，但是其理论质量比容量仅约为 $372mA \cdot h \cdot g^{-1}$，限制了其在电动汽车等对能量密度和容量要求高的领域的应用；而硅具有优异的理论容量，是高容量储能器中的潜力材料，但是硅本身循环热膨胀，因此生长一种硅-

碳复合材料既可以满足容量高又可以克服硅热膨胀的问题。Hun-gi Jung 等采用微乳液法合成了近似球形的硅-碳复合纳米颗粒，制备流程如图 3-20 所示。将硅纳米颗粒分散在溶液 1 中，表面活性剂聚苯乙烯磺酸钠和玉米淀粉(作为碳源)溶解在溶液 2 中，通过混合使之形成微乳液，经过热处理、碳化处理最终形成硅-碳复合材料，并表现出高比容量和良好的循环稳定性。

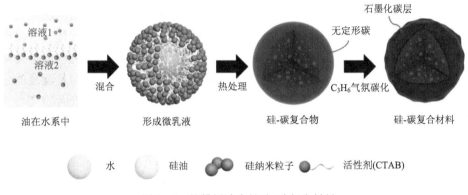

图 3-20　软模板法生长硅-碳复合材料

3.3 气 相 法

气相法是利用气态物质在固体表面沉积形成物质的过程。该方法多用于制备纳米级别的薄膜和纳米颗粒。气相沉积法具有合成的材料纯度较高、组分易于控制等特点。根据气相沉积过程中是否发生化学反应可分为物理气相沉积(physical vapor deposition，PVD)和化学气相沉积(chemical vapor deposition，CVD)。

3.3.1　物理气相沉积法

1. 物理气相沉积法简介

物理气相沉积技术早在 20 世纪初已有应用，并且在接下来的三十年得到了快速发展，成为一门极具发展前景的新技术，逐渐向清洁环保型方向发展。物理气相沉积法根据产生气相物质的原理不同可分为热蒸发法、磁控溅射法、脉冲激光沉积法和离子镀等。关于物理气相沉积技术在很多薄膜研究专著中均有详细的介绍，这里只做简单的介绍。

2. 物理气相沉积法的原理

物理气相沉积法是利用某种物理过程实现物质转移，将原子或分子由源或靶转移到基底表面形成薄膜的过程。具体来讲，一般在低压或真空条件下，通过一定的能量束（加热蒸发、能量粒子轰击、激光等）将固态的物质轰击或蒸发使之形成气态物质，气态分子或离子离开源或靶材表面，最终沉积在基底表面，如图 3-21 所示，因此该方法包括气相物质的形成、气相物质的输运和气相物质的沉积三个过程。具体来讲，在能量束的作用下，固相物质转化为气相物质，气体分子或离子离开固体源表面，形成自由移动的气态物质，气态物质在移动的过程中，会与真空室内残余气体分子发生碰撞，气体分子能否成功到达基底表面与被激发的分子或离子的平均自由程和源与基底之间的距离密切相关，到达基底表面的气态分子或离子先在基底表面成核，然后慢慢长大，核与核之间距离逐渐缩小，形成连续的薄膜，随着反应时间的增长，薄膜厚度也越来越厚，薄膜也越来越致密。由于基底的温度较低，因此气态物质在基底表面直接从气相向固相转变，形成最终产物。物理气相沉积技术可用于生长金属、合金、化合物、陶瓷和半导体等材料。

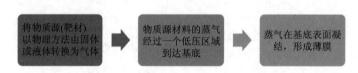

图 3-21　物理气相沉积法的原理

3. 物理气相沉积法的特点

物理气相沉积法适用于生长高强度、高耐磨性、耐腐蚀等材料。物理气相沉积法具有工艺温度低、基底选择范围广、与基底结合力强、产物纯度高、质量高、厚度可精确控制、生长机理简单等特点，不足之处在于，物理气相沉积大部分都需要在高真空条件下发生，因此对设备要求较高。

4. 物理气相沉积法的应用实例

过渡金属氮化物由于其良好的导电性、电化学稳定性和循环特性优异等特点，是超级电容器中的热点研究材料，而物理气相沉积技术制备金属氮化物较为成熟。利用物理气相沉积技术可以生长比表面积大和孔隙率高的氮化钛（TiN）薄膜应用于超级电容器中（图 3-22），具体实验参数如表 3-2 所示，研究了工艺对薄膜的微观结构与电化学性能、循环特性等之间的关系，探究了该体系的储能机制，最终获得了较高性能的超级电容器涂层的工艺。

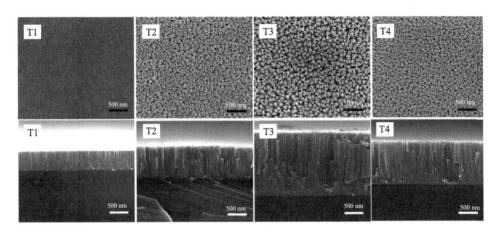

图 3-22　物理气相沉积法在不同条件下生长的氮化钛薄膜的扫描电镜图

上面 4 幅为平面图像，下面 4 幅为切面图像

表 3-2　TiN 膜沉积的主要参数以及膜厚和成分

实验参数	T1	T2	T3	T4
腔压/Pa	0.2	0.5	1.0	1.4
N_2/sccm	5	5	5	5
Ar/sccm	32	93	220	300
N_2/Pa	0.027	0.025	0.022	0.023
膜厚/μm	0.48	0.81	1.60	1.10
Ti(原子百分数)/%	44.89	42.66	43.24	42.26
N(原子百分数)/%	55.11	57.34	56.76	57.74

3.3.2　化学气相沉积法

CVD 技术的利用最早可以追溯到古人类时期，如取暖和烧烤等在岩洞壁或岩石上形成的黑色碳层。现代 CVD 技术萌芽于 20 世纪 50 年代，当时其主要应用于制作刀具的涂层。近十几年来，CVD 成为一种高效制备无机材料的方法，广泛应用于半导体工业、集成电路技术和新型晶体研制等领域。CVD 技术能够制备包括金属、金属化合物、非金属材料、硅及其外延薄膜材料、碳化物及氮化物陶瓷材料、Ⅲ～Ⅴ主族材料、Ⅱ～Ⅵ主族材料、石墨烯和碳纳米管等碳材料等。同时

还可通过调节反应物的组分，实现对材料的掺杂，从而实现材料理化性质的调节。

1. 化学气相沉积法简介

化学气相沉积法利用挥发性的金属化合物(金属卤化物、有机物等)的蒸气，在加热、等离子激励或光辐照等各种能源作用下，在反应室内使气态或蒸气态的化学物质在气相或固相界面上经化学反应形成固态沉积物的技术。具体反应过程如图 3-23 所示，反应气体进入反应室内可能发生两种路径的反应：第一种是气体在反应室内扩散至边界处吸附在基底表面，在表面发生反应；第二种是气体在反应室内发生反应生成中间反应物和副产物，中间反应物向边界处扩散并吸附在基底表面从而沉积。气相物质通过以上两种方式在基底表面沉积后发生反应得到产物，最后副产物和部分产物发生脱附现象从基底表面脱离向空间扩散后随载流气从反应室抽出。

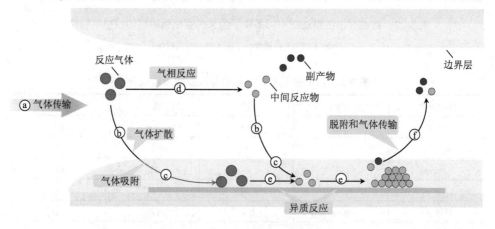

图 3-23　CVD 反应的示意图

根据以上的反应示意图可知，CVD 的反应通常由气体传输系统、沉积反应室、排气系统、工艺控制系统等部分组成(图 3-24)。

(1)气体传输系统：为系统输送反应气体，并对气体进行混合、流量控制及传输等工作。

(2)沉积反应室：气体在气体传输系统的作用下进入反应室，在一定条件下气体之间发生反应，并沉积在基底上，因此反应室是一个发生化学反应的场所。

(3)排气系统：抽除反应副产物、未反应的气体及载流气等，并可控制系统的反应压力。

(4)工艺控制系统：用于检测和控制系统的温度、时间、压力等参数实现目标产物的生长。

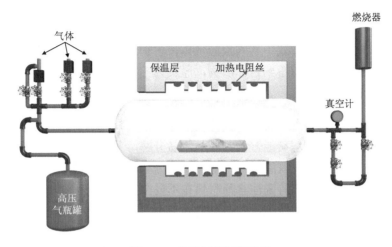

图 3-24　化学气相沉积装置

目前，根据 CVD 反应时压力大小，分为常压化学气相沉积、低压化学气相沉积、亚常压真气相沉积和超高真空气相沉积；根据 CVD 反应提供能量的不同，分为常温常压化学气相沉积、等离子体增强化学气相沉积、激光化学气相沉积、热化学气相沉积和金属有机化合物化学气相沉积等。

使用 CVD 技术沉积目标产物时，其目标产物、原材料及反应类型的选择通常要遵循以下原则：

(1)原材料在较低温度下应具有较高的蒸气压且易于挥发成蒸气并具有很高的纯度，简言之，原材料挥发成气态的温度不宜过高，一般化学气相沉积温度都在 1000℃以下。

(2)通过反应类型和原材料的选择尽量避免副产物的生成，若有副产物存在，在反应温度下副产物应易挥发为气态，这样易于排出或分离。

(3)尽量选择沉积温度低的反应沉积目标产物，因大多数基底材料无法承受 CVD 的高温。

(4)反应过程尽量简单，易于控制。

2. 化学气相沉积法的反应机理

如前所述化学气相沉积是建立在化学反应上的，选择合适的反应原料和沉积反应有助于得到高性能的材料。化学气相沉积技术中常涉及三类化学反应，高温热解反应、化学合成反应和化学输运反应。

1）高温热解反应

化学气相沉积反应中最简单直接的方式是热分解反应，其原理主要是固态化合物加热到一定温度分解成固态目标产物和气态副产物。操作步骤一般是向真空或惰性气氛下的单温区管式炉通入反应气体，将炉温升至化合物的分解温度使之发生分解，在基底上沉积得到目标产物，通式为

$$AB(g) \longrightarrow A(s) + B(g) \tag{3-14}$$

目前常使用的原料有氢化物、卤化物、羰基化合物、单氨络合物和金属有机化合物等，其化学键的解离能普遍都较小，易分解，分解温度相对较低，尤其氢化物分解后的副产物是没有腐蚀性的氢气。热分解反应的关键在于选择合适挥发源和分解温度，尤其需要特别注意原材料在不同温度下的分解产物。热分解反应主要适用于金属、半导体、绝缘体等材料的制备。具体可见下面的反应：

(1)氢化物分解制备多晶硅和非晶硅，具体如反应式(3-15)所示：

$$SiH_4(g) \longrightarrow Si(s) + 2H_2(g) \tag{3-15}$$

(2)羰基镍分解沉积贵金属或者过渡金属，具体如反应式(3-16)所示：

$$Ni(CO)_4(s) \longrightarrow Ni(s) + 4CO(g) \tag{3-16}$$

(3)金属有机化合物分解沉积 Al_2O_3，具体如反应式(3-17)所示：

$$2Al(OC_3H_7)_3(s) \longrightarrow Al_2O_3(s) + 6C_3H_6(g) + 3H_2O(g) \tag{3-17}$$

2)化学合成反应

化学气相沉积反应中应用最广泛的是化学合成反应，其主要涉及多种反应气体在基底表面反应生成固体材料的过程，因此称为化学合成反应，化学气相沉积反应大多数属于此类。一般是将多种反应气体通向真空或惰性气氛下的单温区管式炉中，炉温升至合适的温度使之在基底上发生合成反应得到目标产物。化学合成反应的关键在于反应产物的选择，要尽量避免副产物的生成。由于利用热分解沉积目标产物的原料选择范围相对狭窄，而理论上任意一种无机材料都可以通过多种原料的化合反应来得到，因此，与热分解反应相比，化学合成反应应用最为广泛。其主要应用于制备各种多晶态和玻璃态的沉积层、绝缘膜等，如 SiO_2、Al_2O_3、Si_3N_4，反应式如下。

(1)四氯化硅外延法生长硅外延片：

$$SiCl_4(s) + 2H_2(g) \longrightarrow Si(s) + 4HCl(g) \tag{3-18}$$

(2)半导体 SiO_2 掩膜工艺：

$$SiH_4(s) + 2O_2(g) \longrightarrow SiO_2(s) + 2H_2O(g) \tag{3-19}$$

(3)Si_3N_4 等绝缘膜的沉积：

$$3SiCl_4\,(s) + 4NH_3\,(g) \longrightarrow Si_3N_4\,(s) + 12HCl\,(g) \tag{3-20}$$

3）化学输运反应

化学输运反应将目标产物作为源物质，借助合适的气体介质与物质反应形成气态化合物，气态化合物经过化学迁移或物理输运到温度不同的区域沉积，在基底表面再发生分解反应使源物质分解出来，这种过程称为化学传输反应，通式为

$$A\,(s) + xB\,(g) \longrightarrow AB_x\,(g) \tag{3-21}$$

式中，A 是源物质；B 是介质气体；AB_x 是输运形式。一般介质气体是各种卤素、卤化物、水蒸气等。

化学传输反应的关键在于输运反应体系及其条件(温度、输运剂的量等)的选择，这其中涉及部分化学热力学相关的知识，一般生成气态化合物的温度往往比重新反应沉积时要高一些。

例如，稀有金属的提纯和 ZnSe 等单晶的生长，具体反应为

$$ZnSe\,(s) + I_2\,(g) \longrightarrow ZnI_2\,(g) + 1/2\,Se_2\,(g) \tag{3-22}$$

$$ZnS\,(s) + I_2\,(g) \longrightarrow ZnI_2\,(g) + 1/2\,S_2\,(g) \tag{3-23}$$

3. 化学气相沉积法的特点

化学气相沉积法具有一些独特的特点，使得其成为材料领域重要的合成方法，现总结如下：

(1)生长设备简单、工艺比较灵活；

(2)可用于生长金属、氧化物、碳化物、硫化物、多元化合物、复合材料的纳米结构、薄膜和涂层等；

(3)可在真空状态下进行，也可在常压状态下进行；

(4)参与反应的气体源和反应后的气体通常是易燃、易爆等气体，因此需要特殊处理。

4. 化学气相沉积法的应用实例

碳纳米管是储能领域中非常重要且常见的材料，1996 年第一次通过 CVD 法制备碳纳米管材料。1998 年 CVD 法生长碳纳米管取得重要突破，斯坦福大学戴红杰等在硅片上沉积 Fe 或 Mo 作为催化剂，在 1000℃的温度下通入甲烷作为碳源实现了碳纳米管的生长，并在进一步的表征中发现生长的碳纳米管为单壁碳纳米管。Provencio 等采用等离子体增强 CVD 技术在低于 666℃的相对低温环境下，

利用乙炔/氨气/氮气混合气体在玻璃基底上实现了碳纳米管阵列的生长，还实现了纳米管直径从 20nm 到 400nm，长度从 0.1μm 到 50μm 的可控调节，结果如图 3-25 所示。随着科研工作研究的深入，CVD 法生长碳纳米管的质量越来越高，机理越来越清晰。

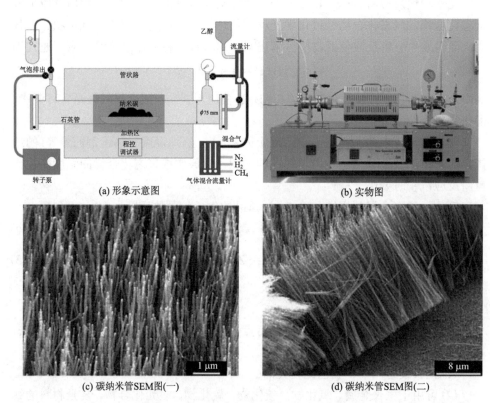

图 3-25　等离子体增强 CVD 技术生长碳纳米管

　　石墨烯的结构是碳原子的六边形排列，可形成一个原子厚度的薄膜。而石墨烯优异的导电性和极高的载流子输运能力使其在电子信息工程、光电器件、储能器件等领域都具有重要的应用潜力。最开始主要是通过石墨的剥离来得到单层或少层的石墨烯材料。2009 年，Hong 等提出了一种大面积生长石墨烯的新方法，在二氧化硅基底上沉积一定的镍作为催化剂，然后在 900~1000℃的温度下通入碳氢化合物，便得到了单层到十几层厚度的石墨烯，从此 CVD 法广泛应用于石墨烯的生长。最早采用 CVD 生长石墨烯的技术中主要以铜箔或镍箔为基底，其中铜箔和镍箔可起到催化的作用促进石墨烯的生长。2016 年，北京大学刘忠范院士课题组采用低压 CVD 技术以乙醇/氢气/氩气混合气作载气，在 1100℃下获得了如图 3-26 所示的大尺寸石墨烯薄膜。

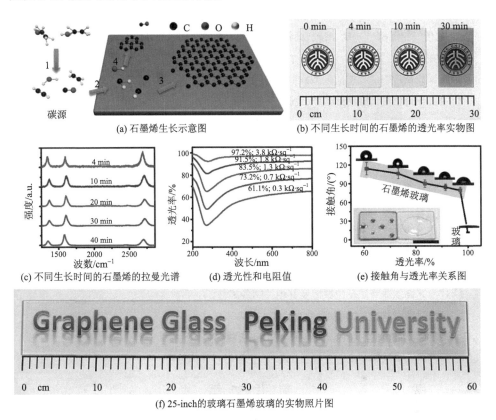

(a) 石墨烯生长示意图　　(b) 不同生长时间的石墨烯的透光率实物图

(c) 不同生长时间的石墨烯的拉曼光谱　　(d) 透光性和电阻值　　(e) 接触角与透光率关系图

(f) 25-inch 的玻璃石墨烯玻璃的实物照片图

图 3-26　CVD 法生长的石墨烯

习　题

一、选择题

1. 高能球磨法在制备(　　)材料方面不具有优势。

A. 合金类　　　　　B. 磁性　　　　　C. 超导　　　　　D. 纳米化合物

2. (　　)是首先使沉淀金属盐溶液与沉淀剂母体充分混合的一项制备技术。

A. 单组分沉淀法　　B. 混合物沉淀法　　C. 共沉淀法　　D. 均匀沉淀法

3. 下列不属于液相法制备技术的是(　　)。

A. 水热法　　　　　B. 气相沉积法　　　C. 共沉淀法　　D. 溶胶-凝胶法

4. 胶体是一种分散相的颗粒尺寸在(　　)的分散体系。

A. 小于 1 nm　　　　B. 1～100 nm　　　C. 大于 100 nm　　D. 大于 1 μm

5. 超临界是指物质的温度和压力处于它的临界温度和压力以上时的一种特殊(　　)。

A. 气体　　　　　　B. 固体　　　　　　C. 液体　　　　　　D. 流体

6.(　　)是利用气态或蒸气态的物质在气相或气固界面上反应生成固态沉积物的技术。

A. 化学气相沉积　　B. 溶胶-凝胶法　　C. 溅射法　　　　　D. 沉淀法

二、填空题

1. 在固相反应中，物质的分散程度、孔隙度、_____、原料等对反应有很大的影响。

2. 高能球磨法中，粒子在球磨过程中反复不断碰撞使_____，碰撞过程中会产生很大的能量出现局部温度升高。

3. 水热体系中晶粒形成的机理可分为三种类型：_____机制、_____机制和_____机制。

4. 使得凝胶颗粒与颗粒之间形成较厚的界面，保证凝胶的强度，避免破碎的过程被称为_____。

5. 化学气相沉积技术具有_____、气相反应和_____三个环节。

6. 硬模板具有较高的稳定性和良好的_____，能严格地控制纳米材料的大小和形貌。

三、简答题

1. 请简述高能球磨法反应原理及其相关制备工艺。

2. 请简述溶胶-凝胶法反应原理及其相关制备工艺。

3. 请简述共沉淀法制备三元富镍(NCM)正极材料具体过程。

4. 请简述水热法制备磷酸铁锂(LiFePO₄)正极材料具体过程。

参 考 文 献

董远达, 马学鸣, 1993. 高能球磨法制备纳米材料[J]. 材料科学与工程, 11(1): 50-54.

高飞, 唐致远, 薛建军, 2007. 喷雾干燥-高温固相法制备纳米 LiFePO₄ 和 LiFePO₄/C 材料及性能研究[J]. 无机化学学报, 9: 1603-1607.

李静, 李利军, 高艳芳, 等, 2011. 模板法制备纳米材料[J]. 材料导报: 纳米与新材料专辑, 25(2): 5-9.

张玉才, 牛鸣光. 马木提江·吐尔逊, 等, 2021. 水热合成不同形貌的纳米三氧化钨及形成机理探讨[J]. 化工新型材料, 49(3): 152-155.

BUTBUREE T, BAI Y, WANG L Z, 2021. Unveiling general rules governing the dimensional evolution of branched TiO₂ and impacts on photoelectrochemical behaviors[J]. J Mater Chem A, 9(41): 23313-23322.

CHENG F, WANG S, LU A H, et al., 2013. Immobilization of nanosized LiFePO₄ spheres by 3D coralloid carbon structure with large pore volume and thin walls for high power lithium-ion batteries[J]. J Power Sources, 229: 249-257.

DENG W J, XU Z Z, DENG Z P, et al., 2021. Enhanced polysulfide regulation via honeycomb-like carbon with catalytic MoC for lithium-sulfur batteries[J]. J Mater Chem A, 9(38): 21760-21770.

HSU K F, TSAY S Y, HWANG B J, 2004. Synthesis and characterization of nano-sized LiFePO₄ cathode materials prepared by a citric acid-based sol-gel route[J]. J Mater Chem, 14(17): 2690-2695.

KIM J K, CHOI J W, CHAUHAN G S, et al., 2008. Enhancement of electrochemical performance of lithium iron phosphate by controlled sol-gel synthesis[J]. Electrochim Acta, 53(28): 8258-8264.

KIM K S, ZHAO Y, JANG H, et al., 2009. Large-scale pattern growth of graphene films for stretchable transparent electrodes[J]. Nature, 457: 706-710.

KWON H J, HWANG J Y, SHIN H J, et al., 2020. Nano/microstructured silicon-carbon hybrid composite particles fabricated with corn starch biowaste as anode materials for Li-ion batteries[J]. Nano Lett, 20(1): 625-635.

LI Z, YANG J, GUANG T, et al., 2021. Controlled hydrothermal/solvothermal synthesis of high-performance LiFePO$_4$ for Li-ion batteries[J]. Small Methods, 5(6): 2100193.

REKLAITIS J, DAVIDONIS R, DINDUNE A, et al., 2016. Characterization of LiFePO$_4$/C composite and its thermal stability by Mössbauer and XPS spectroscopy[J]. Phys Status Solidi B, 253(11): 2283-2288.

SEHRAWAT R, SIL A, 2015. Polymer gel combustion synthesis of LiFePO$_4$/C composite as cathode material for Li-ion battery[J]. Ionics, 21(3): 673-685.

YIN Z G, FAN W B, DING Y H, et al., 2015. Shell structure control of PPy-modified CuO composite nanoleaves for lithium batteries with improved cyclic performance[J]. ACS Sustain Chem Eng, 3(3): 507-517.

第 4 章　储能材料检测技术

储能器件的性能优劣与其电极材料的结构、组成、性能及电池组装工艺等息息相关。因此，要制造出性能优良的储能装置系统，必须把握制作储能材料的质量关，要制备出满足储能装置使用要求的储能材料，则必须掌握储能材料的电化学性能与其结构、组成、形貌等的关联性。储能材料的微观结构，如物相、形貌、化学组分等，都会直接影响装置的电化学性能。因此，研究者对所合成出来的材料的物性表征往往十分关注。本章将以锂离子电池正负极活性材料为例，重点讲解其相关的物性表征技术的原理与应用。

4.1　X 射线衍射

4.1.1　基本原理

X 射线本质上是一种波长为几十到几百皮米的电磁波，具有波粒二象性，拥有很强的衍射能力。当一束单色 X 射线射到具有原子规则排列的晶体时，如果原子的晶面间距与 X 射线的波长具有相同的数量级，来自不同原子散射的 X 射线会相互干涉，在某些特定的晶面方向上会产生较强的衍射现象，而衍射产生的必要条件则需满足布拉格方程：

$$2d \sin\theta = n\lambda \tag{4-1}$$

式中，d 是晶面间距；n 是任意整数，也称为相关级数；θ 是入射角；λ 是 X 射线波长。

衍射现象的方向和强度与晶体的结构有关，其中衍射方向由晶系的种类和晶胞的大小决定，而衍射强度取决于晶胞中各个原子的位置及原子在晶胞中的排列规律。每种物质都有自己特定的晶胞参数，因而表现出不同的衍射特征(衍射方向和衍射强度)。即使该物质与多种材料混合，也不会完全改变其衍射特征。任何两种物质的衍射图谱都不完全一样，这就是用 X 射线衍射(X ray diffraction，XRD)谱图作为鉴定物相的依据。通常情况下，从实验测得的 XRD 谱图可以得到如下信息：衍射峰的位置(2θ 角)与晶胞的大小、形状和位相有关；其强度与原子在晶胞的位置、数量和种类有关。如果衍射峰的强度越大、峰形越尖锐，表明材料的结晶性越好，利用半峰宽还可以计算颗粒的尺寸。

XRD 技术在电极材料表征过程中充当指纹手段，是判断材料物相、成分和晶体结构的基本方法，在锂离子电池生产、失效分析、材料研发等方面起着重要作用。图 4-1 为 X 射线衍射仪实物图。利用 XRD 技术还可以分析研究锂离子电池电极材料在充放电过程中的结构变化，掌握正负极材料的反应机理，进而设计出更高能量密度和功率密度的锂离子电池。

(a)日本理学 D/max-2200/PC   (b)布鲁克 APEX

图 4-1   X 射线衍射仪

4.1.2   应用实例

例如，以过渡金属乙酸盐和尿素为原料，通过水热法制备蚕蛹状致密微纳结构的 $Ni_{0.8}Co_{0.1}Mn_{0.1}CO_3$，对其进行 XRD 检测，并与标准的三种金属碳酸盐的 PDF 卡片进行对比，如图 4-2 所示。结合 PDF 卡片和 XRD 的衍射花样图可知，材料的主相结构为 $NiCO_3$，但峰位向左有些许偏移，这是由少量的 Co 和 Mn 的加入引起的。Mn^{2+}、Co^{2+}、Ni^{2+} 的离子半径分别为 0.80 Å、0.72 Å、0.69 Å。随着 Mn 和 Co 的掺入，材料的晶格参数变大，导致峰位向低角度偏移。

将制备好的前驱体与一定量的 Li_2CO_3 研磨混合后，在氧气气氛中进行煅烧，制成 $LiNi_{0.8}Co_{0.1}Mn_{0.1}O_2$ 样品。如图 4-3 所示，在 750℃和 800℃煅烧温度下合成出的材料的 XRD 衍射峰均与 $R3m$ 空间群的衍射峰一致，没有杂相存在，其中衍射峰强度高且峰形尖锐，说明样品的结晶度较好。两者的(108)和(110)峰分裂明显，说明形成了较好的层状结构。通过对比两种样品 $I_{(003)}/I_{(104)}$ 衍射峰强度比，可以得出其晶格结构中的 Li/Ni 混排程度(Li^+ 和 Ni^{2+} 的离子半径接近)。其中，800℃样品的 $I_{(003)}/I_{(104)}$=1.08，而 750℃的为 1.24。研究表明，当 $I_{(003)}/I_{(104)}>1.2$ 时，材料的微观结构较为规整，离子混排程度小，相反，离子混排程度较大。上述结果表明，750℃煅烧温度利于形成具有最佳层状结构的三元富镍层状 $LiNi_{0.8}Co_{0.1}Mn_{0.1}O_2$ 材料。

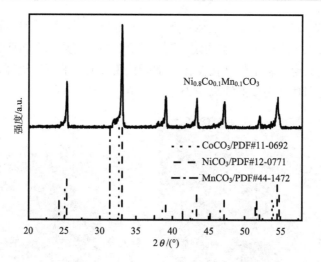

图 4-2　$Ni_{0.8}Co_{0.1}Mn_{0.1}CO_3$ 的 XRD 谱图

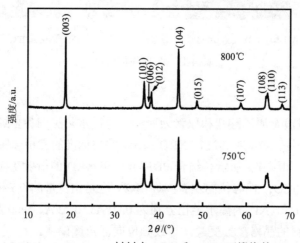

图 4-3　$LiNi_{0.8}Co_{0.1}Mn_{0.1}O_2$ 材料在 750℃和 800℃下煅烧的 XRD 谱图

4.2　扫描电子显微镜

　　人眼分辨率的最小距离是 0.2mm，光学显微镜受可见光波长范围的局限极限分辨率约为 200nm，因此要观察更小尺寸的物质的结构需要更高分辨率的仪器设备。扫描电子显微镜(SEM)是采用细聚焦的电子束扫描样品表面，通过电子束与样品的相互作用产生的二次电子和背散射电子，对样品表面(或断口)形貌进行观察和研究的一种实验仪器。SEM 与能量色散 X 射线谱(X-ray energy dispersive spectrum，EDS)结合，可进行样品组成和含量的分析。

4.2.1　基本原理

　　SEM 由电子光学系统、信号收集和显示系统、记录系统、真空系统及电源系统组成。工作原理是由电子枪发射高能电子束入射到样品的表面，聚焦电子束与样品相互作用，激发产生各种物理信号，通过信号收集和分析得到具有一定衬度的电子图像，从而达到对样品进行分析的目的。电子束与样品作用后发射出各种物理信号，如二次电子、背散射电子、俄歇电子、透射电子、特征 X 射线等，通过不同的探测器可检测不同的物理信号，通过转换信号得到一定的信息。例如，可采用电子检测器将激发的各个方向的二次电子收集起来，在进入电子检测器后引起电离，离子与自由电子复合产生可见光的光信号，经光导管进入光电倍增管，使光信号再转变成电信号。电信号经视频放大器放大，然后输入到显像管的栅极中，调节荧光屏的亮度，从而在屏上就会显现出与样品表面相对应的相同图像。采用不同的信息检测器可以搜集不同的信息。例如，有关物质微观形貌的信息需要采集二次电子或背散射电子信号，而物质化学成分的信息则通过 X 射线采集获得。

　　扫描电子显微镜电子枪是产生具有特定能量电子束的部件，可分为场发射电子枪、钨灯丝电子枪和六硼化镧（LaB₆）电子枪，其中场发射电子显微镜（FESEM）又可分为热场发射电子显微镜和冷场发射电子显微镜。FESEM 属于高分辨电子显微镜，如图 4-4 所示，可以观测材料的纳米尺度。一般在科研院所使用 FESEM 较多，而企业则更多使用常规 SEM。

图 4-4　场发射电子显微镜实物图

扫描电子显微镜作为一种先进的显微分析设备,在材料科学、生物学、医学、机械加工等领域发挥着重要的作用。由于技术和产品性能上的差距,我国扫描电子显微镜市场长期被国外品牌垄断。但随着科技创新能力和制造能力的不断提高,涌现了一批具有强劲研发实力的科技创新企业。国仪量子(合肥)技术有限公司推出了世界上首台分辨率达到 2.5nm 的商用可量产钨灯丝扫描电子显微镜,打破了这一技术长期以来的国外封锁和技术瓶颈。

4.2.2　应用实例

SEM 被常用于分析材料的微观形貌,充当"眼睛"的角色,可确定材料的外部轮廓、尺寸大小和厚度、堆叠状态等。SEM 在储能材料与器件中常用来研究合成条件对材料形貌的影响,指导调控电极材料的合成,优化制备工艺。在研究电极材料的形貌对电化学性能影响的过程中,SEM 是必不可少的检测手段。

图 4-5 给出了水热法制备的三元富镍层状氧化物前驱体 $Ni_{0.8}Co_{0.1}Mn_{0.1}CO_3$ 和锂化后样品的 SEM 图。可以看出,所制备的样品为蚕蛹状分层结构的形貌,尺

图 4-5　水热法制备的三元富镍层状氧化物前驱体 $Ni_{0.8}Co_{0.1}Mn_{0.1}CO_3$ 和锂化后样品的 SEM 图
(a) 和 (b) 为前驱体 $Ni_{0.8}Co_{0.1}Mn_{0.1}CO_3$;　(c) 和 (d) 为锂化后的富镍层状氧化物 $LiNi_{0.8}Co_{0.1}Mn_{0.1}O_2$

寸大小约为 5 μm，与碳酸锂混合煅烧后，没有改变整体微观结构，但是可以看到片状转变成纳米颗粒。从形貌可以看出，制备出来的电极材料具有微纳结构，其协同效应能使电解液与材料得到更充分的浸润，缩短离子传输路径。

　　SEM 除了具有上述基本的形貌表征功能外，一般会带有配件设备能量色散 X 射线谱仪(EDS)，可以用来了解材料微米量级区域内的元素种类与含量情况。基本原理是电子束与样品作用后发射出 X 射线，不同元素激发的 X 射线的特征波长不同，对应的能级跃迁过程中释放出的特征能量 ΔE 也不同。而 EDS 则利用“波长越大，ΔE 越大”这一特点进行成分分析。将测试图谱与标定图谱对比，即可得知样品中所包含的元素种类，即定性分析。在一定时间内，将元素发射出来的特征 X 射线累积强度与标准样品所发射出来的特征 X 射线强度相对比，排除干扰因素，就可得出每种元素的原子分数和质量分数，即定量分析。

　　X 射线能谱分析可分为点、线、面三种形式。为了定量更准确，通常也可以在样品上选多个点、线或者面区域扫描分析样品化学组分，将所测化学组分值进行平均。图 4-6 为采用点分析形式定性分析所选点的全部元素，可以看出样品中除了 Ni、Co、Mn 和 O 四种元素特征峰之外，没有其他杂峰，说明合成的三元富镍 $LiNi_{0.8}Co_{0.1}Mn_{0.1}O_2$ 氧化物无其他杂质元素存在。利用能谱中各个元素的特征 X 射线的强度可确定元素的含量，即可定量分析出材料的组成原子比。如表 4-1 所示，

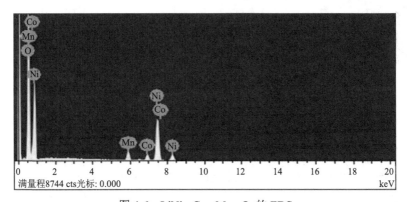

图 4-6　$LiNi_{0.8}Co_{0.1}Mn_{0.1}O_2$ 的 EDS

表 4-1　$LiNi_{0.8}Co_{0.1}Mn_{0.1}O_2$ 材料 EDS 定量分析

元素	质量分数/%	原子分数/%
O	48.44	77.43
Mn	4.03	1.87
Co	5.15	2.24
Ni	42.38	18.46
总量	100.00	100.00

根据 EDS 测试分析计算得出各组分的质量分数。利用 EDS 中各个元素的特征 X 射线的强度可确定元素的含量,通过谱峰强度可分析得出材料组成元素的原子比,但没法确定物质的结构,可与 XRD 等测试手段结合来判定。

SEM 的线扫描是使电子束沿着样品上指定的一条线扫描,获得这条线上元素含量的变化曲线。结合形貌分析,能直观得到元素在不同位置的分布情况。Sun 等以高比容量的 $Li(Ni_{0.8}Co_{0.1}Mn_{0.1})O_2$ 正极材料为核,以高热稳定性的 $Li(Ni_{0.5}Mn_{0.5})O_2$ 材料为壳,利用共沉淀法合成了具有核壳结构的 $Li[(Ni_{0.8}Co_{0.1}Mn_{0.1})_{0.8}(Ni_{0.5}Mn_{0.5})_{0.2}]O_2$ 微米球正极材料。为了分析该正极材料中的元素分布情况,选取如图 4-7 所示区域进行线扫描。在扫描过程中,元素 Ni 含量的变化曲线由弱变强再变弱,说明中间部分的 Ni 元素含量比较高,而元素 Mn 含量的变化曲线则与元素 Ni 相反,表明两端的 Mn 元素含量较高,证明了正极材料具有明显的核壳结构。

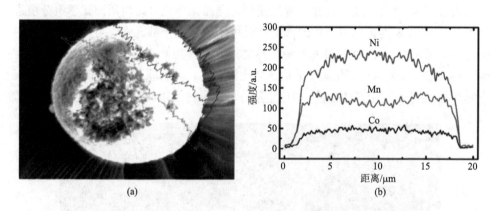

图 4-7　$Li[(Ni_{0.8}Co_{0.1}Mn_{0.1})_{0.8}(Ni_{0.5}Mn_{0.5})_{0.2}]O_2$ 正极材料的线扫描能谱图

通常,对包覆或掺杂样品进行 EDS 表征,可以有效地检测掺杂元素和包覆样品的表面状况。通常可以通过 X 射线面分布图(mapping)完成,其原理是将谱仪固定在某一元素的特征 X 射线信号位置上,利用电子束在样品表面进行光栅扫描(面扫描),采集区域内该元素的特征 X 射线,并将信号调制成荧光屏上的亮度,就可以获得该元素在扫描面内的浓度分布图像。图像的明亮程度对应元素含量的高低,这就是该元素的面分布。若将谱仪固定在另一种元素的特征 X 射线信号位置,则可获得另外一种元素的面分布图像。

图 4-8 给出陶石等制备的 MoO_3 修饰尖晶石结构 $LiMn_2O_4$ 复合材料的面分布图,由图中可以清楚地看出,包覆的 Mo 元素均匀分布在材料颗粒中。

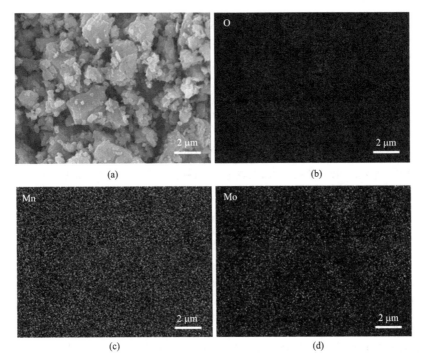

图 4-8　LiMn₂O₄/MoO₃ 样品的 SEM 图(a)及元素面分布图[(b)～(d)]

4.3　比 表 面 仪

比表面积仪也称比表面仪。比表面积是指单位质量物料所具有的总面积，是评价物质特性的重要参数。比表面积的大小与颗粒的形状、粒径、表面缺陷、孔结构息息相关，一般可分为外表面积和内表面积两类。储能材料的比表面积大小通常也与活性物质的性能高低有密切关系，孔径的大小也决定着锂离子、钠离子等的移动能力。因此，对储能电池电极材料的基本表征具有重要的作用。其分析方法分为吸附法、透气法等。其中，物理低温氮吸附法是最通用和成熟的方法。下面将对吸附法(也称 BET 法)做简单介绍。

4.3.1　BET 测试方法

比表面积测试方法主要分动态法(即连续流动法)和静态容量法。国内比表面测试仪器静态法和动态法都有应用，国外则以静态法为主。动态法省时方便，适合中小吸附量的小比表面积样品检测和快速比表面积测试，但当浓度为 1 时，材料吸附前后将没有浓度变化，这就无法通过浓度变化进行孔径测试。相对于动态法，静态法由于氮气分压可以很容易地控制到接近 1，因此可以做孔径分析。但由于样品真空处理耗时较长，吸附平衡过程较慢且易受外界环境影响等，静态法在测试效率和小比表面积样品测试结果稳定性方面没有动态法优异。对于中大吸附量样品，静态法和动态法都可以准确定量测试。

基于气体在固体表面的吸附特性，气体吸附法是利用被测样品在一定压力和超低温下对气体分子(吸附质)存在可逆的物理吸附和稳定的平衡吸附量。氮气具有良好的可逆吸附特性，且易获取，是常用的吸附质。通过测定平衡吸附量，利用理论模型等效求出被测样品的比表面积，称为"等效"比表面积，其大小与样品表面密排包覆(吸附)的氮气分子数量和分子最大横截面积有关。计算公式如下：

$$S_g = \frac{V_m \cdot N \cdot A_m}{22400 \cdot W} \times 10^{-18}$$

(4-2)

式中，S_g 是被测样品比表面积($m^2 \cdot g^{-1}$)；V_m 是标准状态下氮气分子单层饱和吸附量(mL)；N 是阿伏伽德罗常数，为 6.02×10^{23}；A_m 是氮气分子等效最大横截面积(密排六方理论值 $A_m = 0.162\ nm^2$)；W 是被测样品质量(g)。可以看出，要想得到比表面积，吸附量 V_m 测量是关键。

在比表面测试中常出现以下几种特征曲线(图 4-9)。不同类型的曲线对应材料的不同孔径特点。

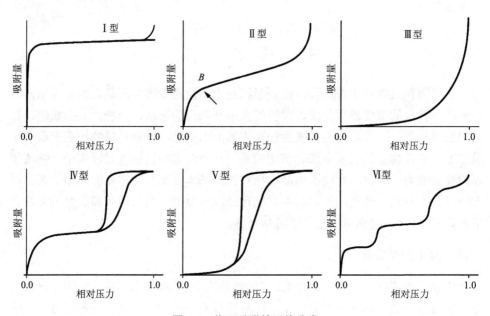

图 4-9　物理吸附等温线分类

(1) I 型曲线：在低相对压力区域，由于微孔的填充气体吸附量有一个快速增长，随后的水平或近水平平台表明微孔已经充满，没有或几乎没有进一步的吸附发生，达到饱和压力时，可能出现吸附质凝聚。

(2) II 型曲线：等温线一般由非孔或大孔固体产生，B 点通常作为单层吸附容量结束的标志。

(3) III 型曲线：等温线以向相对压力轴凸出为特征，这种等温线在非孔或大孔固体上发生弱的气-固相互作用时出现，不常见。

(4) IV 型曲线：等温线由介孔固体产生，典型特征是等温线的吸附曲线与脱附曲线不一致，可以观察到迟滞回线，在相对压力 (p/p_0) 值较高的区域可观察到一个平台，有时以等温线的最终转而向上结束(不闭合)。

(5) V 型曲线：等温线的特征是向相对压力轴凸起，等温线来源于微孔和介孔固体上的弱气-固相互作用，相对不常见。

(6) VI 型曲线：其以吸附过程的台阶状特性而著称，这些台阶来源于均匀非孔表面的依次多层吸附，这种等温线的完整形式不能由液氮温度下的氮气吸附来获得。

4.3.2　BET 分析实例

目前，市场上的比表面积仪都趋于一机多能，即可完成对样品比表面积和孔径分布的测量。图 4-10 为美国麦克 ASAP2020 比表面积和孔径吸附仪实例图。

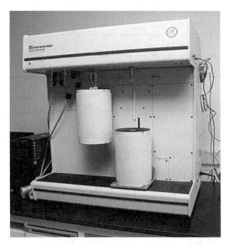

图 4-10　ASAP2020 比表面积和孔径吸附仪实例图

Kim 等利用自组装方法成功制备出石墨烯修饰 LiFePO$_4$/G 锂离子电池正极材料，通过比表面积仪对所制备的材料进行表征，如图 4-11 所示。对比图 4-9，LiFePO$_4$

为Ⅱ型曲线，是无孔材料，而 LiFePO$_4$/G 是Ⅳ型曲线，是一种介孔材料。在 0.5～
1.0 相对压力范围内，LiFePO$_4$/G 材料曲线存在滞后现象，表明该材料具有较大的
比表面积和多孔结构。根据曲线计算得出结果（表 4-2），通过自组装方法合成出
的 LiFePO$_4$/G 的比表面积高达 50.876 m^2 · g^{-1}，远高于 LiFePO$_4$。

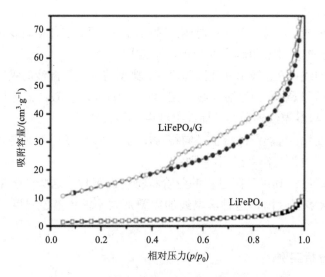

图 4-11　LiFePO$_4$ 和 LiFePO$_4$/G 的氮气吸附曲线

表 4-2　LiFePO$_4$ 和 LiFePO$_4$/G 样品氮气吸附曲线计算结果

样品	比表面积/(m^2 · g^{-1})	孔体积/(cm^3 · g^{-1})	孔尺寸/nm
LiFePO$_4$	6.319	0.016	9.304
LiFePO$_4$/G	50.876	0.118	10.332

　　上述结果表明，通过石墨烯的修饰，复合电极材料 LiFePO$_4$/G 展现出大比表
面积和多孔结构。该微观结构能保证电极材料与电解液得到充分的浸润，缩短 Li$^+$
的传输路径，使其具有优异的电化学性能。

4.4　热　分　析

　　热分析（thermal analysis，TA）是测量在程序控制温度下，样品的物理性质与
温度依赖关系的一类技术。当物质的物理状态和化学状态发生变化时，如氧化、
分解、升华、聚合、脱水、蒸发、结晶等，通常会伴随热力学性质（比热容、焓等）
或其他性质（质量、力学性质、电阻等）的变化，根据这些变化可以分析物质的物

理和化学过程。根据测定的物理参数不同，热分析技术常用的方法可分为热重分析法 (thermogravimetric analysis，TGA)、差热分析法 (differential thermal analysis，DTA)、差示扫描量热法 (differential scanning calorimetry，DSC) 等，以下将分别介绍这三种技术。

4.4.1   基本原理

1. 热重分析法

热重分析法是在程控温度的变化下测量质量与温度关系的一种技术。质量变化的大小和温度往往与物质的晶体结构和化学组成密切相关，这就可以用来鉴别和分析不同结构的材料。样品的质量随温度变化的函数关系曲线称为热重 (TG) 曲线。根据热重曲线获得质量变化的速率与温度或时间的关系即微商热重 (derivative thermogravimetry，DTG) 曲线。DTG 曲线可使 TG 曲线的质量变化阶段更加明显，并可根据此研究不同温度下的质量变化速率，这有利于研究分解反应的初始温度和最大分解速率所对应的温度。

图 4-12 为热重曲线，横坐标表示温度，纵坐标表示质量分数。热重曲线反映的是测试过程中质量的变化。物质发生质量变化在热重曲线中都会有台阶出现。如图所示，随着温度变化，从 A 到 B 的过程中几乎无质量变化，从 B 到 C 的过程中质量变化明显，说明从 B 到 C 的过程中发生了分解、升华等现象，而从 C 到 D 的过程中质量几乎无变化，因此质量开始发生变化和质量不再变化的温度分别对应物质的两个特征温度，具体地需要根据实际物质来分析反应的过程。

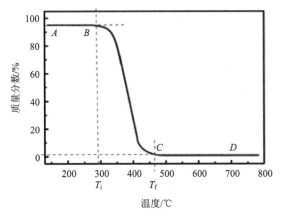

热重分析法

图 4-12   热重曲线

2. 差热分析法

差热分析法是分析在程控温度下，样品与参比物的温差随温度或时间的变化关系。参比物必须满足在整个测试过程中不发生任何物理变化和化学反应，具有非常好的稳定性。如果给予测试样品和参比物同等热量，样品会发生变化(如相变、分解、化合、升华、失水、熔化等)，产生热效应，与参比物之间存在差热。通过差热电偶，测量与该温度差对应的差热电势，经微伏直流放大器放大后输入记录器，即可得到差热曲线。以测试样品与参比物温度差为纵坐标，温度为横坐标所得的曲线称为 DTA 曲线，如图 4-13 所示。

$$\Delta T = T_s - T_r = f(T\text{或}t) \tag{4-3}$$

式中，T_s 和 T_r 分别是测试样品和参比物的温度；T 是程控温度；t 是时间。$\Delta T>0$，表现为放热反应；$\Delta T<0$，表现为吸热反应。

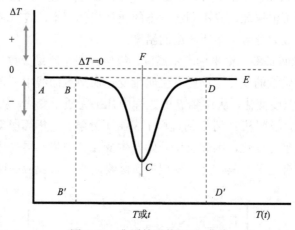

图 4-13　典型的吸热 DTA 曲线

DTA 曲线反映的是测试过程中的热变化。如果物质发生物理化学变化，在 DTA 曲线上就会出现相应的波峰，而峰的面积与试样质量、热效应有关，峰的大小、峰宽和峰的对称性等可以得到试样的动力学信息，因此根据 DTA 曲线的峰位置、数量、形状等信息可进行定性分析，并估算物质的纯度。差热分析物理现象或化学现象的热效应见表 4-3。

3. 差示扫描量热法

差示扫描量热法是分析在程控温度下输入到测试样品和参比物的功率差(如以热的形式)与温度的关系变化。按测量方法的不同，可分为功率补偿式和热流式，图 4-14 为功率补偿式 DSC 的原理图。

表 4-3　差热分析物理现象或化学现象的热效应

物理现象	反应热		化学现象	反应热	
	吸热	放热		吸热	放热
晶型转变	+	+	化学吸附	–	+
熔融	+	–	去溶剂化	+	–
蒸发	+	–	脱水	+	–
升华	+	–	分解	+	+
吸附	–	+	氧化降解	–	+
解吸	+	–	氧化还原反应	+	+
吸收	+	–	固态反应	+	+

注：+表示可以检测，–表示观察不到。

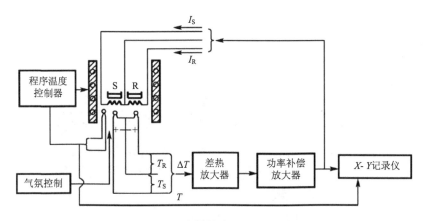

图 4-14　功率补偿式 DSC 的原理图

整个仪器有温度和功率补偿器两条控制电路，测试样品和参比物均有独立的加热器和传感器，通过给样品补充热量或减少热量，使样品和参比物维持相同的温度。如果测试样品发生放热反应，温度高于参比物，由此产生的温差信号就会转化为温差电势，经差热放大器放大后送入功率补偿器，从而减小样品加热器的电流，降低样品温度，增加参比物加热器的电流，升高参比物温度，使两者温差趋于零。以样品吸热或放热的速率，即热流率 $d\Delta H/dt$（单位 $mJ\cdot s^{-1}$）为纵坐标，以温度 T 或时间 t 为横坐标，就是样品的 DSC 曲线（图 4-15），可以反映比热容、反应热、转变热、相图、反应速率、结晶速率、高聚物结晶度、样品纯度等多种热力学和动力学参数。

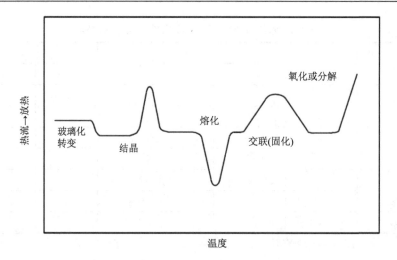

图 4-15　典型的 DSC 曲线

目前，市场上普遍使用的是一体多功能热分析仪，如图 4-16 所示，涵盖两种或两种以上分析方法，检测电极材料更方便快捷。

图 4-16　综合热分析仪实例图

4.4.2　应用实例

例如，以多巴胺为碳源，利用水热法和惰性气体煅烧的方法，可成功合成具有不同碳包覆含量的 ZnSe@C 复合材料。利用热重测试可以计算 ZnSe@C 复合材料中的碳含量。如图 4-17 所示，ZnSe@C 复合材料的质量分数减少主要是 ZnSe

和碳与氧气发生反应引起的。对比剩余产物的差值，ZnSe@C-1、ZnSe@C-2 和 ZnSe@C-3 复合材料中的碳含量分别为 11.18%、16.71%和 28.28%。

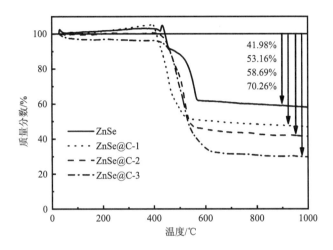

图 4-17　ZnSe@C 复合材料的 TG 曲线

热分析对于固相烧结制备电极材料具有指导性作用。为了研究前驱体的热稳定性，以及与 $LiOH \cdot H_2O$ 在烧结过程中的反应机理，陆雷等对 $Ni_{0.8}Co_{0.1}Mn_{0.1}(OH)_2$ 前驱体和与 $LiOH \cdot H_2O$ 的混合粉体进行热分析(TG/DSC)测试。图 4-18(a)是 $Ni_{0.8}Co_{0.1}Mn_{0.1}(OH)_2$ 前驱体的 TG/DSC 曲线。在 50～200℃升温过程中，约有 1.8wt%(质量分数，后同)的失重率，这是由颗粒表面的吸附水蒸发引起的，在 DSC 曲线表现为较宽的吸热峰。当温度从 200℃升到 300℃时，$Ni_{0.8}Co_{0.1}Mn_{0.1}(OH)_2$ 前驱体有较大的失重率(12.8wt%)，对应前驱体发生脱水反应生成 $Ni_{0.8}Co_{0.1}Mn_{0.1}O$ 氧化物，在 DSC 曲线上出现了尖锐的吸热峰。当温度持续增加，部分氧化物由低价向高价转化，从而导致质量的损失。在前驱体与 $LiOH \cdot H_2O$ 混合粉体的 TG/DSC 曲线 [图 4-18(b)] 中，180℃之前的失重对应前驱体表面吸附水和 $LiOH \cdot H_2O$ 的脱水过程。在 200～300℃，混合物也存在类似的失重峰，这时形成了 $Ni_{0.8}Co_{0.1}Mn_{0.1}O$ 氧化物，而在 420℃附近的吸热峰是 LiOH 脱水形成 Li_2O，并与前驱体随着温度升高反应生成正极材料 $LiNi_{0.8}Co_{0.1}Mn_{0.1}O_2$ 引起的。以上结果表明，三元正极材料在合成过程中需要将前驱体和锂盐混合均匀，保证脱水氧化反应的一致性和稳定性，这样才能制备出纯度较高的电极材料。

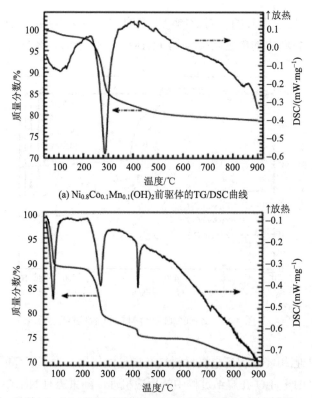

(a) $Ni_{0.8}Co_{0.1}Mn_{0.1}(OH)_2$前驱体的TG/DSC曲线

(b) $Ni_{0.8}Co_{0.1}Mn_{0.1}(OH)_2$前驱体和$LiOH·H_2O$混合粉体的TG/DSC曲线

图 4-18　热重分析/差示扫描量热法(TG/DSC)测试分析

4.5　循环伏安法

循环伏安法(cyclic voltammetry，CV)是常用的电化学测试方法。通过循环伏安法可以得到电极材料较多电化学反应的信息，如脱嵌锂时反应速率、可逆程度、材料的相变等。还可以通过不同扫描速度，计算得出电极材料的锂离子扩散系数。

4.5.1　基本原理

循环伏安法具有实验操作简单、获取数据较多等特点，因此是电化学测量中经常使用的一种重要方法。该法控制电极电势以不同的速率，随时间以三角波形一次或多次反复扫描，电势范围是使电极上能交替发生不同的还原和氧化反应，并记录电流-电压曲线。以等腰三角形的脉冲电压加在工作电极上，得到的电流-电压曲线包括两个分支，如果前半部分电位向阴极方向扫描，电活性物质在电极上还原，产生还原波，那么后半部分电位向阳极方向扫描时，还原产物又会重新在电极上氧化，产生氧化波。因此一次三角波扫描，完成一个还原和氧化过程的循环，故该法称为循环伏安法，其电流-电压曲线称为循环伏安(CV)曲线。

4.5.2　应用实例

以商业 $LiCoO_2$ 为正极，金属锂为负极，$1mol \cdot L^{-1}$ $LiPF_6$ 为电解液，组装成 C2016 扣式电池。使用 Biologic 公司的 VMP3 型电化学工作站对电池进行两电极循环伏安测试，扫描速度为 $0.1mV \cdot s^{-1}$，工作电压范围为 3.0～4.3V。

图 4-19 是 $LiCoO_2$ 正极材料经过一圈活化后的前三圈循环伏安曲线。在充电过程($LiCoO_2 \longrightarrow Li_{1-x}CoO_2$)中，随着 Li^+ 脱出量的增多，$LiCoO_2$ 会有不同相生成。在没有脱锂($x=1$)时，$LiCoO_2$ 为六方晶相(H1 相)。随着 Li^+ 脱出，H1 相开始向 H2 相转变，相应地 c 轴伸长，Co—Co 间距缩短，导致电子能带变化，导电性增强，这与循环伏安曲线中 4.01V 氧化峰相对应。在 4.08V 和 4.19V 处的两个氧化峰主要是由于材料发生的两个相变：Li^+ 从有序到无序的转变，H2 相和 M1 单斜晶相之间的可逆转变。当脱锂量 $x=0.45$ 时，H2 相向 M1 单斜晶相转变，而当脱锂量 $x=0.55$ 时，材料又由 M1 相转变为 H2 相。当 Li^+ 继续脱出，c 轴开始收缩。经过多次循环后，c 轴的不断伸长和收缩会导致材料结构的不可逆性。同时随着电压升高，电解液也会发生氧化分解，导致电池循环性能下降。为了保证 $LiCoO_2$ 在循环过程中的结构稳定性，其充电截止电压一般设置在 4.2V。放电过程中，循

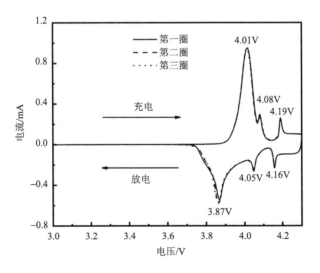

循环伏安法

图 4-19　$LiCoO_2$ 电极的 CV 曲线

环伏安曲线中出现 4.16V、4.05V 和 3.87V 三个还原峰，分别对应 LiCoO₂ 充电过程中的三个相变可逆过程。三圈循环伏安曲线基本吻合，表明 LiCoO₂ 的氧化还原过程具有良好的可逆性和结构稳定性。

作为锂离子电池负极材料，铌基氧化物具有多变的化合价态和较高的嵌锂电位（1.0～1.8V）等优点，但也存在导电性差、离子扩散缓慢等问题。采用共沉淀法成功合成单斜结构 AlNbO₄（ANO）电极材料，并利用石墨对其电化学性能进行改性。利用循环伏安法对 AlNbO₄/Graphite（ANO/G）复合材料的动力学过程进行研究。图 4-20(a) 是 ANO 和 ANO/G 的前三圈循环伏安曲线。首圈中，ANO 和 ANO/G 都出现了 0.98V 和 0.70V 两个还原峰，前者对应着 AlNbO₄ 嵌锂形成 LiₓAlNbO₄ 的过程，后者对应着电极表面固体电解质界面（solid electrolyte interface，SEI）膜的形成过程。而 1.45V 的氧化峰对应着 LiₓAlNbO₄ 脱锂的过程。在随后两圈扫描中，并未出现对应 SEI 膜的还原峰，说明形成的 SEI 膜具有很好的稳定性。第二圈和第三圈中，ANO 和 ANO/G 的氧化还原峰的位置基本保持不变，说明 ANO 和 ANO/G 具有优异的氧化还原反应可逆性。当电极扩散过程为控制步骤且电极为可逆体系时，可以采用循环伏安法测量离子扩散系数。常温时，峰电流与离子扩散系数满足 Randle-Sevick 公式：

$$i_p = 2.69 \times 10^5 \, n^{3/2} A D^{1/2} \Delta C v^{1/2} \tag{4-4}$$

式中，i_p、n、A、D、ΔC 和 v 分别是峰电流、电荷转移数目、浸入溶液中的电极面积、离子扩散系数、反应物前后离子浓度变化和扫描速度。在电极面积、参与反应的锂离子浓度和电荷转移数目相同的情况下，离子扩散系数与峰电流与扫描速度开方的线性关系成正比。图 4-20(b) 和 (c) 分别是 ANO 和 ANO/G 不同扫描速度下的循环伏安曲线，当扫描速度提高时，还原峰会向低电压偏移，氧化峰会向高电压偏移。图 4-20(d) 是电极峰电流 i_p 与扫描速度 v 开方的线性关系。ANO 的还原峰和氧化峰对应的斜率分别为 –0.537 和 0.216，而 ANO/G 可以达到 –1.509 和 0.721，表明石墨可以有效提高 ANO 电极材料的锂离子扩散系数，这为 ANO/G 电化学性能优异于纯 ANO 电极材料提供了很好的证据。

需要指出的是，选取峰电流计算锂离子扩散系数，实际上是平均扩散系数，包含了电极内部的离子扩散和电解液中的离子扩散，而非电极材料的内部本征离子扩散系数。同时，电极的真实反应面积难以准确测量，一般以几何面积替代，参与反应的锂离子浓度和电荷转移数目也模糊不清，这都会导致数据难以重复。因此，利用循环伏安法测量离子扩散系数可以用于定性研究，在很多参数获知的情况下可以进行定量分析。

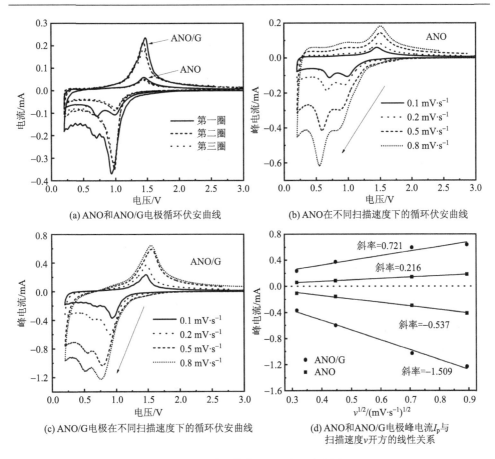

(a) ANO和ANO/G电极循环伏安曲线

(b) ANO在不同扫描速度下的循环伏安曲线

(c) ANO/G电极在不同扫描速度下的循环伏安曲线

(d) ANO和ANO/G电极峰电流I_p与
扫描速度v开方的线性关系

图4-20 循环伏安(CV)法测试分析

4.6 电化学阻抗

电化学阻抗谱(electrochemical impedance spectroscopy,EIS)是通过测量阻抗随正弦波频率的变化,进而获得电极过程动力学、双电层、扩散等信息,可以帮助了解电极界面的物理性质及所发生的电化学反应情况(如界面电阻、扩散系数等)。

4.6.1 基本原理

以一个小振幅正弦波电压(或电流)为扰动信号,测量电化学系统在宽频率范围内的交流电势与电流信号的比值随正弦波频率 ω 的变化,或者是阻抗的相位角 Φ 随 ω 的变化,以此来研究交流阻抗随频率的变化关系的方法,称为 EIS。EIS

测试需要满足因果性、线性和稳定性三个基本条件，即被测系统只对扰动信号进行响应，响应信号与扰动信号之间存在线性关系和扰动信号不会引起被测系统的内部结构发生变化(或扰动幅度较小、作用时间较短，扰动停止后系统能够近似恢复到原来状态)。EIS 只能测量频率范围内的阻抗或导纳，具有一定的有限性。在处理 EIS 数据时，实际上是将被测系统看作由电阻(R)、电容(C)、电感(L)等基本元件串联或并联组成的一个等效电路。通过等效电路中元器件的组成模拟电化学系统的内部结构，利用数值大小分析系统的性能和变化。EIS 最常用的是复数阻抗谱，是以阻抗实部为横轴，负的虚部为纵轴构成的，也称为奈奎斯特(Nyquist)曲线。

　　EIS 在锂离子电池研究和生产过程中发挥着巨大作用，通过测定电极过程动力学特征参数，可以反映电极界面的反应机理和揭示容量衰减机制。根据电化学原理，电极材料在脱嵌锂反应过程中包括电子输运、锂离子输运和电化学反应三个基本物理化学过程。表 4-4 是锂离子电池 EIS 在不同频率区间的模拟电子元件以及对应的物理化学过程。EIS 测试的频率范围一般为 0.01Hz～100kHz。由于电极材料在脱嵌锂过程中内部结构变化较小，或者新生成相和原始相之间的物理化学性质差别不大，一般很难观测到超低频区域的曲线。

表 4-4　锂离子电池 EIS 的组成

频率区间	电子元件	图像形式	对应物理化学过程
超高频 (>10 kHz)	R	一个点	锂离子在电解液中传输、电子传输有关的欧姆电阻
高频	R/C 并联	一个半圆	锂离子在活性物质表面的固态电解质膜的扩散迁移过程
中频	R/C 并联	一个半圆	锂离子与电子在活性物质表面的电荷传输和转移过程
低频	W 阻抗	一根斜线	锂离子在活性物质内部的扩散过程
超低频 (<0.01 Hz)	R/C 并联之后与 C 串联	一个半圆	活性物质的晶体结构变化或新相生成的过程

4.6.2　应用实例

　　采用静电纺丝和惰性气氛下煅烧的方法，成功制备出具有自支撑结构的 MnSe@C 复合材料，并深入探究了温度对复合材料电化学性能的影响，其中电化学阻抗谱是一个重要的表征手段。使用 Biologic 公司的 VWP3 型电化学工作站对循环 100 圈后不同温度煅烧的 MnSe@C 复合材料进行电化学阻抗谱测试,测试频率为 0.1Hz～10kHz。如图 4-21(a)所示，用 ZView 软件对循环后 MnSe@C-500、MnSe@C-600 和 MnSe@C-700 复合材料的 Nyquist 曲线进行拟合，其中 R_{s}、R_{ct}

和 W 分别代表溶液阻抗、电荷转移阻抗和扩散阻抗。电极材料经过 100 圈循环后 SEI 膜已基本趋向稳定，等效电路中就没有设置代表 SEI 的电路元件。MnSe@C-500、MnSe@C-600 和 MnSe@C-700 复合材料的电荷转移阻抗分别为 454.1Ω、239.9Ω 和 160.6Ω。可见，烧结温度升高可以改善 MnSe@C 复合材料的动力学过程，加快电荷转移，为 MnSe@C-700 复合材料的优异电化学性能提供了有力证据。如图 4-21(b) 和 (c) 所示，还对 MnSe@C-700 复合材料在不同电压下的阻抗进行了原位测试，探究充放电状态和阻抗的关系。溶液阻抗在不同电压下基本保持不变，说明电极材料在充放电过程中已经不需要消耗电解液中的锂离子，也就是 SEI 膜趋向稳定。放电过程中电荷转移阻抗不断减小，这是因为 MnSe 在转化反应过程中生成的 Mn 单质具有很好的导电性，可以加快电子传输和电荷转移。随着放电深度的提高，生成的 Mn 单质也越来越多，进而阻抗不断减小。充电过程中阻抗不断提高，是因为 Mn 和 Li_2Se 反应生成 MnSe 导致 Mn 单质含量减少。

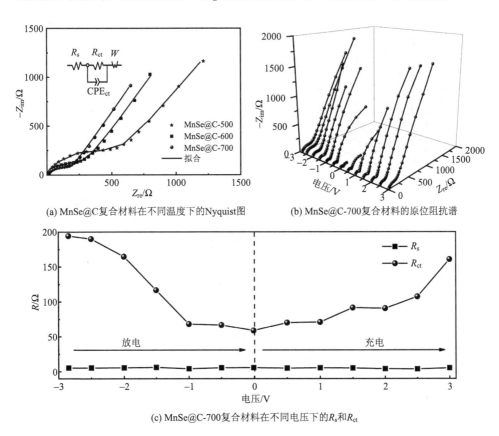

(a) MnSe@C复合材料在不同温度下的Nyquist图　(b) MnSe@C-700复合材料的原位阻抗谱

(c) MnSe@C-700复合材料在不同电压下的R_s和R_{ct}

图 4-21　对 MnSe@C 复合材料进行电化学阻抗谱测试

当电极为可逆体系，电极过程的控制步骤为扩散步骤时，阻抗的低频部分存在扩散响应曲线。通过扩散响应曲线可以测量电池的化学扩散系数。根据式(4-5)和式(4-6)可以计算锂离子的扩散系数：

$$Z_{re} = R_s + R_{ct} + \sigma_W \omega^{-1/2} \tag{4-5}$$

$$D = \frac{1}{2} \left(\frac{RT}{An^2 F^2 \sigma_W C} \right)^2 \tag{4-6}$$

式中，Z_{re} 是阻抗谱实部；R 是摩尔气体常量；T 是热力学温度；A 是电极表面积；n 是电极反应的得失电子数；F 是法拉第常量；σ_W 是瓦尔堡(Warburg)系数；C 是电极中的锂离子浓度。

用水热法合成多壁碳纳米管修饰 Nb_2O_5 纳米颗粒 Nb_2O_5-MWCNT 复合材料，并利用电化学阻抗谱研究多壁碳纳米管对 Nb_2O_5 纳米颗粒锂离子扩散系数的作用。使用 Biologic 公司的 VMP3 型电化学工作站进行电化学阻抗谱测试，测试频率为 0.01Hz～10kHz。图 4-22(a)是 Nb_2O_5 和 Nb_2O_5-MWCNT 循环后的 Nyquist 曲线，并对曲线进行等效电路拟合。如图 4-22(b)所示，阻抗谱的实部与 $\omega^{-1/2}$ 呈线性关系，其中斜率为 Warburg 系数。经过拟合计算，Nb_2O_5 和 Nb_2O_5-MWCNT 的 Warburg 系数分别为 $62.1\Omega \cdot cm^{-2} \cdot s^{-1/2}$ 和 $26.2\Omega \cdot cm^{-2} \cdot s^{-1/2}$。$Nb_2O_5$ 的脱嵌锂机理可以描述为

$$Nb_2O_5 + xLi^+ + xe^- \rightleftharpoons Li_x Nb_2O_5 \quad (0 < x < 2) \tag{4-7}$$

在计算锂离子扩散系数时可以假设得失电子数为 2，电极中的锂离子浓度为 3.36×10^{-2} mol·cm^{-3}。当已知 R=8.314 J·K^{-1}·mol^{-1}，T=298 K，F=96500 C·mol^{-1}，A=0.95cm^2 时，便可算出 Nb_2O_5 和 Nb_2O_5-MWCNT 锂离子扩散系数分别为 5.63×10^{-16} cm^2·$s^{-1/2}$ 和 3.16×10^{-15} cm^2·$s^{-1/2}$。可见多壁碳纳米管不仅提高了 Nb_2O_5 的导电性，而且有利于加快锂离子在电极材料中的扩散速率。

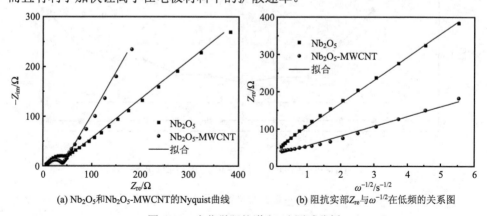

(a) Nb_2O_5和Nb_2O_5-MWCNT的Nyquist曲线　　　(b) 阻抗实部Z_{re}与$\omega^{-1/2}$在低频的关系图

图 4-22　电化学阻抗谱(EIS)测试分析

　　锂离子电池的电极反应过程是一个非常复杂的过程,其中很多不同物理化学过程或者一个过程的不同步骤具有相似的图谱,这就为分析 EIS 增加了难度。同时电极材料自身的物性、合成方法、实验条件等都会影响 EIS 的测试结果。在运用等效电路处理 EIS 数据时需要对电化学反应机理具有清晰的认知,能够构建合理的微观数学模型。在利用 EIS 计算离子扩散系数时,电极真实的反应面积和得失电子数难以准确测量,电极内部的锂离子浓度也只能经理论推算,因此 EIS 得出的扩散系数的绝对数值一般很难重复,可靠性较差。但研究同一个电极不同充放电状态下的扩散系数的变化具有一定的合理性。

4.7　恒电流间歇滴定技术

　　恒电流间歇滴定技术(galvanostatic intermittent titration technique,GITT)是由德国科学家 W. Weppner 和 R. A. Huggins 提出的一种暂态和稳态相结合的测量技术,由于所需设备简单、测试数据准确,常被用于计算电池电极材料的化学扩散系数。

4.7.1　基本原理

　　GITT 的测试原理是在单位时间 t 内,对测量体系施加恒电流 I_0,观察和分析电位随时间的变化以及弛豫后达到平衡的电压,进而计算反应动力学参数。在电流的作用下,电池中的离子浓度发生了变化,根据菲克第二定律:

$$\frac{\partial C_i(x,t)}{\partial t} = D\frac{\partial^2}{\partial x^2}C_i(x,t) \tag{4-8}$$

以及扩散的初始条件和边界条件:初始时刻的本体浓度

$$C_i(x,t=0) = C_0 \quad (0 \leqslant x \leqslant L) \tag{4-9}$$

单位时间内转移的电子总数

$$-D\frac{\partial C_i}{\partial x} = \frac{I_0}{AZ_iF} \quad (x=0,t \geqslant 0) \tag{4-10}$$

在电极远端 $x=L$ 处的浓度不变

$$\frac{\partial C_i}{\partial x} = 0 \quad (x=L,t \geqslant 0) \tag{4-11}$$

式中,x 是与活性物质/电解液界面的距离;$C_i(x,t)$ 是 x 处的离子浓度;L 是电极厚度;A 是电极与电解质的接触面积;Z_i 是转移的电荷数(锂离子 Z_i=1)。通过拉普拉斯变换,可以得到如下锂离子扩散系数的计算方程:

$$D_{Li^+} = \frac{4}{\pi}\left(\frac{mV_M}{MA}\right)^2\left(\frac{\Delta E_S}{t(dE_t/d\sqrt{t})}\right)^2\left(t \ll \frac{L^2}{D}\right) \qquad (4\text{-}12)$$

式中，D_{Li^+} 是锂离子扩散系数；m 是电极质量；V_M 是电极材料的摩尔体积；M 是电极材料的分子量；ΔE_S 是稳态电压改变量。当激励电流和时间足够小时，极化电压 E 与 $\sqrt{t}$ 呈线性关系，那么 $t(dE_t/d\sqrt{t})$ 就可以用激励过程中的暂态变化量 ΔE_t 表示，锂离子扩散系数计算方程可以进一步简化为

$$D_{Li^+} = \frac{4}{\pi t}\left(\frac{mV_M}{MA}\right)^2\left(\frac{\Delta E_S}{\Delta E_t}\right)^2$$

$$(4\text{-}13)$$

在计算时，电极体系应为等温绝热体系，电子电导远大于离子电导，动力学受扩散控制，充放电时电极没有体积变化和相变。

4.7.2　应用实例

为了探究异质结构对离子扩散系数的影响，作者设计并成功合成了 Fe_2O_3-Fe_3C@C 复合材料。采用 GITT 对其在锂离子电池中的扩散系数进行表征，测试电压为 0.01~3.0V，以 30mA·g^{-1} 电流密度对电池恒流放电或充电 10min，再在开路电压下静置 30min，反复循环，达到测试电压。图 4-23（a）是测试获得的 GITT 曲线。当极化电压 E 与 $\sqrt{t}$ 呈线性关系[图 4-23（b）]时，式（4-13）中的 ΔE_s 和 ΔE_t 计算方法如图 4-23（c）所示。根据 Fe_3C（$a=5.091$ Å，$b=6.7434$ Å，$c=4.526$ Å，$\alpha=\beta=\gamma=90°$）和 Fe_2O_3（$a=b=5.028$ Å，$c=13.73$ Å，$\alpha=\beta=90°$，$\gamma=120°$）的晶胞参数，通过计算可以得到 Fe_3C 和 Fe_2O_3 的 V_M 分别为 23.385 cm^3·mol^{-1} 和 30.293 cm^3·mol^{-1}。在放电[图 4-23（d）]和充电过程[图 4-23（e）]中，Fe_2O_3-Fe_3C@C、Fe_2O_3@C 和 Fe_3C@C 复合材料在不同电压状态下具有较为稳定的锂离子扩散系数，这表明锂离子在电极材料中的脱嵌过程比较稳定。Fe_2O_3-Fe_3C@C 的锂离子扩散系数要远高于 Fe_2O_3@C 和 Fe_3C@C 复合材料，这主要是由于 Fe_2O_3-Fe_3C@C 复合材料内部具有 Fe_2O_3 和 Fe_3C 异质结构形成的内在电场，可以加快锂离子的扩散。因此，Fe_2O_3-Fe_3C@C 作为锂离子电池负极材料，比单纯的 Fe_2O_3@C 和 Fe_3C@C 复合材料具有更高的可逆容量和优异的倍率性能。

除了 GITT，计算离子扩散系数的方法还有电流脉冲弛豫法（CPR）、电位阶跃技术（PSCA）等，都是以菲克第二定律为理论基础，扩散是该电极过程的控制步骤。

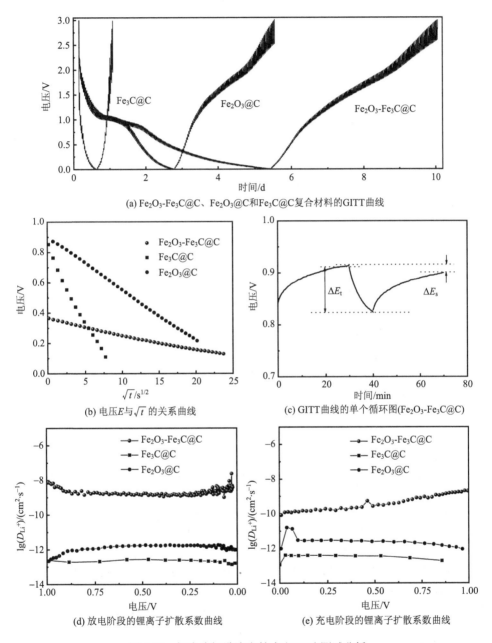

(a) Fe₂O₃-Fe₃C@C、Fe₂O₃@C和Fe₃C@C复合材料的GITT曲线

(b) 电压 E 与 $\sqrt{t}$ 的关系曲线

(c) GITT曲线的单个循环图(Fe₂O₃-Fe₃C@C)

(d) 放电阶段的锂离子扩散系数曲线

(e) 充电阶段的锂离子扩散系数曲线

图 4-23　恒电流间歇滴定技术(GITT)测试分析

习　题

一、选择题

1. 以下可以观测材料微观形貌的表征手段是（　　）。

A. XRD　　　　B. SEM　　　　C. EDS　　　　　D. BET

2. 以下可以测量材料孔径和比表面积的方法是（　　）。

A. 物理低温氮吸附法　　　B. 差热分析法　　　C. 循环伏安法　　　D. X 射线能谱分析法

3. 用等效电路模拟电池内部结构的电化学测试方法是（　　）。

A. CV　　　　B. EIS　　　　C. GITT　　　　D. CPR

4. 以下可以计算锂离子扩散系数的测试方法是（　　）。

A. CV　　　　B. EIS　　　　C. GITT　　　　D. 以上都可以

二、填空题

1. X 射线能谱分析的分析形式有_____、_____和_____。

2. 比表面积测试方法主要分为_____和_____。

3. 热分析技术常用的分析方法有_____、_____和_____。

4. EIS 测试需要满足_____、_____和_____三个基本条件。

5. 恒电流间歇滴定技术是以_____为理论基础。

三、简答题

1. 请简述比表面积测试中的特征曲线。

2. 请简述锂离子电池阻抗谱的组成。

参 考 文 献

曹楚南, 张鉴清, 2016. 电化学阻抗谱导论[M]. 北京: 科学出版社.

高健, 吕迎春, 李泓, 2013. 锂电池基础科学问题(Ⅲ)——相图与相变[J]. 储能科学与技术, 2(3): 250-266.

李荻, 2008. 电化学原理[M]. 3 版. 北京: 北京航空航天大学出版社.

凌仕刚, 吴娇杨, 张舒, 等, 2015. 锂离子电池基础科学问题(XIII)——电化学测量方法[J]. 储能科学与技术, 4(1): 83-103.

陆雷, 钟伟攀, 杨晖, 2012. 高致密球形 $LiNi_{0.8}Co_{0.1}Mn_{0.1}O_2$ 颗粒的合成及性能研究[J]. 无机材料学报, 27(3): 258-264.

聂凯会, 耿振, 王其钰, 等, 2018. 锂电池研究中的循环伏安实验测量和分析方法[J]. 储能科学与技术, 7(3): 539-553.

庄全超, 杨梓, 张蕾, 等, 2020. 锂离子电池的电化学阻抗谱分析研究进展[J]. 化学进展, 32(6): 761-791.

HAN Z S, KONG F J, ZHENG J H, et al., 2021. MnSe nanoparticles encapsulated into N-doped carbon fibers with a binder-free and free-standing structure for lithium ion batteries[J]. Ceram Int,

47(1): 1429-1438.

KIM W K, RYU W H, HAN D W, et al., 2014. Fabrication of graphene embedded LiFePO$_4$ using a catalyst assisted self assembly method as a cathode material for high power lithium-ion batteries[J]. ACS Appl Mater Interface, 6(7): 4731-4736.

KONG F J, LV L, WANG J, et al., 2018. Graphite modified AlNbO$_4$ with enhanced lithium-ion storage behaviors and its electrochemical mechanism[J]. Mater Res Bull, 97(34): 405-410.

KONG F J, TAO S, QIAN B, et al., 2018. Multiwalled carbon nanotube-modified Nb$_2$O$_5$ with enhanced electrochemical performance for lithium-ion batteries[J]. Ceram Int, 44(18): 23226-23231.

KONG F J, ZHENG J H, LI X J, et al., 2021. The lithium ion storage performance of ZnSe particles with stable electrochemical reaction interfaces improved by carbon coating[J]. J Phys Chem Solids, 152: 109987.

SUN Y K, MYUNG S T, KIM M H, et al., 2005. Synthesis and characterization of Li[(Ni$_{0.8}$Co$_{0.1}$Mn$_{0.1}$)$_{0.8}$(Ni$_{0.5}$Mn$_{0.5}$)$_{0.2}$]O$_2$ with the microscale core-shell structure as the positive electrode material for lithium batteries[J]. J Am Chem Soc, 127(38): 13411-13418.

TAO S, ZHAO H, WU C Q, et al., 2017. Enhanced electrochemical performance of MoO$_3$-coated LiMn$_2$O$_4$ cathode for rechargeable lithium-ion batteries[J]. Mater Chem Phys, 199: 203-208.

ZHANG C, QI J X, ZHAO H, et al., 2017. Facile synthesis silkworm-like Ni-rich layered LiNi$_{0.8}$Co$_{0.1}$Mn$_{0.1}$O$_2$ cathode material for lithium-ion batteries[J]. Mater Lett, 201(AUG. 15): 1-4.

ZHENG J H, KONG F J, TAO S, et al., 2021. A Fe$_2$O$_3$-Fe$_3$C heterostructure encapsulated into a carbon matrix for the anode of lithium-ion batteries[J]. Chem Commun, 57(70): 8818-8821.

第5章 锂离子电池

锂离子电池是一种可充电电池，主要通过锂离子(Li^+)在正负极之间反复嵌入/脱嵌，外电路有电子补偿实现充放电功能。目前，锂离子电池在移动设备、电动汽车和大型能量储存系统等领域应用广泛，并主导现有的电池市场。本章将重点介绍锂离子电池的工作原理、正负极材料及其他主要组成部分。

5.1 锂离子电池的概述

5.1.1 锂离子电池的发展历史

锂离子电池(LIBs)技术的发展源于锂一次电池，金属锂的原子序数为 3，是密度最小的金属($M=6.94g \cdot mol^{-1}$，$\rho=0.53g \cdot cm^{-3}$)，氢标电势最负(–3.04V)。20世纪 70 年代，利用金属锂组装成的锂一次电池表现出高容量、可控放电倍率等优点，被作为电源迅速地应用于手表、计算器等电子器件中。在此期间，随着固体物理学的发展，人们发现多种无机化合物可以实现与碱金属离子可逆嵌入/脱出。该类化合物后来被称为"插层化合物"，对高能量可充电锂电池的发展至关重要。到 20 世纪 80 年代，惠廷厄姆(Whittingham)等利用 TiS_2 为正极材料，金属锂为负极材料。放电过程中，Li^+从锂片脱出进入 TiS_2 晶格，Ti 元素由+4 变成+3，外电路由电子传输使得整个体系保持电中性。充电时，进行相反的过程。但是采用金属锂和锂合金体系的二次电池在充电过程中锂的不均匀沉积导致产生锂枝晶。该电池所用的负极金属锂存在枝晶的问题，有严重的安全隐患，使得该电池未能商业化。1977 年，阿曼德(Armand)研究石墨嵌入化合物，同时提出了基于用锂离子插层化合物替代金属锂负极的"摇椅电池"概念。1980 年古迪纳夫(Goodenough)等提出以 $LiCoO_2$ 作为锂二次电池的正极材料，其理论比容量高达 274 mA·h·g^{-1}，这一成果催生了锂离子电池的诞生。1985 年，研究者发现碳素材料可以作为锂二次电池的负极材料。同期，日本科学家吉野彰(Akira Yoshino)采用 $LiCoO_2$ 作为正极材料，石油焦作为负极材料，六氟磷酸锂($LiPF_6$)溶于碳酸丙烯酯(PC)和碳酸乙烯酯(EC)作为电解液开发了第一个可充电锂离子电池。1991 年，索尼公司采用吉野彰开发的技术，将具有石墨层状结构的碳材料取代金属锂负极，正极采用 $LiCoO_2$ 的锂离子电池，在充放电过程中避免了锂枝晶的产生，可逆性良好，提高了电池的循环稳定性和安全性，实现了锂二次电池商品化。

5.1.2　锂离子电池的结构和特点

锂离子电池的
结构和特点

锂离子电池也同样具有多种类型和结构。根据电池的形状，可分为圆柱形、方形、扣式和薄膜等 4 种形状，如图 5-1 所示。

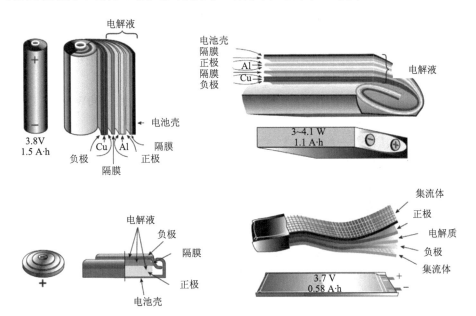

图 5-1　锂离子电池的结构类型

锂离子电池主要由正极、负极、电解质、隔膜和电池壳等五大部分组成。

(1) 正极：活性物质与导电剂、黏结剂充分混合，并均匀地涂布在铝箔基底上。活性物质是指含锂过渡金属化合物，如 $LiCoO_2$、$LiFePO_4$ 和 $LiMn_2O_4$ 等。

(2) 负极：活性物质与导电剂和黏结剂混合，将这些物质加入有机溶剂调和成膏状，并涂布在铜箔基底上。活性物质是指碳素材料，如石墨等。

(3) 电解质：采用无机锂盐溶于混合有机溶剂为主体液态电解质或具有良好导锂的聚合物等固态电解质。

(4) 隔膜：一般使用聚乙烯或聚丙烯的多孔膜。隔膜不仅具有较高的抗穿强度，而且熔点较低，可起到效果较好的热保险的作用。

(5) 电池壳：材料是镀镍钢，可起到保护电芯的作用。

锂离子电池的型号命名一般是由英文字母和阿拉伯数字按照特定的顺序组合而成，以圆柱形和方形为例。具体命名方法如下：

(1) 圆柱形的命名通常用三个字母和五位数字表示，前两个字母 LI 表示锂离子电池，后一个字母 R 表示圆柱形，前两位数字表示以 mm 为单位的最大直径，后三位数字表示以 0.1mm 为单位的最大高度。例如，LIR18650 表示直径为 18mm、高 65mm 的圆柱形锂离子电池。

(2)方形通常用三个字母和六位数字表示，前两个字母 LI 表示锂离子电池，后一个字母 S 表示方形，前两位数字表示以 mm 为单位的最大厚度，中间两位数字表示以 mm 为单位的宽度，后两位数字表示以 mm 为单位的最大高度。例如，LIS043048 表示厚度为 4mm、宽 30mm、高 48mm 的方形锂离子电池。

锂离子电池具有以下优点：

(1)比能量高，质量比能量和体积比能量分别可以达到 300W·h·L^{-3} 和 140W·h·kg^{-1} 以上。

(2)工作电压高，一般在 3.6V 左右，是镍镉/镍氢电池的 3 倍。

(3)自放电率低，在正常存放情况下的月自放电率小于 10%。

(4)循环寿命长，充放电次数可达 500 次以上。

(5)无记忆效应。

(6)对环境较友好，无污染，被称为"绿色电池"。

表 5-1 列出了锂离子电池与其他商业二次电池的性能的对比，锂离子电池在比能量和循环性能等多方面具有明显的优势。

表 5-1 锂离子电池与其他电池的比较

参数	铅酸电池	镍镉电池	镍氢电池	锂离子电池
使用电压/V	2.0	1.2	1.2	3.6
质量比能量 /(W·h·kg^{-1})	30	45	65	140
循环寿命 (100%DOD)/次	200	400	400	500
放电率(每月)/%	<5	<25	<30	<2
充电时间/h	12	8	8	3
环境友好度	差	差	好	好
其他		记忆效应	记忆效应	

同时，锂离子电池具有以下明显的缺点：

(1)成本较高。地壳中锂和钴资源分布较少且不均匀，导致电极材料价格较高。

(2)内部阻抗高。商业化电解质多数采用有机溶剂，其电导率比水系电解质(如镍镉电池、镍氢电池等)要低。

(3)必须有特殊的保护电路,以防止其过充。

5.2 锂离子电池的基本原理

以石墨为负极,$LiCoO_2$ 为正极,$1\ mol \cdot L^{-1}\ LiPF_6$ 溶于 EC 和碳酸二甲酯 (dimethyl carbonate, DMC)电解液的锂离子电池体系的电化学表达式为

$$(-)C_6 \mid LiPF_6-EC+DMC \mid LiCoO_2(+)$$

锂离子电池的充放电反应为

充电:

$$LiCoO_2 + C_6 \xrightleftharpoons[\text{放电}]{\text{充电}} Li_{1-x}CoO_2 + C_6Li_x \tag{5-1}$$

放电:

正极反应 $$LiCoO_2 \xrightleftharpoons[\text{放电}]{\text{充电}} Li_{1-x}CoO_2 + x\,Li^+ + xe^- \tag{5-2}$$

负极反应 $$x\,Li^+ + C_6 + xe^- \xrightleftharpoons[\text{放电}]{\text{充电}} C_6Li_x \tag{5-3}$$

充电过程中,Li^+ 从正极 $LiCoO_2$ 中脱出,经电解液迁移到负极,并嵌入石墨的层状结构中,嵌入的 Li^+ 越多,充电容量越高。当对电池进行放电时(即使用电池的过程),嵌在负极石墨层中的 Li^+ 脱出,又运动回正极 $LiCoO_2$。回正极的 Li^+ 越多,放电容量越高。通常所说的电池容量指的就是放电容量。锂离子电池的充放电原理如图 5-2 所示。

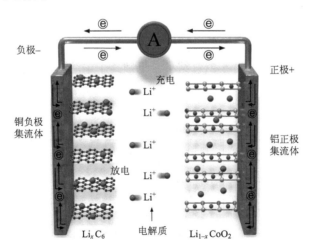

图 5-2 锂离子电池的充放电原理示意图

基于以上原理可以看出，锂离子处于从正极→负极→正极的运动状态。这就像一把摇椅，摇椅的两端为电池的两极，因此，锂离子电池又被形象地称为"摇椅电池"。正负极是锂离子电池的核心，直接决定了其各项性能，而制约锂离子电池进步的关键在于电极材料的选择与设计。

5.3　锂离子电池正极材料

锂离子电池正极材料的选择和质量，是影响电池性能的十分重要的因素之一。正极材料的成本约占整个商业化电池成本的 40% 左右，其价格对锂离子电池的整体价格影响较大。

5.3.1　锂离子电池对正极材料的要求

锂离子电池对正极材料的要求如下：

(1)具有较高的电极电势，由此才可以获得较高的输出电压。

(2)具有较高的比容量，以使电池得到高比能量。

(3)化学稳定性好，不与电解质等发生化学反应。

(4)具有较好的电子电导率和离子电导率，以减小极化、降低电池内阻，获得良好的倍率性能。

(5)锂离子的嵌入和脱嵌可逆性好，材料结构保持良好的可逆性，获得较长的循环寿命。

(6)原材料丰富，且对环境无污染。

现在锂离子电池所采用的正极材料主要是 $LiCoO_2$、$LiNi_xCo_yMn_{1-x-y}O_2$ 及 $LiMn_2O_4$ 和 $LiFePO_4$ 等。表 5-2 总结了常见锂离子电池正极材料的性能参数的对比情况。

表 5-2　各种正极材料的电压和能量

正极材料	电压 (vs. Li^+/Li) /V	理论比容量 /(A·h·kg⁻¹)	实际比容量 /(A·h·kg⁻¹)	理论比能量 /(W·h·kg⁻¹)	实际比能量 /(W·h·kg⁻¹)
$LiCoO_2$	3.6	276	140	1037	532
$LiNi_xCo_yMn_{1-x-y}O_2$	3.7	274	190	1013	629
$LiMn_2O_4$	4.0	148	110	259	440
$LiFePO_4$	3.4	170	140	578	476

锂离子电池正极材料在初期大多采用 $LiCoO_2$，它不仅比容量较高，而且具有循环性能稳定等优点。然而，它的价格较贵且热稳定性差，限制了锂离子电池在各个领域的进一步应用。采用价格较低、资源丰富的正极材料替代 $LiCoO_2$ 一直是研究热点，如现在商业化的 $LiNi_xCo_yMn_{1-x-y}O_2$、$LiMn_2O_4$、$LiFePO_4$ 等正极材料。图 5-3 为常见的三种锂离子电池正极材料的晶体结构示意图。

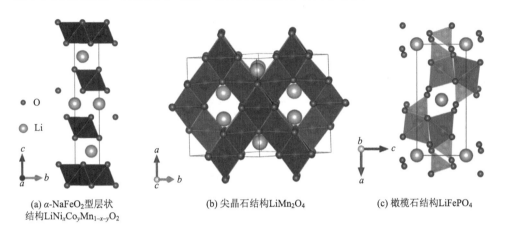

(a) α-$NaFeO_2$ 型层状　　　　(b) 尖晶石结构 $LiMn_2O_4$　　　　(c) 橄榄石结构 $LiFePO_4$
结构 $LiNi_xCo_yMn_{1-x-y}O_2$

图 5-3　锂离子电池正极材料的晶体结构示意图

5.3.2　层状氧化物

$LiCoO_2$ 属于 α-$NaFeO_2$ 型二维层状结构，具有 $R\overline{3}m$ 空间群，适合锂离子嵌入/脱出，氧原子构成立方密堆序列，钴和锂则分别占据立方密堆积中的八面体 $3(a)$ 与 $3(b)$ 位置。晶格常数 $a=2.816$Å，$c=14.08$Å。$LiCoO_2$ 的晶体结构如图 5-4 所示。

在 $LiCoO_2$ 晶体结构中，Li^+ 和 Co^{3+} 交替占据岩盐结构（111）层面的八面体空位，O^{2-} 为面心立方最密堆积排列。在—O—Li—O—Co—O—Li—O—层中，CoO_6 八面体之间具有较强的结合键，起着层状结构的作用。Li^+ 借助层间静电作用束缚在一起。其理论放电比容量为 276mA·h·g^{-1}，实际应用中，只有约一半 Li^+ 能够可逆地嵌入和脱出，过充会导致晶格的坍塌，故实际可逆比容量约为 140mA·h·g^{-1}。尽管 $LiCoO_2$ 在锂离子电池中表现出良好的性能，但由于钴资源少，存在价格高、宽电压范围工作循环性能差、安全性较差等缺点。为了克服这些问题，除了采用其他正极材料来替代 $LiCoO_2$ 外，还可以对 $LiCoO_2$ 材料本身进行改性研究，如掺杂和表面包覆。掺杂的主要目的是稳定材料的晶体结构，并有效地降低成本，包括：金属元素掺杂和非金属元素掺杂。掺杂的潜在影响可以概括为：①抑制相

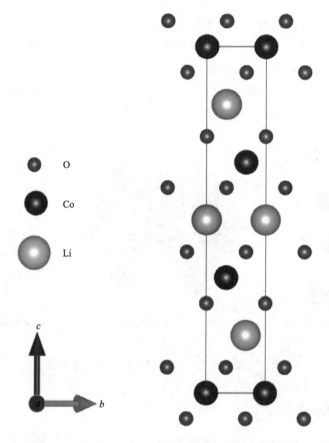

图 5-4　LiCoO$_2$ 的晶体结构示意图

变形成的转换和压力；②抑制氧的氧化还原反应，稳定氧化还原反应 LiCoO$_2$ 的层状结构；③增大夹层间距以促进 Li$^+$ 的扩散；④调整电子结构，提高电子导电性和工作电压。当掺杂元素含量小于 10% 时，LiCoO$_2$ 的高能量密度得以保留，其优点没有受到影响。目前被广泛研究的掺杂元素包括 Al、Mg、Ti、Ni、Mn、Fe、Zn、Cr、Cu、Sb 等。部分掺杂显著提高了循环性能和速率性能，尤其是在较高的放电电流密度下。同时，研究者还进行了 B、P 等非金属元素的掺杂，调节阴离子的电子结构。表面包覆是一种有效地保护电极表面的方法，潜在影响可以概括为：①优化电极表面结构；②促进表面电荷转移；③减少电解液的酸性产物 HF 的攻击和抑制过渡金属离子溶解；④作为物理屏障调节界面反应，增强在电极表面和电解液表面之间的动力学。被广泛研究的包覆层有 Al$_2$O$_3$、TiO$_2$、ZnO、ZrO$_2$ 和 Li$_4$Ti$_5$O$_{12}$ 等，均发现表面包覆能够提高 LiCoO$_2$ 的循环稳定性。

LiNiO$_2$ 与 LiCoO$_2$ 具有相同的晶体结构，且可逆容量更高。但是 LiNiO$_2$ 的制备难度较大，煅烧温度及煅烧气氛是合成中最关键的两个影响因素。主要表现为以下两方面：一是镍较难氧化为+4价，容易生成缺锂的 $LiNiO_2$；二是热处理温度过高会发生分解。因此，很难批量生产层状结构的 $LiNiO_2$。Ni^{3+} 与 Li^+ 的离子混排导致结构不稳定，限制 Li^+ 的扩散。到目前为止，纯的 $LiNiO_2$ 仍然没有实现商业化。目前已经商业化的 $LiNiO_2$ 的代表是 $LiNi_{0.8}Co_{0.15}Al_{0.05}O_2$（NCA）正极材料，即在 $LiNiO_2$ 中掺入 Co 和 Al，综合了 $LiNiO_2$ 和 $LiCoO_2$ 的优点。这种材料的最大特点是容量和能量密度皆高于 $LiCoO_2$，成本较低，安全性类似于 $LiCoO_2$，但生产工艺复杂，难度较大。Al 的引入能够在一定程度上改善材料晶体结构的稳定性。Co 的引入能促进 Ni^{2+} 的氧化，减少 Ni^{3+} 与 Li^+ 的离子混排，抑制充放电过程中的不可逆相变。

　　另一类三元层状氧化物 $LiNi_{1-x-y}Co_xMn_yO_2$（NCM）体系经过人们的努力，已经发展成为正极活性材料。最具代表性的 $LiNi_{1/3}Co_{1/3}Mn_{1/3}O_2$ 表现出 170 mA·h·g^{-1} 可逆放电比容量和优异的循环稳定性，已经部分取代 $LiCoO_2$ 成为新型商业化锂离子电池正极材料，在很大程度上降低了电池的成本。这种材料结合了 $LiNiO_2$ 的高容量和 $LiCoO_2$ 的倍率性能优点，Mn^{4+} 的存在可以提高材料的结构稳定性。在 NCM 材料中，主要的电化学活性元素是 Ni，Co 在高电压时会参与反应，而 Mn 是稳定晶体结构，不参与反应。此外，调节三种过渡金属的比例可以突出材料的特定性能（图5-5）。Ni 含量上升能够提高材料容量，但会降低循环性能和稳定性；Co

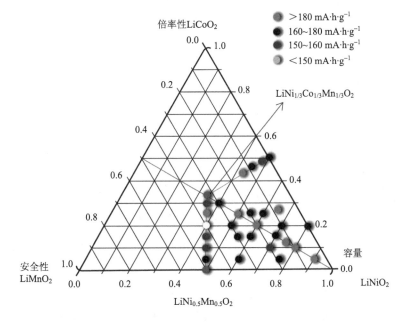

图 5-5　层状氧化物的组成相图

含量上升可以抑制相变并提高倍率性能；Mn 含量上升会降低容量，有利于提高材料结构稳定性。因此，材料的比容量、热稳定性和循环稳定性无法达到最优，这一特性可以根据实际需要进行取舍。

5.3.3　尖晶石结构氧化物

LiMn$_2$O$_4$ 为立方晶系，空间群为 $Fd3m$（图 5-6）。32 个 O 原子占据 $32e$ 位置，形成面心立方密堆积结构；16 个 Mn 原子占据半数八面体位置 $16d$；8 个 Li 原子占据 1/8 的四面体间隙（$8a$）；剩下的八面体间隙（$16c$）和剩下的四面体间隙（$8b$ 和 $48f$）共面形成三维网络状通道。这种三维结构在 Li$^+$嵌入/脱出时，不会发生大的体积变化。因此，与层状氧化物相比，具有更好的倍率性能和循环稳定性。

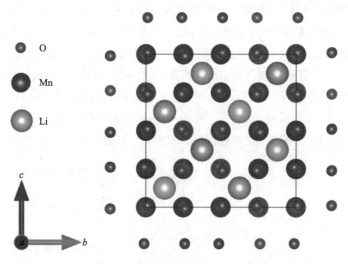

图 5-6　正尖晶石型 LiMn$_2$O$_4$ 的晶体结构示意图

LiMn$_2$O$_4$ 的理论比容量为 148mA·h·g^{-1}。由于可以脱出约 0.9 个 Li$^+$，所以其实际比容量为 120mA·h·g^{-1} 左右，比 LiCoO$_2$ 少 20%。LiMn$_2$O$_4$ 由两个容量大致相等的小平台组成，分别位于 4.1V 和 4.0V 左右。它们分别对应着两个嵌入步骤：当 $0 \leqslant x \leqslant 0.5$ 时，即 $\lambda\text{-MnO}_2 \longrightarrow \text{Li}_{0.5}\text{Mn}_2\text{O}_4$，Li$^+$可以嵌入四面体位置；而当 $0.5 \leqslant x \leqslant 1$ 时，即 $\text{Li}_{0.5}\text{Mn}_2\text{O}_4 \longrightarrow \text{LiMn}_2\text{O}_4$，Li$^+$嵌入剩下的 1/2 四面体。在循环伏安曲线中，Li$^+$的分批嵌入/脱出过程展现出两个分立的氧化还原峰。LiMn$_2$O$_4$ 的高温性能比较差，例如，Mn 的价态低于+3.5 V 时，由于姜−泰勒（Jahn-Teller）效应的影响，结构变得不稳定。解决方法是通过表面修饰和掺杂有效地抑制 Mn^{3+}的溶解，提高材料的循环寿命。经过大量研究发现，Al 掺杂对

$LiMn_2O_4$ 高温电化学性能的改善效果最为明显，这也是后来 $LiMn_2O_4$ 产业化的基础之一。

与 $LiCoO_2$ 类似，$LiMn_2O_4$ 材料的合成方法可分为两类，即传统的高温固相烧结法和低温化学反应法。高温固相烧结法的关键是焙烧温度的选择，同时升温和降温速率也很重要，会影响产物中的氧含量，使产物的晶型结构发生变化、锰离子的价态发生变化。低温化学反应法的主要特点是在较低的温度下通过电化学和化学反应合成均相前驱体，再经焙烧处理，制备尖晶石 $LiMn_2O_4$。

更为有意义的研究是利用 Ni 掺杂取代部分 Mn 可以获得比传统 $LiMn_2O_4$ 能量密度更高的材料 $LiNi_{0.5}Mn_{1.5}O_4$，被称为高压尖晶石材料(5V)。$LiNi_{0.5}Mn_{1.5}O_4$ 的能量密度约 $650W \cdot h \cdot kg^{-1}$。当充放电电压平台位于 4.7V 左右时，对应 Ni^{2+}/Ni^{4+} 氧化还原对。在高压尖晶石材料中 Mn^{4+} 不参与反应，提供结构支撑作用。因此，Ni 的掺杂可以提高 Mn 在化合物中的价态，在很大程度上抑制了 Jahn-Teller 效应，保证材料结构的稳定性。然而，这种高压电极材料需要合适的电解液匹配才能得到实际的应用。$LiNi_{0.5}Mn_{1.5}O_4$ 是具有三维锂离子通道的正极材料，其可逆比容量为 $146.7mA \cdot h \cdot g^{-1}$，在与 $LiMn_2O_4$ 相近的基础上高温下的循环稳定性有了质的提升。$LiNi_{0.5}Mn_{1.5}O_4$ 是具有诱人前景的在开发中的锂离子电池正极材料，与 $LiCoO_2$ 正极材料相比，其输出电压高、成本更低、对环境更加友好。目前，一般认为 $LiNi_{0.5}Mn_{1.5}O_4$ 主要应解决其生产过程中的规模化制备问题及应用过程中的高电位电解液耐受性问题。如能顺利解决上述问题，则这种锂离子电池正极材料必将成为未来高能量密度电池产品的首选正极材料。但是，目前在市场上还没有实质意义上的正式生产。

5.3.4　橄榄石结构化合物

1997 年，Goodenough 等发现具有橄榄石结构的磷酸盐，例如，磷酸铁锂($LiFePO_4$)具有安全性，尤其耐高温，耐过充电性能远超过传统层状氧化物和尖晶石结构正极材料。因此一经发现，被研究者进行了广泛的研究。$LiFePO_4$ 中的聚阴离子 PO_4^{3+} 具有强有力的共价键 P—O，这使得其具有良好的结构稳定性，保证了长期电化学循环的性能和安全性。其晶体结构如图 5-7 所示，从图中可以看出 O 原子以扭曲的六方紧密堆积方式排列，Fe 与 Li 分别位于 O 原子八面体中心位置，形成了 FeO_6 和 LiO_6 八面体。P 原子位于 O 原子四面体 4c 位置，形成了 PO_4 四面体。在 bc 面上，相邻的 FeO_6 八面体共角，互相连接形成 Z 字形的 FeO_6 层。相邻的 LiO_6 八面体通过 b 方向上的两个 O 原子连接，形成了与 c 轴平行的 Li^+ 的连续直线链，这使得 Li^+ 可能形成一维扩散运动。

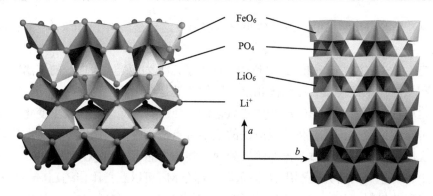

图 5-7　LiFePO$_4$晶体结构示意图

　　LiFePO$_4$的理论比容量为 170mA·h·g^{-1}，其电压平台为 3.4V。LiFePO$_4$脱锂后的产物为 FePO$_4$，与 LiFePO$_4$结构相似，都属于 *Pbnm* 空间群，体积变化小，因此，具有良好的 Li$^+$脱嵌可逆性。然而，其 Li$^+$扩散通道为一维，以及绝缘 PO$_4{}^{3+}$聚阴离子框架的限制导致了较低的 Li$^+$扩散率(10^{-16}～10^{-10} cm^2·s^{-1})和电子电导率(10^{-9} S·cm^{-1})，进而影响其倍率性能。人们做了很多努力来解决上述问题，如利用纳米化、表面修饰和掺杂等来获得高倍率性能，利用碳包覆方法为 LiFePO$_4$颗粒提供有效的电子传导路径。该材料目前已经成功商业化，图 5-8 为 LiFePO$_4$/C 典型充放电曲线。

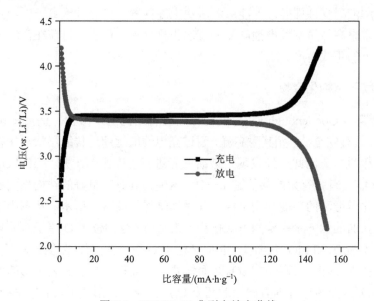

图 5-8　LiFePO$_4$/C 典型充放电曲线

已经被广泛研究的作为同一家族体系的橄榄石结构材料 $LiMnPO_4$，具有比 $LiFePO_4$ 更高的充放电电压(4.1V)。该材料与 $LiFePO_4$ 相比，有相似的理论比容量，而且可以获得更高的能量密度。然而，其电子和离子电导率比 $LiFePO_4$ 还要低。来自本征较大的能带隙和 Jahn-Teller 扭曲带来的主要挑战，对其采取相同的方法来改善电化学性能没有得到充分的提高。

5.4　锂离子电池负极材料

为提高锂离子电池容量，提高负极材料对锂离子的嵌入和脱嵌能力是其主要途径。因此，对负极材料的研究以及开发新型负极材料备受研究者关注。在 20 世纪 70 年代，用金属锂作电池负极的锂离子电池就已投放市场，但是这种锂二次电池的安全性没有得到保障。因而迫使人们寻求能替代金属锂负极的途径，这使得二次锂电池经历了由金属锂到锂合金、碳素材料、氧化物再回到纳米合金的演变过程。图 5-9 为目前发展起来的锂离子电池电极材料的能量对比图。

5.4.1　锂离子电池对负极材料的要求

彩图 5-9

对锂离子电池负极材料的要求如下：

(1)具有较低的嵌锂电势，接近金属锂的电位，使得电池有较高的输出电压。

(2)嵌入锂的数量要大，使得电池有较高的比容量。

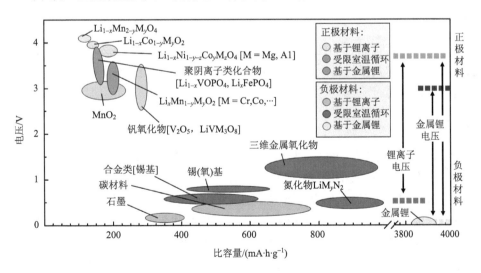

图 5-9　锂离子电池电极材料对比图

(3)具有较高的 Li$^+$扩散速率和电子电导率。

(4)在嵌入和脱嵌时结构没有明显的变化，以确保电池有好的循环性能。

(5)具有较高的密度，使得电池有较高的电极密度。

(6)原料资源丰富、制备价格低廉、制备工艺简单、无毒、对环境友好。

实际开发中需要综合考虑上述因素，可以说，要提高锂离子电池的性能，开发高容量的负极材料至关重要。目前研究的负极材料主要有两大类：碳基负极材料和非碳基负极材料。非碳基负极材料包括硅基材料、锡基材料和新型合金纳米材料等。几种常见负极材料的性能对比见表 5-3。

表 5-3　几种常见负极材料的性能对比

名称	负极材料					
	Li	C	Li$_4$Ti$_5$O$_{12}$	Si	Sn	Sb
密度/(g·cm^{-3})	0.53	2.25	3.5	2.3	7.3	6.7
锂基	Li	LiC$_6$	Li$_7$Ti$_5$O$_{12}$	Li$_{4.4}$Si	Li$_{4.4}$Sn	Li$_3$Sb
理论比容量/(mA·h·g^{-1})	3862	372	175	4200	994	660
体积变化/%	100	12	1	420	260	200
电位(vs. Li$^+$/Li)/V	0	0.05	1.6	0.4	0.6	0.9

5.4.2　碳基材料

碳基材料具有嵌 Li$^+$电位低、库仑效率高、循环寿命长和成本低等优点，是当前商业化主流的负极材料，包括石墨、硬碳和软碳等。而新兴的碳基材料有碳纳米管和石墨烯等。

1. 石墨

石墨为层状结构，可以分为天然石墨和人造石墨两种，碳原子呈六角形排列并向二维方向延伸，层间距为 0.335nm，结构如图 5-10 所示。

石墨中发生 Li$^+$嵌入/脱嵌反应时，主要在 0～0.125V 区间，具有良好的电压平台，理论比容量为 372mA·h·g^{-1}，充放电曲线如图 5-11 所示。但是石墨的结晶度较高并且具有高度取向的层状结构，对电解液的选取较为敏感，与有机溶剂的相容性较差。此外，石墨在大电流下充放电能力低，倍率性能较差。同时，Li$^+$嵌入/脱出过程中，石墨的层间距变化较大，而且还会发生 Li$^+$与有机溶剂分子共同插入，造成石墨层剥落、崩裂和粉化，从而缩短了石墨负极的使用寿命。采用物理方法或化学手段对石墨进行修饰改性可以改善上述问题，如适度氧化石墨表面，将聚合物热解碳涂覆，形成具有核壳结构的碳质材料，或借助金属离子的表面沉积对石墨进行表面改性，不仅保持了石墨的优势，而且可以显著提高其充放电循环性能，并进一步提高石墨的可逆能力。

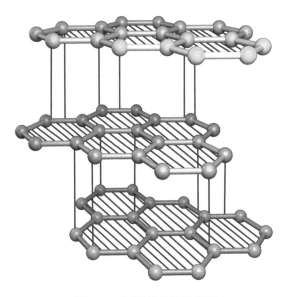

图 5-10　石墨的晶体结构图

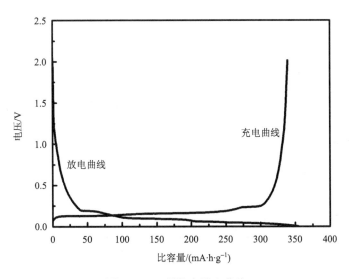

图 5-11　石墨的充放电曲线

2. 硬碳和软碳材料

碳材料中存在的无序结构(与石墨不同)是由碳原子之间的排列式任意旋转或平移产生的,通常称为涡轮式无序机构。这种碳材料的石墨化程度低,晶面间距大,与电解质的相容性好,在 PC 的有机电解质体系中可以正常工作,但首次充放电的不可逆容量高、输出电压低,并且没有明显的充放电平台电压。根据其结构特点可分为两类:易石墨化碳(软碳)和难石墨化碳(硬碳),它们同时具有层状结构和缺陷。碳材料的容量部分与层状结构有关,其他部分与缺陷有关。

硬碳主要是指在高温下仍难以石墨化的碳材料,一般是通过高温热解得到的高分子有机物,而这些具有网状结构的树脂高分子材料,可以通过在 1000℃ 左右的高温热解得到。硬碳的层间距与石墨相比更大(约 0.38nm),有利于 Li$^+$ 在其中的快速嵌入与脱出。因此,硬碳的大倍率充放电性能优于石墨。同时,硬碳与 PC 溶剂兼容良好,使得硬碳具有更好的倍率性能。但是,硬碳本身的缺陷会导致不可逆容量较高,充放电曲线有滞后回环,密度低,制约着其发展。

软碳主要是指在 2500℃ 以上经过热处理能够石墨化的无定形碳,其结晶性比硬碳略高,层间距为 0.35nm 左右。在充放电过程中二者有很多相似之处,如初始库仑效率低,无明显的充放电平台。常见的沥青、石油焦、碳微球和碳纤维等都属于软碳。目前碳材料大部分是由工业上沥青热解后经过石墨化处理得到的,因此软碳材料是介于石墨和硬碳材料之间的材料。目前碳基负极材料各类型的特点如表 5-4 所示。

表 5-4　国内外常见的碳基负极材料的类型及特点

类型	特点	生产厂家
中间相石墨	大电流放电性能好、安全性好、循环性能好、成本较高	上海杉杉、天津铁成、JFE 化工
人造石墨	成本适中、循环性能好	日立碳素、上海杉杉
天然石墨	比容量高、价格便宜	日立碳素、上海杉杉、深圳贝特瑞
复合石墨	综合性能好、成本适中	上海杉杉
软硬碳	大电流性能好、安全性能好	吴宇化学、上海杉杉
钛酸锂	倍率性能好、循环稳定性好	上海杉杉

注:上海杉杉全称是上海杉杉科技有限公司,天津铁成全称是天津铁成科技发展有限公司,JFE 化工全称是JFE 化工株式会社,日立碳素全称是日立碳素有限公司,深圳贝特瑞全称是深圳贝特瑞新能源材料股份有限公司。

3. 碳纳米管

碳纳米管可以分为两类：单壁碳纳米管(single-walled carbon nanotubes，SWCNTs)和多壁碳纳米管(multi-walled carbon nanotubes，MWCNTs)。SWCNTs是具有高度均匀性的单层石墨卷成的直径很小的圆柱管体，缺陷少。MWCNTs由多个单层石墨构成的同轴管体嵌套而成，其管壁上存在缺陷，像小洞样的。

碳纳米管属于一维纳米材料，质量较轻，同时具有完美连接的六边形结构。它主要由呈六边形排列的碳原子构成数层到数十层的同轴圆管。在管中，层与层之间的距离大约为 0.34nm，直径为 2~20nm。碳纳米管的管身由六边形碳环微结构组成，端帽部由含五边形的碳环组成的多边形结构组成，又可以称为多边锥型多壁结构。图 5-12 为碳纳米管的结构示意图。最近研究结果表明，碳纳米管具有储锂活性，在电流密度 0.2mA·cm^{-1} 和 0.8mA·cm^{-1} 条件下，短碳纳米管的可逆比容量分别为 266mA·h·g^{-1} 和 170mA·h·g^{-1}，这一数据是长碳纳米管的 2 倍。

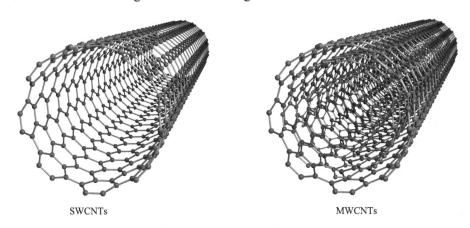

SWCNTs　　　　　　　　　　　　　　　　　MWCNTs

图 5-12　碳纳米管的结构示意图

4. 石墨烯

石墨烯于 2004 年被发现后,迅速成为材料科学和凝聚态物理学领域的研究热点，由碳原子以 sp^2 杂化连接的单原子层构成。它是新型二维原子晶体，其基本结构单元为有机材料中最稳定的六元环(图 5-13)。作为二维材料，它的理论厚度仅为 0.34nm。同时，它的强度高达 130GPa，约为钢的 100 倍。石墨烯具有超大的比表面积(2630m^2·g^{-1})，是常温下导电性能最好的材料，电子在其中的运动速度超过一般导体。作为一种新型纳米碳材料，石墨烯具有较大的比表面积、良好的导电性和导热性，在锂离子电池材料方面有着巨大的应用前景。

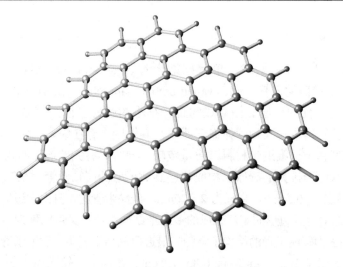

图 5-13　石墨烯晶体结构示意图

目前，微机械剥离法、外延生长法、化学气相沉积法、化学剥离法等是石墨烯的主要制备方法，储能材料研究用的石墨烯材料大多采用化学剥离法制备，因为其成本低廉，易于大量制备。化学剥离法中最主要的方法是氧化剥离法，通常先将石墨在水溶液中氧化后，进行剥离得到氧化石墨烯，氧化石墨烯经还原获得石墨烯。

在锂离子电池领域，石墨烯的主要用途是利用其特殊二维柔性结构及高的离子和电子导电能力与各种活性材料复合，以提高锂离子电池循环特性和大电流放电特性。石墨烯是由微米大小、导电性良好的石墨烯片搭接而成的，具有开放大孔结构。这一结构使得石墨烯具有很高的储锂容量，提供了势垒极低的通道有利于电解质离子的进入，因此，确保石墨烯材料具有良好的功率特性。

作为锂离子电池负极材料的石墨烯具有很强的储锂能力。目前虽然有很多制备石墨烯材料的方法，并且其产量和质量都有了很大的提升，但对不同方法制备的石墨烯材料的结构参数及表面官能团、结构缺陷、异质原子如何影响其电化学储锂性能尚缺乏深入研究，如氮、氧、氢等。在充放电过程中，尤其是作为负极材料的石墨烯容量衰减及电压滞后的原因仍需要深入理解。

5.4.3　非碳基负极材料

1. 锡基负极材料

碳材料作为锂离子电池负极材料由于嵌入式反应机理，$372 \text{mA} \cdot \text{h} \cdot \text{g}^{-1}$ 的理论比容量难以满足人们对更高的能量密度的需求。现有负极材料研究中，锡基材料是较为理想的研究之一。1997 年，科学家已经研究了二氧化锡材料的高容量，随后在 2005 年，Sony 公司发布了第一个锡基锂离子商业电池"Nexelion"，电池的负极为非晶态 Sn-Co-C 复合材料，相较于传统的锂电池，其容量增加了 30%。当前的研究中，锡基负极材料的研究分为锡单质、氧化物和硫化物三大类，虽然锡基材料具有很多优点，如高的理论容量和工作电位，高于锂的析出电位等，但体积膨胀问题是该材料的致命缺点，这也是科学家研究出理想电池的突破口之一。现有研究中，可以从材料的尺寸、结构设计和合成复合材料这些方面展开研究来缓解体积膨胀问题。锡基氧化物、锡基复合氧化物、锡盐和锡碳复合材料是锡基负极材料的主要分类。

1) 锡基氧化物

氧化亚锡 (SnO)、氧化锡 (SnO_2) 及其混合物是锡的氧化物的三种主要形式。虽然 SnO 的理论比容量较高，但是循环稳定性较差。因其制备方法的不同，SnO_2 在性能上有较大差别。低压化学气相沉积法制备的 SnO_2 的可逆比容量在 $500mA \cdot h \cdot g^{-1}$ 以上，100 次循环以后容量没有衰减，充放电效率较高。但采用溶胶-凝胶法制备的 SnO_2 的可逆比容量虽然也能达到 $500mA \cdot h \cdot g^{-1}$ 以上，但是循环稳定性并不理想。SnO 和 SnO_2 都可以与 Li 发生可逆反应，所以它们的混合物也能进行可逆储锂。锡的氧化物的储锂机理目前普遍认为是合金反应：

$$Li + SnO_2 (或 SnO) \longrightarrow Sn + Li_2O \tag{5-4}$$

$$Sn + Li \longrightarrow Li_xSn(x \leqslant 4.4) \tag{5-5}$$

Li 与 SnO_2 (或 SnO) 发生氧化还原反应，Li_2O 和金属 Sn 为生成物，接着 Li 与还原出来的 Sn 形成合金。

2) 锡基复合氧化物

在 SnO_2 或 SnO 中引入 B、P、Si、Mn、Fe 等非金属或金属元素，并进行热处理，生成锡的复合氧化物。所得复合物是无定形结构的，在可逆充放电循环中，该结构没有遭到破坏，活性中心 Sn—O 键和周围的无规则网络结构组成该复合物。由加入的其他氧化物组成无规则的网络结构，它们使活性中心相互分隔开，因而能有效储锂。活性中心 Sn—O 的多少影响着容量的大小，最大可逆比容量可以高达 $600mA \cdot h \cdot g^{-1}$ 以上。此外，其他氧化物的加入使混合物形成无定形的玻璃体，同结晶态的锡基氧化物相比，使锂的扩散系数得到提高，有利于锂的嵌入/脱出。

3) 锡盐

除了锡基氧化物，锂离子电池的负极材料也可用锡盐，例如，$SnSO_4$ 的可逆比容量为 $600mA \cdot h \cdot g^{-1}$。根据合金型机理说明锡盐在储锂过程中发生的反应：

$$\text{SnSO}_4 + 2\text{Li} =\!=\!=\! \text{Sn} + \text{Li}_2\text{SO}_4 (约\ 1.6\ \text{V}) \tag{5-6}$$

$$\text{Sn} + 4\text{Li} =\!=\!=\! \text{Li}_4\text{Sn}(第二周循环以后) \tag{5-7}$$

在式(5-6)中生成的可能为纳米级的金属 Sn,而式(5-7)则说明容量较高的本质。Li 与 Sn 形成的合金为无定形结构,在随后的循环过程中,其不易遭到破坏,因此循环性能较好。

4)锡碳复合材料

在锂离子电池充放电过程中,Sn 金属材料与 Li^+ 发生合金反应并生成一系列锡锂合金,产生的 $\text{Li}_{22}\text{Sn}_5$ 可以获得金属锡的最大理论比容量 994 mA·h·g^{-1}。但金属 Sn 在储锂过程中近 3 倍的体积变化造成了极差的循环性能。针对该问题的解决方案为:一是将其设计成纳米级别,减小颗粒尺寸,缩短离子和电子的扩散路径,并提供丰富的活性位点。纳米材料的设计虽然可以明显提升电化学性能,但是还会存在粒子团聚的现象,且导致生成的 SEI 膜不稳定,电池后期容量衰减较快,因此需要提供足够的空间给 Sn 纳米颗粒。对此,另一种常用的解决方案是用碳基材料包覆金属 Sn 材料。碳基材料普遍具有极好的空间结构,如石墨烯的单层片状结构、石墨的孔洞结构、碳纳米管的中空结构等,不仅可以缓冲金属 Sn 的体积效应,而且给 Li^+ 提供了活性位点。此外,碳基材料良好的本征导电性使其成为具有优势的复合材料。

图 5-14 为锡纳米颗粒与石墨烯阵列复合的 TEM 照片,可以看出图中大量直径为 2 nm 左右的球嵌入在石墨烯的阵列中(金属颗粒)。从 Sn@G-PGNWs 和 Sn/C 两种材料的倍率充放电性能对比可以看出,相对传统碳复合,Sn@G-PGNWs 电极的脱嵌锂倍率性能明显提高,这主要归因于其特定的形貌。石墨烯不仅增加了

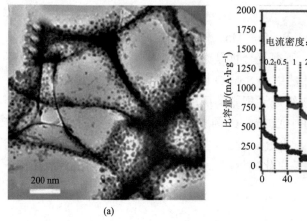
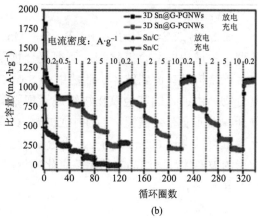

图 5-14　Sn@G-PGNWs 复合材料的透射电镜图(a)和倍率性能对比(b)

活性物质的电子和离子电导率，而且可以作为缓冲剂，极大地限制了锡材料充放电过程中的体积膨胀。总的来说，设计合成特殊结构的锡基/碳复合电极材料可以有效地改善其电化学性能。

硅基负极材料的优缺点

2. 硅基负极材料

硅基负极材料的理论比容量高达 $4200mA\cdot h\cdot g^{-1}$，是当前石墨的 10 倍，其脱嵌 Li^+ 电位略高于石墨，在充电时能避免电极材料表面的析锂现象，安全性能比石墨负极材料更好。因此，硅基负极材料被认为是当前石墨负极材料的首选替代材料。硅、硅的氧化物、硅/碳复合材料及硅的合金都属于硅基材料。硅一般有晶体和无定形两种形式，无定形硅作为锂离子电池的负极材料，性能较好。锂与硅反应可以形成 $Li_{12}Si_7$、$Li_{13}Si_4$、Li_7Si_3 和 $Li_{22}Si_4$ 等。作为锂离子电池的负极材料，硅基材料主要特点包括：

(1) 具有其他高容量材料(除金属锂外)所无法达到的容量优势；

(2) 在首次嵌锂后材料会转变为无定形态，后续的循环过程中一直被保持；

(3) 材料在电化学脱嵌锂过程中不易团聚；

(4) 充放电平台电压略高于碳类材料，锂枝晶在电极表面不易形成。

硅基负极材料作为下一代新型负极材料被广泛研究，但要实现大规模商业化应用还存在一些关键性的问题需要解决(图 5-15)：

(1) 材料的粉化与电极的破坏。首先，在充放电过程中，锂会和硅发生合金化反应，硅基材料会发生 100%～300% 的体积膨胀，这会造成硅负极材料产生裂纹直至粉化，电极材料与集流体的接触遭到破坏，引起电池容量的快速衰减；其次，在电池内部体积膨胀会产生很大的应力，挤压极片，经过数次循环，极片有断裂的风险；最后，电池内部孔隙率会由于该应力有所降低，减少锂离子传输通道，引起金属锂的析出，影响电池安全性。

(2) 不稳定的 SEI 膜。在低电位时，液态有机电解质会在负极表面分解沉积，生成 SEI 膜。SEI 膜能有效防止电池不良反应的发生，因此，SEI 膜的热力学稳定性和强度是电池循环稳定性的关键因素。硅基材料体积的变化会导致 SEI 膜不稳定，发生断裂，在充放电过程中暴露出来的硅基材料表面将继续产生新的 SEI 膜，继续消耗从电解液和正极材料中的锂离子，最终导致电池内部阻力变大和容量快速下降。

(3) 导电性差。硅材料的导电性差，不利于电池的快速充放电是限制其进一步商业化应用的重要因素。

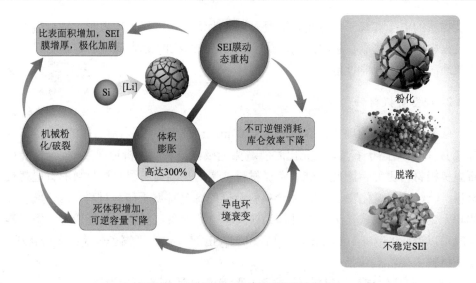

图 5-15　硅基负极材料存在的关键问题

解决方法如下：

（1）微观结构优化。块体材料在充放电过程中，存在严重的体积膨胀，导致电极的循环稳定性差。薄膜材料具有二维特性，在一定程度上可以缓解体积变化。此外，纳米材料的使用可以提高材料的比表面积，增强循环稳定性。但是纳米化的电极材料容易发生团聚，不能从根本上改善上述问题。

（2）硅氧化物复合化。在硅中引入氧主要缓解体积效应，嵌锂过程中，负极材料中的 Li^+ 和 O 有良好的化学亲和力，容易生成 Li_2O，造成材料的首次不可逆容量增加。因此，在负极改性过程中，一般避免引入过多的 O。人们在硅氧化物 SiO_x（$x = 0.8$、1.0 和 1.1）的研究中发现，随着 O 含量的增加，循环性能有所改善，但是比容量会降低。

（3）硅/碳复合化。碳材料导电性好、体积变化很小，是一种良好的混合的离子和电子导体，可作为负极材料的基材（即分散载体）。硅基材料嵌锂电位和碳材料相近，为了抑制硅基材料的体积膨胀，可以将硅基材料与碳材料进行复合，利用各组分之间的协同效应，从而提高循环稳定性。在室温下，硅和碳很难形成一个完整的界面结合，所以高温固相的反应和化学气相沉积等是硅/碳复合材料的常用制备方法。

3. 过渡金属氧化物负极材料

根据不同脱嵌锂机制，过渡金属氧化物（TMOs）可以分为两类，一种为嵌锂氧化物，嵌入 Li 只伴随着材料结构的变化，没有 Li_2O 的形成，具体代表有 TiO_2、

WO_2、MoO_2、Nb_2O_5 等。这种氧化物通常有良好的嵌锂可逆性，但其理论比容量较低。第二种类型以 MO(M=Co、Ni、Cu、Fe) 为代表，在嵌锂时伴随着 Li_2O 的形成。但是这种材料和锡基氧化物嵌锂生成的非活性 Li_2O 是不同的，这种材料生成的 Li_2O 具有活性，可以实现可逆脱锂。近期报道的 Co_3O_4、NiO、CuO 和 Fe_2O_3 等纳米复合材料作为锂离子电池负极材料具有良好的电化学性能。

过渡金属氧化物负极材料(Co_3O_4、CoO、FeO、NiO)的理论比容量高达 600～1000mA·h·g^{-1}，且材料密度较大，还能进行大电流的充放电。然而，工作电位较高是这类材料最主要的缺点。有报道显示，利用 CoO 为负极和 $LiMn_2O_4$ 为正极构建的全电池实际应用中，其平均工作电压仅为 2.2 V，低于当前商业化的锂离子电池。

4. 钛酸锂负极材料

尖晶石结构 $Li_4Ti_5O_{12}$ 的理论比容量为 175mA·h·g^{-1}，实际比容量为 160mA·h·g^{-1} 左右，充放电电压平台在 1.5V 左右，且较为平坦。$Li_4Ti_5O_{12}$ 在嵌锂过程中，Li^+ 占据空八面体位置，材料体积变化几乎是零，称为零应变材料 (图 5-16)。所以材料显示出更好的高速充放电特性和长循环寿命。

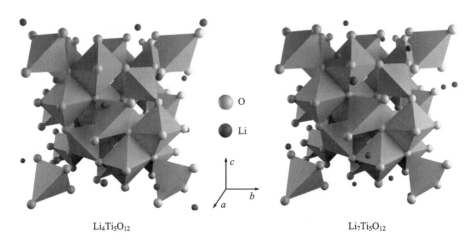

$Li_4Ti_5O_{12}$　　　　　　　　　　　　　　$Li_7Ti_5O_{12}$

图 5-16　$Li_4Ti_5O_{12}$ 负极材料充放电晶体结构变化示意图

以 $Li_4Ti_5O_{12}$ 为负极材料，$LiMn_2O_4$ 为正极材料的纽扣电池，充放电循环实验 2000 次，稳定性仍然没有明显衰减，发现 $Li_4Ti_5O_{12}$ 具有良好的充放电循环稳定性。$Li_4Ti_5O_{12}$ 的比容量较低，但是由于其很好的充放电循环性能，因而在一些对比容量要求不高的领域有实际应用的意义。例如，超小型锂离子电池可用于手表、计时器等。

总的来说，虽然现在研究的锂离子电池负极材料多种多样，但锂离子电池的市场主要基于石墨碳材料和硅碳负极材料。今后的发展趋势是除了要优化改性现有的材料体系，还需要开发新的负极材料，继续探索实践中让人们看到了锂离子电池负极材料更广阔的发展前景。

5.5　锂离子电池电解质

5.5.1　锂离子电池电解质概述

电解质是锂离子电池的重要材料，Li^+传输媒介，连接正负极，具有良好的离子电导率和电子绝缘性，对锂离子电池的能量密度、循环性能、比性能和安全性能有着直接的影响。锂离子电池电解质的商业化和在研的主要有以下 5 种，如图 5-17 所示。与液态电解质相比，固体电解质更安全，但面临较差的机械性能、较低的离子电导率和高生产成本等问题，在短时间内很难实现大规模使用。目前，在各种商业锂离子电池系统（3C、动力电池、电池能量储存），电解质仍主要是有机液态电解质。

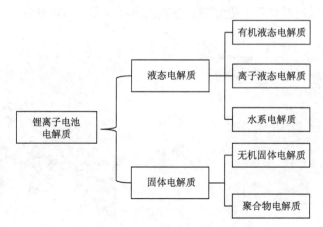

图 5-17　锂离子电池电解质分类

当前商业有机液态电解质主要由有机溶剂、电解质盐和各种添加剂构成。其中，有机溶剂主要有碳酸酯、磺酸酯和硼酸酯等，砜类、腈类和硝基化合物等，以及环醚和聚醚等醚类。电解质盐主要有 $LiPF_6$、$LiAsF_6$、$LiBF_4$、$LiClO_4$ 等，商业化用的 $LiPF_6$ 容易与残留量的水发生反应或热分解会产生 LiF 和 PF_5；$LiAsF_6$有毒；$LiBF_4$的循环性能差；$LiClO_4$也有爆炸的可能性。因此，关于新锂盐的研究备受瞩目，如二氟草酸硼酸锂（LiDFOB）、双乙二酸硼酸锂（LiBOB）、双氟磺酰亚胺锂(LiFSI)、双三氟甲磺酰胺锂(LiTFSI)等。

对电解质体系的要求可以归纳为: ①离子电导率高、介电常数高、黏度小; ②电子电导率低,需要尽量避免电解质传导电子; ③电化学稳定窗口宽,具有很好的耐还原性和耐氧化性; ④热稳定性好,工作温度范围较宽; ⑤化学性能稳定,不与电池内集流体和活性物质发生化学反应; ⑥安全性能好,闪点高,不易燃烧,无毒,容易生物降解; ⑦成本低廉。

针对上述要求,单一有机溶剂无法同时满足,例如,高介电常数的溶剂容易对锂盐解离,而介电常数高的溶剂黏度较大。所以一般情况下,常使用介电常数较大而黏度较小的混合溶剂。

5.5.2 电解质盐

对电解质而言,良好性能的锂盐是获得宽工作电压窗口、高比能量、长循环寿命和良好的安全性能及低温性能的关键。因此,选择电解质锂盐需要考虑以下几个方面:①锂盐极性要强,以促进其在有机溶剂中的溶解;②阴离子基团质量不能过大,否则会影响电池的比能量;③阴离子与 Li^+ 的结合能要小,要为负电荷分散程度较高的基团,晶格能越小锂盐越容易解离;④阴离子参与反应形成的 SEI 膜阻抗要小,并能够对正极集流体实现有效的钝化,以阻止其溶解;⑤锂盐自身有较好的电化学稳定性和热稳定性;⑥生产工艺较为普适,性价比高,对环境友好。目前,$LiPF_6$ 作为电解质锂盐被普遍使用。表 5-5 是几种不同的电解质锂盐特性。从表 5-5 可以看出,每种电解质盐的特性各有优缺点,可根据不同电池体系选用不同电解质盐。下面将对具体电解质盐进行详细介绍。

表 5-5 常见电解质盐的物理特性

特性	$LiPF_6$	$Li(C_2F_5)_3PF_3$ (LiFAP)	$LiBF_4$	$LiAsF_6$	$LiClO_4$	LiTFSI
离子电导率	高	高	中等	高	高	高
电化学稳定性	好	中等	中等	好	好	好
热稳定性	差	中等	中等	好	差	好
水分敏感度	差	中等	中等	中等	中等	好
铝集流体钝化	好	好	好	好	中等	差
有/无毒	有	有	有	有	有	有
安全性	差	差	中等	差	差	好

1. LiPF$_6$

LiPF$_6$ 是唯一一个在商业化锂离子电池普遍使用的电解质,这种广泛使用正是因为其均衡的特性,如对铝集流体钝化、较宽的电化学窗口及良好的离子电导率等。在这些特点中,第一点至关重要,可以避免正极铝箔的溶解。因为铝箔成本低廉、质量轻,是普遍使用的正极集流体。金属铝的氧化电位很低,容易在表面形成氧化铝薄膜,理论上是不应该被应用在高压锂离子电池中的。然而,它能够在 LiPF$_6$ 电解液中形成 AlF$_3$ 保护膜,增强其稳定性,抑制了正极铝的溶解或腐蚀。虽然 LiPF$_6$ 具有上述很多的优点,但同时也存在极大的安全性问题。通常,LiPF$_6$ 会分解成 LiF 和 PF$_5$。LiF 不溶于大多数研究的有机溶剂中,同时气态 PF$_5$ 是一种非常强的路易斯酸(路易斯酸是指电子接受体,具有极强的腐蚀性)。特别是在温度升高时,LiPF$_6$ 电解质盐极易降解。根据相关文献报道,其熔点为 100℃。对于 LiPF$_6$ 的溶解,即使在温度较低时也会发生,这是由于其本身的分子间相互作用和副产物 LiF 的不溶解。LiPF$_6$ 电解质被限制应用在锂离子电池超过 55℃时,因为电池表现出快速的容量衰减。此外,PF$_5$ 的产生促使环状碳酸酯的开环反应,会导致电解质的持续分解。

另外,LiPF$_6$ 具有较大的毒性、容易引燃和对水分较高的敏感性。在浓度较低的情况(几个 ppm)下,足以使其形成 HF。与有机溶剂结合,会造成级联反应,产生高毒性的氟代有机物和其他毒性物质。HF 作为直接分解的产物,不仅自身有毒性,而且会腐蚀其他活性和非活性电池部分,导致整个电池电化学性能下降。例如,Li$_2$CO$_3$ 或烷基碳酸锂盐,形成电子绝缘的 LiF 和 CO$_2$ 气体,最终会引起在相对较低的温度时 SEI 膜的坍塌。

综上所述,LiPF$_6$ 凭借其优异的抗氧化性能、高的电导率,高电势下的电化学稳定性,在锂离子电池电解质盐中占据了一定的地位。但由于其热稳定性较差,遇水易分解,使得基于 LiPF$_6$ 的锂离子电池出现一系列的问题。随着锂离子电池在动力方面的应用,LiPF$_6$ 逐渐难以满足高性能锂离子电池的需要,因此迫切需要开发新型锂电解质盐。随着研究的不断开展,一系列新型高质量的电解质盐被开发出来。

2. 新型电解质盐

开发在高电位下也不会分解的电解质是锂离子电池进一步发展的重要途径,目前的研发重点在于稳定的新型锂盐的研究。最近,一种具有潜力替代 LiPF$_6$ 电解质盐的是 Li(C$_2$F$_5$)$_3$PF$_3$(LiFAP),结构上衍生于 LiFP$_6$。相比于 LiPF$_6$,LiFAP 由于具有稳定的磷氟键,在化学、电化学和热稳定性及水解电阻率方面均有提高。

此外,它应用在高压 $LiNi_{0.5}Mn_{1.5}O_4$/石墨全电池中表现出优异的电化学性能。然而,截至目前,LiFAP 仍然没有被应用在商业化锂离子电池中。

另外一种电解质盐 $LiBF_4$,与 $LiPF_6$ 较为相似。由 $LiBF_4$ 组成的电解液表现出高的热稳定性和低的水分敏感度。此外,$LiBF_4$ 具有对铝箔集流体较强的钝化能力,使其非常有希望替代 $LiPF_6$。然而,$LiBF_4$ 在传统碳酸酯有机溶剂中相对较低的离子电导率且较差的溶解性,导致其在性能上无法与 $LiPF_6$ 相媲美。

仅考虑性能衡量标准,$LiAsF_6$ 无疑将是锂离子电池电解质的理想替代者。$LiAsF_6$ 能提供良好的离子电导率和优异的循环稳定性,较强的 As—F 键使其具有较高的热稳定性,并能降低水解及增强电化学稳定性(电位 4.7 V)。然而,$LiAsF_6$ 在工作过程中会形成极高毒性的 AsF_3,阻碍了其商业化进程。

不含氟的电解质盐当属 $LiClO_4$。$LiClO_4$ 在氧化还原反应过程中能提供较高的电化学稳定性、良好的离子电导率、相对较低的水分敏感度及较强的铝箔集流体钝化能力。本征成分使其不会形成具有毒性和氟化分解的产物。但是,具有强氧化性的 ClO_4^- 和有机溶剂的相互作用在锂离子电池中会导致爆炸的风险。

3. 其他电解质盐

除了上述几种新型电解质盐,科学家又发现几种具有潜力替代传统 $LiPF_6$ 的电解质盐。$LiCF_3SO_3$ 具有很好的热稳定性和抗氧化能力。根据研究结果显示,几种常用锂盐在纯态下的热稳定性顺序为:$LiCF_3SO_3 > LiN(CF_3SO_2)_2 > LiAsF_6 > LiBF_4 > LiPF_6$,显而易见,$LiCF_3SO_3$ 的使用可以提高锂离子电池在高温下的循环稳定性和安全性。但是该盐在有机溶剂中容易形成缔合离子对,使得溶液中的离子浓度降低,在同等条件下与 $LiPF_6$ 对比,离子电导率低。同时,$LiCF_3SO_3$ 对铝集流体有很强的腐蚀性,很大程度上限制了 $LiCF_3SO_3$ 在锂离子电池方面的应用。

双三氟甲烷磺酰亚胺锂 $LiN(CF_3SO_2)_2$(LiTFSI)在有机溶剂中具有较高的溶解度,与 $LiPF_6$ 在相同条件下有相近的离子电导率,具有良好的性能。同时,该盐不易水解,有较好的热稳定性。因此,用 LiTFSI 配制电解液不会生成 HF 而腐蚀电极材料造成电池循环性能下降。对于锰系正极体系,如 $LiMn_2O_4$,具有极好的兼容性,可以很大程度上提高电池的循环寿命。然而,Fe、Cu、Al 等 $N(CF_3SO_2)_2^-$ 盐溶解度较高,会导致电池在循环过程中集流体有严重的腐蚀。

$LiC(CF_3SO_2)_3$ 的热稳定性好,低于 LiTFSI 的分解温度(340℃)。与 LiTFSI 相比,$LiC(CF_3SO_2)_3$ 具有更好的低温性能。研究表明,其在 -20℃ 温度下,$LiC(CF_3SO_2)_3$ 的 EC/DMC 电解液仍能保持 $1.1×10^{-3} \sim 3.5×10^{-3}$ S·cm^{-1} 的电导率。$LiC(CF_3SO_2)_3$ 的电导率略低于 $LiPF_6$,但极好的低温性能和热力学稳定性使得其

成为具有潜力的电解质盐。但是因为该产品生产成本高，当前民用商业化应用得较少，主要应用于军用电池中。

双乙二酸硼酸锂（LiBOB）是硼系锂盐的研究重点，其优异的电化学性能受到人们的关注。LiBOB 分子中不含氟原子及磺酰基团，这些基团会导致电解质盐的热稳定性变差、电导率低及腐蚀集流体。中心硼原子与乙二酸根中的氧原子连接形成大阴离子基团，具有电荷分布均匀的特点。因此，较弱的离子间作用，使得 LiBOB 在有机溶剂中有较高的电导率和溶解度，可以达到 $1mol \cdot L^{-1}$ 以上，在乙二醇二甲醚（DME）中的溶解度可以达到 $1.6mol \cdot L^{-1}$，室温条件（25℃）下的电导率可达到 $14.9 \times 10^{-3} S \cdot cm^{-1}$。此外，研究表明，当温度低于 25℃时，LiBOB 的 PC 基电解液浓度为 $0.5 \sim 1mol \cdot L^{-1}$，溶液的电导率基本无变化，与浓度无关。这一点与其他锂盐显著不同。LiBOB 的 PC 基电解液对石墨负极可以形成稳定的 SEI 膜，不会对石墨造成腐蚀。同时，LiBOB 在充放电过程中不会产生对正极材料腐蚀的 HF，具有很好的热稳定性。另外，LiBOB 也存在一些问题，如在线性碳酸酯类溶剂中溶解度较低、低温性能较差、遇水易分解。

5.5.3　有机电解质溶剂

目前，人们对无机锂盐溶于有机溶剂制成非水有机电解质比较了解，可以使得电池的电压得到大大的提高（相比于水溶剂）。锂离子电池液态有机电解质是由电解质锂盐完全溶解于非水、非质子有机溶剂中获得。这是因为锂离子电池负极的电位[$0 \sim 0.2$ V（*vs.* Li^+/Li）]非常接近锂，比较活泼，在水溶液体系中不稳定，所以要选择非水、非质子有机溶剂。有机溶剂是液态电解质中的重要组成部分，对锂离子电池的整体性能有直接影响。因此，寻找性能优异的溶剂对提高电池性能具有重要的意义。锂离子电池有机液态电解质中的溶剂应该满足如下要求：

（1）溶剂对锂盐要有高的溶解度和良好的离子解离度，保证电解液对 Li^+ 有较高的电导率；

（2）在充放电过程中，溶剂分子有助于形成稳固的 SEI 膜；

（3）高沸点和熔点，有相对较宽的温度使用范围；

（4）对电极具有化学稳定性，对电极材料有良好的兼容性；

（5）对环境友好，不易燃。

1. 有机碳酸基溶剂

目前已商业化的电解质溶剂通常由两种碳酸酯混合而成，即具有较高的介电常数，保证电解质盐高分解性的环状碳酸酯（如 EC、PC），以及可提供低黏度、合适的离子导电性的线性碳酸酯[如 DMC、碳酸二乙酯（diethyl carbonate, DEC）、碳酸甲乙酯(ethyl methyl carbonate, EMC)]。除了介电常数和黏度,这几种碳酸酯溶剂在化学和电化学性能方面均表现出很大的不同。表 5-6 为常见有机电解质溶剂的物性参数。

表 5-6　常见有机电解质溶剂的物性参数

溶剂	介电常数/(F·m)	黏度/(Pa·s)	熔点/℃	沸点/℃	密度/(g·cm^{-3})
EC	90	2.4	37	238	1.38
PC	65	2.5	49	242	1.19
碳酸丁烯酯(BC)	53	3.2	53	240	1.13
DMC	3.1	0.46	58	84	0.851
EMC	2.9	0.59	3	90	1.07
DEC	2.8	0.65	55	108	—
γ-丁内酯(BL)	42	1.7	43	204	1.13

EC 的热稳定性和介电常数较高,黏度较低,对锂盐有良好的溶解和离子的传导,另外还有助于 SEI 膜的形成。然而,EC 的高熔点性会降低电池在低温下的容量,对电池使用温度范围有很大的限制。PC 相对介电常数较高(25℃时为 66.1),具有较高的化学稳定性。但 PC 对石墨的兼容性较差,溶剂中 30%的浓度就可以破坏石墨的层状结构,造成电极的剥落和电池性能的衰减。

DMC 和 DEC 的黏度和介电系数较低,通常不单独使用,常与 EC 或 PC 构成共溶剂体系,单独使用会降低电解液的电导率。EMC 表现出较高的电化学性能,可单独使用,但其热稳定性差,在碱性条件下或高温下容易发生酯交换反应。γ-丁内酯和四氢呋喃(THF) 只用作添加剂,作为溶剂时用量较少。

研究表明,电解质与电极之间的界面特性是电池循环寿命的关键因素。综合离子电导率、隔膜润湿性、电化学稳定性、高低温性能等指标,针对不同的正负极材料选择恰当的电解液溶剂,提高界面性质,可以使电池的综合性能达到最佳。针对锂离子电池的不同应用场景,可以选择不同的电解质溶剂。汽车用锂离子电池(混合动力/插电式混合动力汽车和其他电动汽车)需要在-30℃左右下工作放电,对电解液的电阻要求更低,通常是由低黏度的链状碳酸酯与高介电常数的环状碳酸酯混合。

2. 新型有机电解质溶剂

为了增强商业化电池的安全性,科研工作者努力研发新型可替代当前碳酸酯有机溶剂,提供可观的离子电导率、提高热力学稳定性、减小可燃性及扩大电化学窗口。

(1)砜类有机溶剂：砜类溶剂一般具有较高的化学稳定性，有利于提高电池的循环特性和安全性。LiTFSI 锂盐溶于砜类溶剂乙基二甲基砜(TMS)和四甲基砜(EMS)中呈现出宽的电化学窗口和高离子电导率。$Li_4Ti_5O_{12}/LiMn_2O_4$ 和 LiTFSI/TMS(或 EMS)构建的电池在 $33mA \cdot g^{-1}$ 的电流密度下，经过 100 次循环后几乎没有容量损失。但是，商用的隔膜在砜类溶剂中，浸润性差，会限制电池的高循环性能。因此，要想这种溶剂在商用电池中使用，必须解决分离器的吸湿性问题。

(2)醚类有机溶剂：在 20 世纪 80 年代，与 PC 相比，醚因其黏度低、离子电导率高和锂负极表面形貌改善而受到广泛关注。主要研究的是 THF、二甲基四氢呋喃(2-Me-THF)、DME 和聚醚等，发现它们的循环效率虽然有所提高，但存在许多问题，使得很难被实际应用。一是容量保持率相对较差，随着循环，容量衰减较快；二是锂枝晶仍然在较长的周期内发生，导致安全问题；三是醚类溶剂抗氧化性差，易在低电位下被氧化分解。例如，THF 的氧化电位仅为 4.0V($vs. Li^+/Li$)，而环状碳酸酯的氧化电位可高达 5.0V($vs. Li^+/Li$)。许多高压阴极材料需要在 4.0V 或以上的电压下工作，这限制了醚作为电解质溶剂的使用。目前正在研究的锂硫电池和锂空气电池(充放电电压在 4.0V 以下)中，醚类电解质溶剂具有很好的应用前景。

(3)腈类有机溶剂：腈类溶剂由于良好的物理化学性质，对电极和热具有良好的稳定性。Y. A. Lebdeh 等在 EC 中加入戊二腈后，在 20℃下所制备的电解质显示出 $5mS \cdot cm^{-1}$ 的离子电导率，黏度仅为 7cP。电解液还可以在电压高达 4.4V 时防止铝腐蚀。但这些有机溶剂毒性极强，目前还处于实验阶段。

(4)磷类有机溶剂：S. S. Zhang 发现了一种新的有机物 3(2,2,2-三氟乙氧基)亚磷酸盐(TTFP)，可有效降低液态电解质的可燃性能。利用 15%的 TTFP 加入 $1mol \cdot L^{-1}$ $LiPF_6$ 的 PC/EC/DMC(体积比 3:3:4) 电解质中，能够促使电解质没有可燃性，且保持 80%以上离子电导率。此外，TTFP 还能抑制 PC 的分解和石墨的剥落，增强石墨电极在 PC 基电解质中的循环性能。L. Wu 等发现一种阻燃剂二甲基(2-甲氧基乙氧基)甲基磷酸盐(DMMEMP)，具有黏度低、介电常数高和热稳定性好的特点。在 20℃时，DMMEMP 与 $1mol \cdot L^{-1}$ LiTFSI 构成的电解质具有较宽的电化学窗口(0~5.5V)和较高的电导率($2.0mS \cdot cm^{-1}$)。通过该电解质与 $Li/LiFePO_4$ 构成的半电池测试结果显示容量达到了 $148mA \cdot h \cdot g^{-1}$，库仑效率仍接近 100%。

(5)离子液体：离子液体也是一种非挥发性溶剂，具有较高的热力学和电化学稳定性。由于其蒸气压低，不可燃性高，是制造锂离子电池最理想的溶剂之一，安全性高。但是，一些可用于锂离子电池的离子液体的离子和阴离子半径较大，使得每个离子的电荷半径比较小，导致晶格能低，静电吸引力弱，熔点低。离子半径越大，离子液体黏度越高，离子迁移速率越慢，这会导致离子液体的电导率低。由于离子液体的生产成本较高，从使用的角度看，目前还无法实现商品化。

5.5.4　电解质添加剂

随着对锂离子电池性能要求日益增加及电解液技术的发展，添加剂(含量低于10%的成分)发挥着越来越重要的作用，在电解液总成本中所占的比例越来越大。虽然目前还没有在商用锂离子电池中使用添加剂的报道，但新型添加剂的研究和开发一直是锂离子电池技术中最活跃的领域之一。这是由于添加剂的特点是"小剂量，快速效应"，少量的添加剂可以显著提高电池的一些性能，如电解质的电导率、循环效率和可逆电池的容量，在不增加成本的基础上，可以显著提高电池的某些性能。本小节主要讨论了一些在前面没有讨论的添加剂和最新的研究成果。锂离子电池最重要的有机电解质添加剂主要分为三类：①成膜添加剂；②阻燃添加剂；③过充电保护添加剂。

1. 成膜添加剂

在锂离子电池的液态有机电解质中加入少量的某些物质——成膜添加剂(film formation additives)，可以优先将碳负极还原分解，形成性能优异和稳定的SEI膜，从而提高碳负极的性能。根据成膜添加剂在标准状态下的不同物理状态，可分为气体、液体和固体三种成膜添加剂。CO_2、N_2O、CO 等是气体成膜添加剂；亚硫酸盐，如亚硫酸乙烯酯（ES）、亚硫酸丙烯酯（PS）、亚硫酸二甲酯(DMS)、亚硫酸二乙酯(DES)、二碳酸酯、碳酸亚乙烯酯(VC)、乙烯基碳酸乙烯酯(VEC)等是常见的液体成膜添加剂；碳酸锂是目前研究过的唯一一种固体薄膜添加剂。在上述成膜添加剂中，VC 表现出最好的性能，是目前最知名的成膜添加剂。VC的主要缺点是在室温下不稳定，给其运输和应用带来了一定的困难。

2. 阻燃添加剂

在锂离子电池液态有机电解质中加入适量的阻燃剂，可以有效抑制电解质的燃烧，是一种直接有效提高锂离子电池安全性的方法。鉴于含卤阻燃剂的环保问题，目前行业研发的阻燃添加剂是一种复合有机物，有机磷化物、有机氟代化合物和卤代烷基磷酸酯分别被称为有机磷阻燃剂、有机氟基阻燃剂和复合阻燃剂，如磷酸三乙酯(TEP)、磷酸三甲酯(TMP)等。从液态有机电解质的燃烧性能研究发现，使用含氟烷基有机磷的阻燃剂对电池损害较小，抑制电解质燃烧效果明显，是解决锂离子电池易燃问题最有潜力的方法之一。烷基磷酸酯虽然廉价且有一定的阻燃效果，但对电池性能有严重的影响。烷基磷腈类化合物的锂盐溶解性好、与碳酸酯兼容性强，能够抑制电池的内部发热，然而其阻燃性能较差、黏度大。

3. 过充电保护添加剂

过充电是最常见的安全问题之一，特别是目前商业化的动力电池组。过充容易引起电池各部分自我加速分解反应，最初导致气体产生，紧接着温度迅速上升，最终导致电池的着火或爆炸。防止这些过度充电诱导和危险的分解反应是利用氧化还原穿梭器。将过充电保护添加剂加入电解液中，它们会在正极处一定的电压下被可逆氧化，扩散到负极，后被还原成最初状态，作为一种过充电分流器来防止电池的过充。随后科研工作者进行了大量的研究工作，以寻找先进的技术开发合适的过充保护添加剂。Dahn 等报道了 2,5-二叔丁基-1,4-二甲氧基苯磺酰氯[约3.96V（vs. Li^+/Li）]过充保护剂。随后的几年，一系列其他类型的保护剂被开发出来，如 10-甲基吩噻嗪(3.74V)、4-丁基-1,2-二甲氧基苯磺酰氯(4.18 V)、2,5-二氟- 1,4-二甲氧基苯磺酰氯(4.4 V)等。

综上所述，在选择和使用电解质、辅助溶剂和添加剂时，应综合考虑电极材料与介质的相容性、负极 SEI 膜的稳定性和黏度、正极 SEI 膜、介质、锂离子电导率等因素。考虑到成本、性能和可靠性，碳酸盐电解质将在一段时间内继续用于商业化锂离子电池。此外，实现具有高能量密度、高安全性、长寿命等特点的新一代锂离子电池，不仅需要对现有电解液进行改进，还需要开发具有优异抗氧化性和阻燃性的新型电解液。因此，进一步研究和开发具有良好的电化学和热稳定性、高导电性、良好的低温性能和低成本的替代材料，高效、优质的电解质添加剂是提高锂离子电池电解质性能和安全性能的发展趋势。

习　题

一、选择题

1. 锂元素的标准电位是（　　）。

A. –2.71 V　　　B. –2.931 V　　　C. –3.04 V　　　D. –3.22 V

2. 下列材料具有三维锂离子扩散通道的是（　　）。

A. $LiCoO_2$　　　B. $LiFePO_4$　　　C. $LiMn_2O_4$　　　D. $LiNi_{0.33}Co_{0.33}Mn_{0.33}O_2$

3. 商业化锂离子电池负极材料在充电过程中的产物是（　　）。

A. C　　　B. C_6　　　C. LiC　　　D. LiC_6

4. 尖晶石结构钛酸锂负极材料的理论克容量是（　　）。

A. 148 mA·h·g^{-1}　　B. 175 mA·h·g^{-1}　　C. 372 mA·h·g^{-1}　　D. 990 mA·h·g^{-1}

5. 下列负极材料发生转化合金反应的是（　　　）。

A. 石墨　　　　B. 中间相碳微球　　C. 硅碳复合材料　　　D. 钛酸锂

6. 镍三元锂离子电池正极材料中 Co 的主要作用是（　　　）。

A. 提高容量　　B. 减少阳离子混排　C. 降低成本　　　　D. 增加安全性

7. 锂离子电池中常用的电解液，一般由锂盐、溶剂和添加剂组成，锂盐占比较大。常用的锂盐是下面的（　　　）。

A. $LiPF_6$　　　　　B. LiBOB　　　　　C. $LiAsF_6$　　　　　D. $LiBF_4$

8. 商业化中常用的阻燃添加剂是（　　　）。

A. 碳酸三甲酯　B. 冠醚化合物　　　C. 碳酸亚乙烯酯　　　D. 碳酸锂

二、填空题

1. 石墨负极材料在首次充电过程中会产生＿＿＿＿＿＿，存在不同阶化合物，大部分容量会在＿＿＿＿范围内。

2. 目前研究及工业化应用的 $LiCoO_2$ 主要是＿＿＿＿结构的材料，具有 $274mA \cdot h \cdot g^{-1}$ 理论比容量。

3. 三元正极材料 $LiNi_{1-x-y}Co_xMnO_2$（NCM）中 Ni 为＿＿＿＿价，Co 为+3价，Mn 为＿＿＿＿价，充放电过程中 Mn 不变价。

4. 锂离子在插入 $Li_4Ti_5O_{12}$ 时占据原来空着的八面体位置，体积变化几乎为零，被称为＿＿＿＿。

5. 锡单质负极材料通过与锂形成＿＿＿＿，储锂比容量可高达＿＿＿＿$mA \cdot h \cdot g^{-1}$。

6. 锂离子电池根据封装不同，可分为圆柱形锂离子电池、纽扣形锂离子电池、薄膜型锂离子电池和＿＿＿＿。

三、简答题

1. 请简述锂离子电池的工作原理。

2. 请简述当前锂离子电池的主要正极材料及其特性。

3. 简述商业化三元富镍（NCM）正极材料存在的问题和改性措施。

4. 请简述尖晶石结构 $LiMn_2O_4$ 正极材料工业化生产的制备方法及相关核心技术。

5. 请简述石墨负极材料特点及其储锂电化学行为。

参 考 文 献

高阳, 谢晓华, 解晶莹, 等, 2003. 锂离子蓄电池电解液研究进展[J]. 电源技术, 27(5): 479-483.

黄丽宏, 闵忠华, 张勤勇, 2013. 锂离子电池负极材料的研究现状及研究方向[J]. 西华大学学报（自然科学版）, 32(6): 21-28.

麻友良, 2016. 新能源汽车动力电池技术[M]. 北京: 北京大学出版社.

彭佳悦, 祖晨曦, 李泓, 2013. 锂电池基础科学问题（Ⅰ）: 化学储能电池理论能量密度的估算[J].

储能科学与技术, 2(1): 55-62.

宋洋, 2011. 锂离子电池电解质中溶剂的研究进展[J]. 辽宁化工, 40(9): 950-952.

宋印涛, 李连仲, 丁静, 等, 2010. 锂离子电池电解质盐的研究进展[J]. 浙江化工, 41(8): 24-26.

苏力宏, 乔生儒, 肖军, 等, 2004. 锂离子电池的发展趋势[J]. 电源技术应用, 7(2): 110-113.

王峰, 甘朝伦, 袁翔云, 2016. 锂离子电池电解液产业化进展[J]. 储能科学与技术, 5(1): 1-8.

王金良, 2007. 二次电池工业现状与动力电池的发展[J]. 新材料产业(2): 42-47.

王金良, 2009. 中国电池工业20年[M]. 北京: 中国轻工业出版社.

王金良, 2010a. 动力锂离子电池产业发展的几点思考[J]. 新材料产业(5): 43-45.

王金良, 2010b. 动力锂离子电池发展及技术路线探讨[J]. 电池工业, 15(4): 234-238.

吴浩青, 李永舫, 1998. 电化学动力学[M]. 北京: 高等教育出版社.

杨裕生, 陈清泉, 陈立泉, 等, 2010. 关于我国电动车的技术发展路线建议[J]. 新材料产业 (3): 11-17.

义夫正树, 布拉德, 小泽昭弥, 等, 2015. 锂离子电池科学与技术[M]. 苏金然, 汪继强, 等译. 北京: 化学工业出版社.

ARMAND M, TARASCON J M, 2008. Building better batteries[J]. Nature, 45: 652-656.

CHU S, MAJUMDAR A, 2012. Opportunities and challenges for a sustainable energy future[J]. Nature, 488: 294-303.

DUNN J B, GAINES L, KELLY J C, et al., 2015. The significance of Li-ion batteries in electic vehicle life-cycle energy and emissions and recycling role in its reduction[J]. Energy Environ Sci, 8: 158-168.

GHADBEIGI L, HARADA J K, LETTIERE B R, et al., 2015. Performance and resource considerations of Li-ion battery electrode materials[J]. Energy Environ Sci, 8: 1640-1650.

GOODENOUGH J B, 2014. Electrochemical energy storage in a sustainable modern society[J]. Energy Environ Sci, 7: 14-18.

KALHOFF J, ESHETU G G, BRESSER D, et al., 2015. Safer electrolytes for lithium-ion batteries: state of the art and perspectives[J]. ChemSusChem, 8(13): 2154-2175.

LYU Y C, WU X, WANG K, et al., 2021. An overview on the advances of $LiCoO_2$ cathodes for lithium-ion batteries[J]. Adv Energy Mater, 11(2): 2000982.

MAROM R, AMALRAJ S F, LEIFER N, et al., 2011. A review of advanced and practical lithium battery material[J]. J Mater Chem, 21(27): 9938-9954.

TARASCON J M, ARMAND M, 2001. Issues and challenges facing rechargeable lithium batteries[J]. Nature, 414(6861): 359-367.

WHITTINGHAM M S, 2004. Lithium batteries and cathode materials[J]. Chem Rev, 104(10): 4271-4302.

第6章　锂离子电池生产工艺

随着锂离子电池日益增长的需求，小型化、轻薄、高容量和安全性好等方面的创新促进电极涂覆简化、电极制造速度加快和电解质快速浸润等工序的实现。按照电池的结构设计和参数，如何制备出所选择的电池材料并将其有效组合在一起，生产出符合设计要求的电池，是电池生产工艺所要解决的问题。由此可见，电池的生产工艺是否合理，是关系所生产电池是否符合设计要求的关键，是影响电池性能最重要的步骤。

6.1　锂离子电池设计

6.1.1　锂离子电池设计概述

在锂离子电池设计中，常见的为根据电池尺寸、充放电制度、放电环境等参数，来设计电池容量、内阻、相关工艺参数；或根据容量、放电制度、放电环境等来设计电池尺寸、相关组成部分等参数。因为电池设计可能无法同时满足上述所有要求，所以只能通过材料、工艺、设计等方面的变化在一定范围内做到一定程度上的满足。在设计中因单体电池电压或电流密度不能满足要求，可以通过多个单体电池组合(串联、并联)来实现；电池组除了考虑电压、电流密度、尺寸的变化外，还需要考虑充放电过程中的热量传递等因素。

图 6-1 描述了商业化电池的各种部件，每个完整的电池都是由以上各个部件组成的。在电池良好工作状态下的各部件和界面，如集流体和活性物质的界面，

图 6-1　电池的构成部分描述

涉及活性物质的电导率和活性物质多孔电极结构内的电流分布。在开发高安全性能商品化电池时，要着重考虑与电解质直接接触的这些部件；仅仅对电池进行安全设计不足以作为商品化电池的标准，生产操作时也一定不能引入影响安全和性能的缺陷。必须对设备的每个新部件进行确认，以保证不会引入影响电池安全的缺陷。一旦完成电池设计及样品制作，应进行性能和安全的综合测试，以确认电池的性能。

6.1.2　锂离子电池设计相关因素

影响锂离子电池设计的相关因素很多，如原材料、电池结构、工艺参数等。上述各方面通过影响电池各组成部分的体积最终决定电池尺寸和材料的选择；生产结构及工艺变化影响电池的电化学性能。这些影响因素之间并不是完全独立的，它们之间相互影响。下面对各因素进行详细介绍。

1. 原材料的影响

材料的选择是电池设计的关键部分，材料的特性决定电池的性能。

(1)正/负极材料自身的特性直接决定了电池的性能。活性材料物质的质量比容量是决定电池容量的关键因素。同时其颗粒尺寸、比表面积等决定电池的内阻和充放电性能。

(2)集流体的厚度、表面状态等影响电池最终尺寸、内阻、倍率，以及与正负极材料的结合程度。

(3)隔膜厚度影响电池尺寸，孔隙率等直接影响电池内阻和倍率性能。

(4)电解液的电导率、黏度、组分和添加剂等影响电池的内阻、倍率性能、循环稳定性及安全性。

(5)其他材料如导电剂、黏结剂、极耳及包装材料等都会在不同程度上对电池的设计和性能有影响。

2. 电池结构的影响

(1)外包装材料类别有钢壳、铝壳、软包装电池，其内部空间的差异和空间利用率不同会导致设计的差别。

(2)电芯结构可分为叠片、卷绕,不同的电芯结构在空间利用率上也存在不同。

(3)电池形状常见的有圆柱形、方形、纽扣和软包等，电芯在不同形状的壳体中，空间利用率也不同。

(4)对于卷绕结构电池，不同卷绕方式对电池的尺寸和性能有一定的影响。

3. 工艺参数的影响

（1）正/负极配方：配方中活性物质的百分比影响电池的容量，各物质的配比影响极片的厚度；面密度的匹配对电池尺寸有影响。

（2）正/负极涂布：涂布工艺产生的面密度影响电池尺寸及倍率性能。

（3）正/负极压实密度：压实密度影响极片的厚度、孔隙率，从而影响电池尺寸、倍率放电性能。如果负极的压实密度过大，将使负极活性物质利用率下降，循环过程中会出现析锂现象，造成容量衰减。

（4）装配松紧度：装配松紧度影响电池尺寸和电池内阻与性能。

（5）电解液注液量：电解液不足将直接造成电池性能的恶化，过多将导致原材料浪费和电池的污染。

4. 制造过程中的影响

在锂离子电池制作过程中，材料一直处于变化的状态，主要是正负极厚度在过程中的变化，导致电池尺寸变化，这也是考虑电池装配空间的重要因素。例如，在辊压工序中，会造成极片长度变化，延伸的程度与材料特性和压实密度有关；在烘烤工序中，导致极片厚度变化；在注液工序中，材料吸收电解液后膨胀，导致极片的膨胀等。

基于成熟的化工原理，通过开发计算机程序来预测电池性能是很好的实践方法，这种程序能近似地估测电池的实际性能。电极的电流分布、活性物质的反应（交流电流）、电极厚度和孔隙率、活性粉末与导电剂的比例、正负极配比、电解质的离子电导率是电池的重要特性，合理的设计可以使电极的电流分布更均匀。成熟的计算模拟程序可用于电池实际性能的预测。

6.2　锂离子电池的制备工艺

锂离子电池在工艺上比镍氢电池、镍镉电池要复杂得多，并且对环境条件的要求也要苛刻得多。锂离子电池的制造工艺技术非常严格、要求复杂。其中，正负极浆料的配制，正负极片的涂布、干燥、辊压等制备工艺，电芯的卷绕对电池性能影响最大，是锂离子电池制造过程中最关键的步骤。生产流程如图 6-2 所示，下面对这些工艺过程做简单介绍。

锂离子电池的制造流程主要工序如下：

（1）制浆：用专用的溶剂和黏结剂分别与粉末状的正负极活性物质混合，经高速搅拌均匀后，制成浆状的正负极物质；

(2)涂布：将制成的浆料均匀涂敷在集流体金属箔的表面，烘干，分别制成正、负极极片；

(3)装配：按正极片—隔膜—负极片—隔膜自上而下的顺序放好，经卷绕制成电芯，再经注入电解液、封口等工艺过程，完成电池的装配过程，放入电池壳体中，制成成品电池；

(4)化成：用专用的电池充放电设备对成品电池进行充放电测试，对每一个电池都进行检测，筛选出合格的成品电池，待出厂。

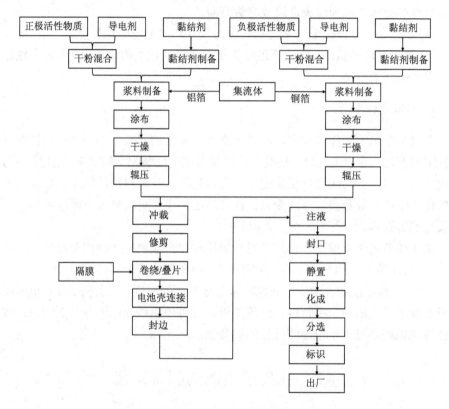

图 6-2　锂离子电池生产工艺流程示意图

6.2.1　电极制浆

采用专用的溶剂、黏结剂和导电剂分别与粉末状的正负极活性物质按照一定的比例混合，经过高速搅拌均匀后，制成浆状的正负极物质。在整个制浆过程中，电极活性物质、导电剂和黏结剂的配制是最重要的环节，调制成浆料以利于均匀分布，保证极片的一致性。

活性物质颗粒首先在机械搅拌的作用下被打散，经溶剂润湿后，通过渗透作用逐步形成分散均匀的电极浆料。均匀稳定分散是电极浆料的基本要求，通常情况下，悬浮颗粒间的相互作用力是决定浆料能否稳定分散的重要因素。当颗粒间的作用力以排斥力为主时，颗粒间不会自发产生团聚，有助于悬浮液的稳定分散；当颗粒间以引力为主时，将自发产生团聚，无法稳定分散。

正极由活性材料(如 $LiCoO_2$、$LiNi_{0.6}Co_{0.2}Mn_{0.2}O_2$ 和 $LiFePO_4$)、导电剂(乙炔黑、超导炭黑等)、黏结剂[如聚偏氟乙烯(PVDF)、乙烯-丙烯-二乙烯烃甲基共聚物(EPDM)]组成，使用多功能搅拌机(常见叶轮式搅拌机)将导电剂和活性物质进行干法混合。图 6-3 为工业化生产混料的自动设备。首先，不同种类的固体(除黏结剂外)在干燥固态条件下充分混合，然后将预先准备的 PVDF 与 N-甲基吡咯烷酮(NMP)的溶液和混合好的干燥固体材料放入球磨机内进行彻底的搅拌。球磨机内有直径 2~3 nm 的球磨珠(氧化锆等)，其搅拌状态对电池的性能影响较大。

锂离子电池
生产工艺

图 6-3　工业化生产混料机

负极的生产工序与正极相同，只是所使用的材料不同，将碳或石墨作为负极的活性材料，PVDF、羧甲基纤维素(CMC)等作为黏结剂，有些情况下会加入聚酰亚胺等添加剂，加入添加剂主要是为了提高黏结剂的黏附能力。应根据黏结剂的类型选择溶剂，如 PVDF 选用 NMP、EPDM 选用水作为溶剂，PVDF 对碳材料和金属集流体有黏结作用。负极浆料采用行星式搅拌机进行湿法搅拌效果最佳。如图 6-4 所示，行星式搅拌机在不同的轴上有 2~3 个叶轮，可以均匀地混合制浆罐边角和中心的浆料。在实验室中，按照预定的含量混合所有的材料，首先将材料搅拌成浓浆，再加溶剂调节黏度以便于涂覆。电极浆料均匀涂覆于厚度为 8～20μm 的集流体两面。适宜的混浆工艺可保证活性物质组分在涂覆过程中分布均匀。

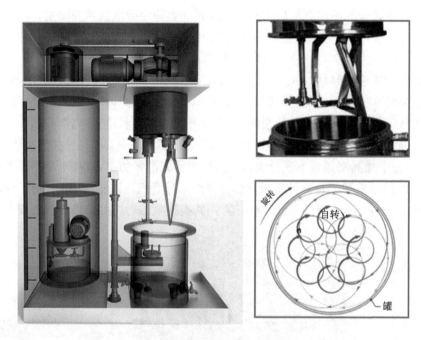

图 6-4　行星式搅拌机示意图

6.2.2　涂布和碾压

　　极片涂布的一般工艺流程：放卷→接片→拉片→张力控制→自动纠偏→涂布→干燥→自动纠偏→张力控制→自动纠偏→收卷。涂布基片（金属箔）由放卷装置放出供入涂布机。基片的首尾在接片台连接成连续带后由拉片装置送入张力调整装置和自动纠偏装置，经过调整片路张力和片路位置后进入涂布装置。极片浆料在涂布装置按预定涂布量和空白长度分段进行涂布。在双面涂布时，自动跟踪正面涂布和空白长度进行涂布。涂布后的湿极片送入干燥道进行干燥，干燥温度根据涂布速度和涂布厚度设定。干燥后的极片经张力调整和自动纠偏后进行收卷，供下一步工序进行加工。在实验室研究阶段，可用刮棒和刮刀等设备，采用刮板式进行极片涂布，这只能制备出少量的实验研究样品。相对于刮刀涂布，一般在工业生产线上采用喷涂式、逆转辊涂式或刮板式涂覆设备，每种设备都能生产出符合要求的电极。工业电池生产涂布图（喷涂式）如图 6-5（a）所示。这种涂布工艺容易处理黏度不同的正负极浆料并改变涂布速率，设备上附有自动检测系统，很容易控制涂层的厚度，厚度偏差一般控制在 3μm 以内。这对于电极片涂层厚度要求较高的锂离子电池生产来说是非常有用的。浆料涉及电池的正极和负极，即活性物质向铝箔或铜箔上涂覆的问题，活性物质涂覆的均匀性直接影响电池的质量，因此极片浆料涂布技术和设备是锂离子电池研制和生产的关键之一。精确控制涂覆厚度对确保装配过程中极阻入壳是至关重要的，通常生产双面电极时，需要在另一面进行二次涂覆。涂覆记录应存档作为质量记录。基于不同的电池设定，涂覆厚度可在 50～300μm 变化。

(a) 涂布工序 (b) 烘干工序

图 6-5 工业化生产涂布工序和烘干工序

不同型号锂离子电池所需极片长度不同，一般采用定长分段涂布方法，在涂布时按电池的规格需要及空白长度进行分段涂布。采用单纯的机械装置很难实现不同电池规格所需长度的分段涂布。在涂布头的设计中采用计算机技术，将极片涂布头设计成光、机、电一体化智能控制的系统。涂布前将操作参数输入计算机中，在涂布过程中由系统控制，自动进行定长分段和双面叠合涂布。

由于电极片浆料涂层比较厚、涂布量大、干燥负荷大，采用普通的热风对流干燥法效率低，不能完成工业上的流水作业。可采用优化设计的热风冲击干燥技术，如图 6-5(b) 所示，将涂布的极片输送至烘干道内，可以进行均匀快速干燥，干燥后的涂层无外干内湿或表面皱裂的现象。涂布后的湿极片送入干燥道进行干燥，干燥温度根据涂布速度和厚度设定。

1. 涂布的影响因素

1）浆料

浆料基本物性与涂布间的关系：实际工艺过程中，浆料的黏度对涂布效果有一定影响，电极原材料、浆料的配比、选取黏结剂种类不同时所制备的浆料黏度也不同。浆料黏度太高时，涂布往往无法连续稳定地进行，涂布效果也受到影响。

　　涂布液的均匀性、稳定性、边缘和表面效应受到涂布液流变特性的影响，从而直接决定涂层的质量。采用理论分析、涂布实验技术、流体力学有限元技术等研究手段可以进行涂布工艺的研究，从而进行稳定涂布，得到均匀的涂层。

　　2) 铜箔和铝箔

　　(1) 表面张力：铜箔和铝箔的表面张力必须高于所涂覆溶液的表面张力，否则溶液在基材上将很难平整地铺展开。需要遵守的原则是：所要涂覆的溶液的表面张力应该比基材的低约 5 $dyn \cdot cm^{-1}$。溶液和基材的表面张力可以通过配方的调整或者基材的表面处理来调整。对两者的表面张力测量也应当作为一个质量管控项目。

　　(2) 厚度均匀：在类似于刮刀式涂布的工艺中，基材横向厚度不均匀会导致涂布厚度的不均匀。因为在涂布工艺中，涂布厚度通过刮刀和基材之间的间隙控制。如果在基材横向上有一处基材厚度比较低，那么通过该处的溶液就会更多，涂布厚度也会更厚，反之亦然。另外，横向厚度偏差还会导致收卷的缺陷。所以为了避免这种缺陷，原材料的厚度控制很重要。

　　(3) 静电：在涂布线上，放卷及经过辊筒时会在基材表面产生较大的静电。产生的静电又很容易吸附空气及辊筒上的灰尘，从而造成涂布缺陷。静电在放电的过程中，同样在涂布表面上会造成静电状的外观缺陷，更严重的甚至会引起火灾。如果在干燥的冬天，涂布线上的静电问题会更为严重。减少此类缺陷的最有效办法就是尽量保持环境湿度在一个比较高的状态，对涂布线接地，并且安装一些抗静电的装置。

　　(4) 洁净度：基材表面上的杂质会导致一些物理性的缺陷，如凸点、污质等。所以在基材的生产工艺中需要比较好地控制原材料的清洁度。在线的膜清洁辊是一个比较有效的去除基材杂质的方法。虽然清洁辊不能去除膜上所有的杂质，但可以有效提高原材料的质量，降低不良率。

　　电极制造一般是将活性材料涂覆于金属箔(铝箔和铜箔)上进行辊压。针对集流体是极薄的金属箔，具有刚性差、易于撕裂和产生褶皱等特点，在设计中采取特殊装置，在涂布区使极片保持平展，严格控制片路张力梯度，使整个片路张力都处于安全极限内。在辊压流水线的传输设计中，宜采用直流电机智能调控技术，多滚轮输送。

　　辊压是电池极片制作即制片过程中的重要环节，一般安排在涂布工序之后，裁片工序之前，如图 6-6 所示，由双辊压实机完成。辊压机由两个铸钢压实辊，以及电机和传动轴组成，双辊在未使用状态下涂满防锈油，使用时用无水乙醇将防锈油擦拭干净，后用干棉布擦干无水乙醇，工作时电机带动上下辊同时转动，将涂布工序完成的已附着活性物质的箔带或箔片放在工作台上，平稳通过双辊，旨在使活性物质与箔片结合愈加致密，厚度均匀。为达到更佳的效果，也可重复辊压几次。为了后续的极组卷绕，可根据电极的设计进行固定长度的间歇涂覆；随后，用辊压机碾压干燥的电极至规定的电极厚度，以达到设计的电极密度。不同的制造商对碾压机的压力和速度要求不同，如果碾压工序操作不当，卷绕工序的直通率将会下降。碾压后，将电极裁切成电池规格要求的宽度后转入卷绕工序。

图 6-6　工业化电极片辊压工序

2. 辊压工艺对电芯的影响

1）对极片加工状态的影响

辊压后极片的理想状态是极片表面平整、光泽度一致、留白部分无明显波浪、极片无大程度翘曲。但是，在实际生产中操作熟练度、设备运行情况等都会引起部分问题的产生。最直接是影响极片分切质量，分切极片宽度不一致，极片出现毛刺；辊压结果影响极片的卷绕，严重的翘曲会造成极片卷绕过程中极片与隔膜间产生较大的孔隙，在热压后会形成某些部分多层隔膜叠加，成为应力集中点，影响电芯性能。

2）对电池比能量、比功率的影响

根据法拉第定律，电池电极通过的电量与活性物质的质量成正比。极片辊压会直接影响极片活性物质的压实密度，从而影响电池比能量。

3）对电池能量密度、功率密度的影响

极片活性物质的压实密度直接影响电池的能量密度和功率密度。

4）对电池循环寿命的影响

极片辊压直接影响活性物质在电池集流体上的附着力，也就直接影响活性物质在电池充放电过程中的分离与脱落，进而影响电池的循环寿命。

5）对电池内阻的影响

极片上活性物质的压实密度和脱落程度极大地影响着电池的欧姆内阻和电化

学内阻，也就会影响电池的各种性能。

6）对电池安全的影响

极片上活性物质的压实密度均匀性，电池极片辊压造成的表面粗糙度等都会直接影响电池负极析锂、正极析铜、尖角放电，最终酿成安全事故。

6.2.3 分切和卷绕

分切就是将辊压好的电极按照不同电池型号切成装配电池所需的长度和宽度，准备卷绕装配。目前，工业生产上采用计算机智能分切系统，如图 6-7 所示。可根据不同规格进行自动分切，附带分切除尘系统，可防止在电极片分切过程中有灰尘污染。烘干后的极片卷需在 5～10min 内放入自动间隙式剪片机上开始裁片。当极片裁切好时，将裁好的极片收好，整齐放入带孔的不锈钢托盘中。放入真空烘箱中保存。正、负极片的剪片机应严格区分开来，不得混用，否则易造成极片毛刺或裁不断的现象。

图 6-7 工业化电极片分切工序

电极工序完成后，接下来是卷绕或叠片工序，制成电堆结构，也是生产电池的核心。如图 6-8 所示，将切好的正极、负极和隔膜放置到卷绕机上，极片的长度、宽度和厚度应符合电池的设计要求。为了使电芯卷绕得粗细均匀、紧密，除了要求正负极片的涂布误差尽可能小外，还要求正负极片的剪切误差尽可能小，尽量使正负极片符合要求的矩形。此外，在卷绕过程中，操作人员应及时调整正负极片、隔膜的位置，防止电芯粗细不均、前后松紧不一，负极片不能在两侧和正极片对正，尤其是电芯短路情况的发生。卷绕过程要求隔膜、极片表面平整，不起褶皱，否则增大电池内阻。卷绕松紧度要符合松紧度设计要求，电芯容易装壳但也不能太松。只有这样，才能使得电芯组装的电池均匀一致，保证测试结构具有较好的准确性和可靠性。卷绕机自动完成极片卷绕，当卷绕机上极片用尽之后，重复上述操作。在极片卷绕前，铝极耳通过超声焊接在裸露的铝正极箔上。同样，镍极耳也用超声焊接在铜负极箔上。如果极片不是按间歇的模式涂布，那么在焊接工序前应清理干净集流体上的活性物质。

图 6-8 　自动卷绕工序

　　将正负极片和隔膜在卷绕机上卷绕成紧密的极组。圆柱形电池用圆形卷针,方形电池用扁平卷针。卷绕时要对极组施加恒定的张力,以保证最终的极组尺寸,最后用终止胶带黏结极组以保持紧密卷绕。任何违规的操作都会使隔膜与极片之间有间隙,导致电流分布不均匀以致电池循环寿命缩短或失效。通过目测和 X 射线持续监控关键工序以确保极组的对齐度。卷绕后的极耳在入壳前要用阻抗测试仪进行内短路测试。早期发现产品的潜在缺陷可以避免对不良电池的更多返工,从而控制成本。卷绕工序的重点是活性材料不能剥落,也不能发生隔膜变形。

　　卷绕工序一般为隔膜检查→卷心检查→卷绕→裸电芯检查,该过程需要注意隔膜要求平整、清洁、无破损;卷心应清洁光滑,无毛刺,不晃动;隔膜覆盖阳极,阳极涂布区覆盖阴极涂布区;隔离膜外层比内层短。

6.2.4 　电池装配

　　锂离子电池的装配过程一般为:①将正、负极片和隔膜卷绕或者叠片制备成电堆;②将电堆上的极耳与电池盖上的极柱焊接或者铆接;③将电堆装入电池壳中;④在负压下加入定量的电解液;⑤封口。

　　经卷绕制成的电芯入壳后,带锯齿结构的弹性钢芯插入卷绕后的极组中再经注入电解液、封口等工艺过程(图 6-9),完成电池的装配过程。弹性钢芯的作用是提高极组结构的稳定性及电池的安全性。当电池内压升高时,气体自由地通过弹性钢芯的中空部分防爆阀释放出去。当电池受到挤压冲撞时,弹性钢芯会使两极形成短路,瞬时放电;焊针插入弹性钢芯的孔中,并将负极极耳焊接到电池壳上。

(a) 电池注液工序　　　　　　　　　　　　　　(b) 封口工序

图 6-9　　电池装配工艺

电池制造过程中任何的水分污染都会对电池性能造成不良影响，因此，电池装配通常是在干燥间或干燥箱内进行的，或在装配后注液前将电池放入真空烘箱中干燥 16～24h 以去除极组内的水分，接着用真空注液装置将电解质注入电池。采用高精度的泵将电解质用真空的方式注入电池中，以确保电解质渗入并完全填满电极的微孔。高精度的泵可精确提供电解质的量，以保证电池良好的性能。电解质通常是溶于有机碳酸酯混合物中的 $LiPF_6$。不同制造商对电解质的具体成分的要求也不相同。

在封口工序中，无论是方形电池还是圆柱形电池，基本生产工艺流程是相同的，只是两种电池封口方式不同。方形电池采用焊接方式实现壳盖一体化，而圆柱形电池是传统的卷边压缩密封。

除了对电池内可产生电流的材料和反应进行设计外，大多数锂离子电池还设计了安全装置，例如：具有关闭功能的隔膜，当温度达到特定值时，隔膜发生闭孔，电池内阻增加使电流减小，电池停止工作；正温度系数电阻 (positive temperature coefficient, PTC) 通过内置的导电聚合物发生相变而工作，这种聚合物在电流或电池内部的温度超过设定值时能增加电阻，使电池的电流降至最低；电流断开装置 (current interrupting device, CID) 在电池内部压力达到设定压力时，能够断开电池的导电回路，阻断电流。

电池注液后，用聚合物密封圈扣盖封装电池。电池盖有防爆阀、PTC 和 CID 安全装置。PTC 和 CID 是防止电池内部产生危险的高温和压力的安全装置。PTC 的作用是当电流或电池温度超过设定值时切断电流，使用前要检查每批 PTC 的动作电流和温度。CID 的设计是当电池内部的压力未达到防爆阀破裂压力，但超过了设定值时，切断电流；之后圆柱形电池和方形电池要用含有少量水的异丙醇或丙酮清洗以去除附着的电解质。用气味感应器检查漏液情况，以确保电池良好的密封性。用 X 射线检测电池顶盖的封装位置、卷绕对齐度不良和极耳弯折不良，上述不良可能会引起内短路或电池缺陷。为了便于识别，普遍采用电池表面印刷电池编码和其他信息(如生产线号、日期等)的方法，这些编码可以追溯生产场所与时间、装配线与所有电池零部件、原材料、电解质、隔膜等。电池的原材料、加工及生产条件的详细质量记录也是存档数据的一部分。

锂离子电池的装配和化成

6.2.5　化成及老化

电池制造完成后，需要通过一定的充放电方式将其内部正负极物质激活，改善电池的充放电性能及自放电、储存等综合性能的过程称为化成。

锂电芯的化成是一个非常复杂的过程，同时也是影响电池性能很重要的一道工序，因为在第一次充电时，Li^+第一次插入到石墨中，会在电池内发生电化学反应，在电池首次充电过程中不可避免地要在碳负极与电解液的相界面上、形成覆盖在碳电极表面的钝化薄层(图 6-10)，人们称其为固体电解质界面(SEI)膜。

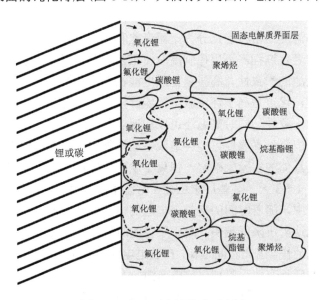

图 6-10　锂离子电池化成示意图

SEI 膜的形成一方面消耗了电池中有限的锂离子，这就需要使用更多的含锂正极材料来补偿初次充电过程中的锂消耗；另一方面也增加了电极/电解液界面的电阻造成一定的电压滞后。

首次充电一般在小电流下进行，以在石墨/碳负极表面产生适当的 SEI 膜；之

后当电池荷电态达到约 30%时增加电流至正常充放电电流。锂离子电池的一般化成条件为:

(1)化成充放电电流: 1/20～1/15C;

(2)化成充放电电压范围: 2.75～4.20V;

(3)化成循环次数: 3～5 圈;

(4)化成温度: 25～40℃。

老化通常是指将化成后的电池在一定温度下搁置一段时间使电池性能稳定的过程,也称为陈化。在老化过程中,自放电电池的电压比正常电池下降快,因此通过老化还可以筛选出不合格的自放电电池。老化主要有持续完成化成反应、促进气体吸收和化成程度均匀化等作用。化成反应虽然在首次充电时已经接近完成,但是最终完成还需要较长时间,直至化成反应结束。封口化成过程中还会产生微量气体,老化过程中电解液会吸收这些气体,有助于减少电池气胀现象。封口化成以后,存在气路或者气泡的极片区域与其他区域的化成反应程度还没有达到完全一致,这些区域之间存在电压差。这些微小的电压差会使极片不同区域化成反应程度趋于均匀化。极片不同区域的电压差很微小,这种均匀化速度很慢,这也是老化需要较长时间的原因之一。

按照老化的温度通常将老化分为室温老化和高温老化。室温老化是电池在环境温度下进行的老化过程,不用控制温度、工艺简单。但是由于室温波动,不能保证不同批次电池的一致性。高温老化是电池在温度通常高于室温的最高温度下进行的老化过程,优点是高于环境温度,能够控制老化温度的一致性,从而保证不同批次电池的一致性。同时高温还可以加速老化反应速率,使潜在的不良电池较快暴露出来。但是过高温度可能会造成电池性能下降。因此,高温老化所需的温度和时间需要具体的实验来确定。锂离子电池厂家通常采用高温老化,温度为 45～50℃,搁置 1～3 天,某些厂家还会在常温下搁置 3～4 天。

在老化过程中,随着时间的延长,电池的电压逐渐降低并趋于稳定。并且老化温度越高,电池电压降低越快,趋于平稳的时间越短。而自放电电池的电压下降速度比正常电池快。老化时间越长,自放电电池与正常电池的电压差异越明显,因此老化时间的延长有助于鉴别自放电电池。

通过老化工序筛选出微短路的电池并将电池按容量分档以用于随后的电池组装配。老化工序的储存温度、时间和电池筛选方法是多样的。此工序的目的是识别在生产过程中未发现的电池内部故障和微短路。当装配工序完成后,就进入最后一步的生产工序,即电池化成和老化,如图 6-11 所示。

图 6-11　锂离子电池组化成与老化工序

首次充电后测量电池并静置一定时间(老化)。静置时间和温度会因为制造商的不同而变化。在电池分选/配组时进行电压和电容的测量,这些数据将在随后用于挑选出内部微短路或其他有缺陷的电池。对化成后的锂离子电池进行分选分类处理,目的是确保电池的质量,并为锂离子电池以后经过串并联组成电池组提供必要的性能参数。配组锂离子电池的一般分选条件为:

(1) 容量(0.2C)差:≤3%;

(2) 内阻差:≤5%;

(3) 自放电率差:≤5%;

(4) 平均放电电压:≤5%。

根据储存起始和结束时的电压差来识别低电压和低容量的问题电池。低电压电池多由轻微的内短路造成,需要淘汰。制造商不同,具体的首次充电方法和电池分选不同。有些制造商在化成后经过一次或两次循环以检查电池包(PACK)组装时单体电池配组容量,还有一些制造商在首次充电后测电压。

6.3　各工序控制重点

1. 配料

1) 溶液配制

(1) PVDF(或 CMC)与溶剂 NMP(或去离子水)的混合比例和称量;

(2) 溶液的搅拌时间、搅拌频率和次数(及溶液表面温度);

(3) 溶液配制完成后,对溶液的检验:黏度(测试)/溶解程度(目测)及搁置时间;

(4) 负极:SBR+CMC 溶液,搅拌时间和频率。

2) 活性物质

(1) 称量和混合时监控混合比例、数量是否正确；

(2) 球磨：正负极的球磨时间，球磨桶内玛瑙球与混料的比例，玛瑙球中大球与小球的比例；

(3) 烘烤：烘烤温度、时间的设置，烘烤完成并冷却后测试温度；

(4) 活性物质与溶液的混合搅拌：搅拌方式、搅拌时间和频率；

(5) 过筛：过 100 目(或 150 目)分子筛；

(6) 测试、检验：对浆料、混料进行测试，包括固含量、黏度、混料细度、振实密度、浆料密度。

2. 涂布

1) 集流体的首检

(1) 集流体规格(长、宽、厚)的确认；

(2) 集流体标准(实际)质量的确认；

(3) 集流体的亲(疏)水性及外观(有无碰伤、划痕和破损)。

2) 敷料量(标准值、上限值、下限值)的计算

(1) 单面敷料量(以接近此标准的极片厚度确定单面厚度)；

(2) 双面敷料量(以最接近此标准的极片厚度确定双面的极片厚度)。

3) 浆料的确认

是否过稠(稀)/流动性好，是否有颗粒，气泡过多，是否已干结。

4) 极片效果

(1) 比重(片厚)的确认；

(2) 外观：有无划线、断带、结料(滚轮或极片背面)，是否积料过厚，是否有未干透或烤焦，有无露铜或异物颗粒。

5) 裁片

规格确认有无毛刺，外观检验。

3. 制片(前段)

1) 压片

(1) 确认型号和该型号正、负极片的标准厚度；

(2) 最高档次极片压片后(NO.1 或 NO.1 及 NO.2)的厚度、外观有无变形、起泡、掉料、有无黏机、压叠；

(3) 极片的强度检验。

2)分片

(1)刀口规格、大片极片的规格(长、宽)、外观确认;

(2)分出的小片宽度;

(3)分出的小片有无毛刺、起皱或裁斜、掉料(正)。

3)分档称片

(1)称量有无错分;

(2)外观检验:尺寸差(极片尺寸、掉料、折痕、破损、浮料、未刮净等)。

4)烘烤

(1)烤箱温度、时间的设置;

(2)放 N_2、抽真空的时间性效果(目测仪表)及时间间隔。

4. 制片后段

(1)铝带、镍带的长度、宽度、厚度的确认;

(2)铝带、镍带的点焊牢固性;

(3)胶纸必须按工艺要求的公差长度粘贴;

(4)极片表面不能有粉尘。

5. 盖帽

(1)裁连接片:测量尺寸规格,检查有无毛刺、压伤;

(2)清洗连接片:检查连接片是否清洗干净;

(3)连接片退火:检查有无用石墨粉覆盖,烤炉温度,放入取出时间;

(4)组装盖帽:检查各种配件是否与当日型号相符,装配是否到位;

(5)冲压盖帽:检查冲压高度及外观;

(6)全检:对前工序员工自检检查的效果进行复核,防止不良品流入下一工序;

(7)折连接片:检查有无漏折、断裂,有无折到位;

(8)点盖帽:检查有无漏点、虚点、点穿;

(9)全检:对前工序员工自检检查的效果进行复核,防止不良品流入下一工序;

(10)套套管:检查尺寸、套管位置;

(11)烘烤:烘烤温度、时间、烘烤效果。

6. 卷绕

(1)各型号的识别、隔膜纸、卷尺的规格、钢(铝)壳的卷绕注意事项;

(2)结存极片的标识状态;

(3)点负极的牢固度(钢壳、铝壳);铝壳正极的牢固性、负极的外观;

(4)绝缘垫片的放置；

(5)折、压合盖帽(铝壳)，注意杂物外露和铝壳外观的维护；

(6)定盖工位：偏移度。

7. 焊接

(1)钢、铝壳电池焊接时注意沙孔；

(2)焊接铝壳的调试、焊接时抽查的测试；

(3)检漏工位；

(4)打胶。

8. 注液

(1)各种型号注液量；

(2)手套箱内的湿度和室内湿度；

(3)电池水分测试及放气和抽真空时间；

(4)烘烤前电池在烤箱放置注意事项；

(5)烘烤 12h 后电池上下层换位；

(6)电池注液前后的封口。

9. 检测

(1)分容、化成参数的设置；

(2)化成时电解液流出，员工有没有及时擦掉；

(3)监督生产部新员工的操作；

(4)注液组下来的电芯上注液孔是否有胶纸脱落；

(5)各种实验电池是否明显标识区分；

(6)提前亮灯的点要查明原因；

(7)爆炸后该点的校对；

(8)钢、铝壳柜的区分；

(9)封口时哪些型号要倒转来挤压；

(10)封口挤压是否使铝电芯变形；

(11)封口后是否及时清洗；

(12)夹具头是否清洁，是否有锈蚀；

(13)连接计算机的柜子爆炸后电压的查询，该点电压-电流曲线的情况汇总；

(14)搁置、老化和封口区的环境温湿度。

10. 包装

(1) 对特定客户要控制尺寸的下限;

(2) 电池型号更改时是否清理整条拉,防止混料;

(3) 检出的不良品是否用红色周转盒子装,是否有明显标识;

(4) 订单上有特别要求的是否得到员工的理解和执行;

(5) 喷码内容是否正确,喷码方向和位置是否正确;

(6) 压板和铆钉上是否有胶;

(7) 检测仪器是否在有效期内,防止失准仪器在线上使用。

习　　题

一、选择题

1. 通常情况下,锂离子电池负极集流体的材料为(　　)。

A. 铜　　　　　　　B. 铝　　　　　　　C. 锌　　　　　　　D. 镍

2. (　　)是电极片制作即制片过程中的重要环节,一般安排在涂布工序之后,裁片工序之前,有双辊压实机完成。

A. 制浆　　　　　　B. 辊压　　　　　　C. 烘烤　　　　　　D. 分切

3. (　　)是将辊压好的电极按照不同电池型号切成装配电池所需的长度和宽度,准备卷绕装配。

A. 涂布　　　　　　B. 辊压　　　　　　C. 分切　　　　　　D. 化成

二、填空题

1. 锂离子电池的制造工艺包括_____、_____、_____、_____、_____、_____、_____。

2. 出料前对浆料进行_____,除去大颗粒以防涂布时造成断带。

3. 锂离子电池的化成主要起到_____和_____的作用。

4. 涂布阶段需要控制的主要工艺参数有_____、_____、_____。

三、简答题

1. 请简述极片在辊压过程中可能产生的问题及解决办法。

2. 请简述极片在涂布过程中的影响因素及可能造成的后果。

参 考 文 献

ALIPOUR M, ZIEBERT C, CONTE F V, et al., 2020. A review on temperature-dependent electrochemical properties, aging, and performance of lithium-ion cells[J]. Batteries, 6: 35.

AN S J, LI J L, DANIEL C, et al., 2016. The state of understanding of the lithium-ion-battery graphite solid electrolyte interphase（SEI）and its relationship to formation cycling[J]. Carbon, 105: 52-76.

DU Z J, WOOD D L, DANIEL C, et al., 2017. Understanding limiting factors in thick electrode performance as applied to high energy density Li-ion batteries[J]. J App Electrochem, 47(3): 405-415.

EDSTROM K, GUSTAFSSON T, THOMAS J O, 2004. The cathode electrolyte interface in the Li-ion battery[J]. Electrochim Acta, 50(2/3): 397-403.

FONT F, PROTAS B, RICHARDSON G, et al., 2018. Binder migration during drying of lithium-ion battery electrodes: modelling and comparison to experiment[J]. J Power Sources, 393(31): 177-185.

HAWLEY W B, LI J L, 2019. Beneficial rheological properties of lithium-ion battery cathode slurries from elevated mixing and coating temperatures[J]. J Energy Storage, 26: 100994.

KRUEGER S, KLOEPSCH R, LI J, 2013. How do the reactions at the anode/electrolyte interface determine the cathode performance in lithium-ion batteries?[J]. J Electrochem Soc, 160(4): A542-A548.

LI J L, DANIEL C, WOOD D L, 2011. Cathode manufacturing for lithium-ion batteries//Handbook of Battery Materials[M]. 2nd ed. Daniel C, Besenhard J O. Weinheim: Wiley-VCH.

LI J L, DANIEL C, WOOD D, 2011. Materials processing for lithium-ion batteries[J]. J Power Sources, 196(5): 2452-2460.

MAO C Y, AN S J, MEYER H M, et al., 2018. Balancing formation time and electrochemical performance of high energy lithium-ion batteries[J]. J Power Sources, 402(31): 107-115.

MAULER L, DUFFNER F, LEKER J, 2021. Economies of scale in battery cell manufacturing: the impact of material and process innovations[J]. Appl Energy, 286(Mar15): 116499.

MULLER M, PFAFFMANN L, JAISER S, et al., 2017. Investigation of binder distribution in graphite anodes for lithium-ion batteries[J]. J Power Sources, 340: 1-5.

PARIKH D, CHRISTENSEN T, LI J L, 2020. Correlating the influence of porosity, tortuosity, and mass loading on the energy density of $LiNi_{0.6}Mn_{0.2}Co_{0.2}O_2$ cathodes under extreme fast charging（XFC）[J]. J Power Sources, 474: 228601.

SCHILDE C, MAGES-SAUTER C, KWADE A, et al., 2011. Efficiency of different dispersing devices for dispersing nanosized silica and alumina[J]. Powder Technol, 207: 353-361.

SEONG W M, KIM Y, MANTHRAM A, 2020. Impact of residual lithium on the adoption of high-nickel layered oxide cathodes for lithium-ion batteries[J]. Chem Mater, 32(22): 9479-9489.

STEFAN J, ANATOLIJ F, MICHAEL B, et al., 2017. Development of a three-stage drying profile based on characteristic drying stages for lithium-ion battery anodes[J]. Drying Technol: An Internat J, 35(9/12): 1266-1275.

WANG M, DANG D Y, MEYER A, et al., 2020. Effects of the mixing sequence on making lithium ion battery electrodes[J]. J Electrochem Soc, 167(10): 100518.

WOOD D L, QUASS J D, LI J L, 2018. Technical and economic analysis of solvent-based lithium-ion electrode drying with water and NMP[J]. Drying Technol: An Internati J, 36(1/4):

234-244.

WOOD D L, LI J L, AN S J, 2019. Formation challenges of lithium-ion battery manufacturing[J]. Joule, 3(12): 2884-2888.

ZAGHIB K, DONTIGNY M, CHAREST P, et al., 2008. Aging of LiFePO$_4$ upon exposure to H$_2$O[J]. J Power Sources, 185(2): 698-710.

ZHANG X Y, JIANG W J, ZHU X P, et al., 2011. Aging of LiNi$_{1/3}$Mn$_{1/3}$Co$_{1/3}$O$_2$ cathode material upon exposure to H$_2$O[J]. J Power Sources, 196(11): 5102-5108.

ZHONG X B, LI X H, WANG Z X, et al., 2016. Investigation and improvement on the electrochemical performance and storage characteristics of LiNiO$_2$-based materials for lithium ion battery[J]. Electrochim Acta, 191: 832-840.

第 7 章　钠离子电池

随着便携式电子设备、电动汽车和大规模储能等领域的快速发展，对可充电电池的需求日益增长，锂离子电池因资源有限在不远的将来必将受到限制。与锂同一族的钠是地球上含量丰富且分布均匀的化学元素，因此钠离子电池具有巨大的潜在成本优势，有望在新型储能领域中扮演重要角色。

7.1　钠离子电池概述

钠离子电池(sodium-ion battery, SIB)的研究最早可以追溯到碱金属离子在固体活性材料中的成功插层。1976 年，Winn 等利用 Na-Hg 合金对电极和碳酸丙烯酯液态电解质中的 NaI 成功将 Na^+ 插层至 TiS_2 中。在 19 世纪 80 年代，一些美国和日本公司就成功研制了具有完整电池结构的 Na-Pb 合金材料。然而同时出现的锂离子电池(lithium-ion battery, LIB)具有更高的能量密度和更好的电化学性能，得到了快速发展，成功实现了商业化，占据了包括便携电子、交通动力、移动通信、大型储能等领域的电源市场。而由于电池理论容量有限，电极、电解质材料及手套箱的质量并不足以处理钠离子电池等原因，钠离子电池最初并未得到快速发展。1987 年，Shacklette 等使用 P2-$NaCoO_2$ 作为正极，共轭聚合物作为负极，$NaPF_6$ 的二甲氧基乙烷溶液作为液态电解质，首次实现了"摇椅式"的钠离子电池。2000 年，Stevens 和 Dahn 等使用硬碳作为负极，制备的钠离子电池实现了 $300mA \cdot h \cdot g^{-1}$ 的可逆比容量，十分接近使用石墨为负极的锂离子电池的容量。2002 年，Barker 等使用硬碳、$NaClO_4$ 的碳酸二乙酯/碳酸乙烯酯溶液、$NaVPO_4F$ 分别作为负极、电解质和正极材料，获得了 3.7V 的放电电压，与锂离子电池相当。此后，关于钠离子电池的研究和报道维持缓慢增长。直到 2008 年开始，一方面，在锂离子电池领域，几乎所有具有潜力作为电极的材料都已被研究过，开发全新的电极材料需要坚实的理论基础和大量的实验，难度较大。另一方面，电动汽车等领域的快速发展，对大容量电池的需求快速增长，而地球上的锂资源相对有限，在地壳中的分布仅有 20ppm(图 7-1)，目前剩余的锂资源为 1500 万～3000 万吨，并且分布并不均匀，主要分布在智利、澳大利亚、阿根廷等。对锂资源的担忧促使科研人员开始寻找可以替代锂的元素。地球上钠资源分布广泛，含量丰富，总量约占地壳中各元素储量的 2.64%。此外，钠与锂属于同一主族，理化性质相似，关于钠离子电池的研究在很大程度上可以借鉴锂离子电池领域已有的结论，因此被视为最有希望取代锂离子电池的下一代储能电池，在最近十几年得到了迅速发展。

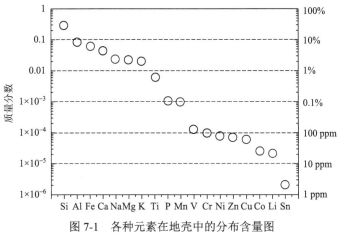

图 7-1　各种元素在地壳中的分布含量图

与锂离子电池类似，钠离子电池的工作原理也为"摇椅式"电池。电池结构主要包括基于含钠材料的正极、负极(不一定为钠基材料)、隔膜、电解液和集流体。工作时利用钠离子在正负极之间的嵌入和脱嵌过程来实现充放电，其中隔膜用以将正负电极分开防止短路，电解液主要为钠盐的有机溶液，浸润正负极形成离子传输通道，集流体主要收集和传输电子。在充电过程中，钠离子从正极材料脱出，通过电解液嵌入负极。放电时，进行相反的过程，钠离子从负极释放并通过电解液嵌入正极(图 7-2)。在正常的充放电条件下，钠离子在正负极间的嵌入和脱出不会破坏电极材料的基本化学结构。

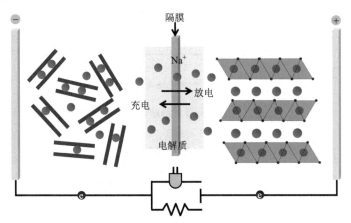

图 7-2　钠离子电池的工作原理示意图

由于钠的嵌入化学与锂的嵌入化学非常相似，因此可以在两种电池系统中使用相似的正负极和电解质材料。然而，钠与锂之间也存在一些明显的差异。相对于锂离子，钠离子半径更大，分子量也更大，如表 7-1 所示，这会影响电池的能量密度、相稳定性、传输特性和循环稳定性等。Na/Na$^+$相对于标准氢电极(SHE)的氧化还原电位为–2.71V，比 Li/Li$^+$的–3.04V($vs.$ SHE)高出近 330mV，因此钠离子电池的负极电位通常会高于锂离子电池，这也限制了其负极的可选范围。然而因钠对铝的惰性使得铝成为一种可行的集电器。更大的离子半径，有助于钠离子与各种 3D 过渡金属的平滑插层，以及丰富的含钠金属可用性。此外，钠的熔点远低于锂，意味着并不适宜开发可靠的固态电池系统，因为固态电解质通常需要更高的温度以实现理想的电导率。基于以上原因，对于钠离子电池系统，不能简单复制照搬锂离子电池的结论，需要对适于钠离子电池的电极和电解质材料和机理进行深入的探索和研究，以促进钠离子电池的快速发展，早日实现大规模产业化。图 7-3 展示的是目前钠离子电池主流正负极材料的理论容量和电压关系图。

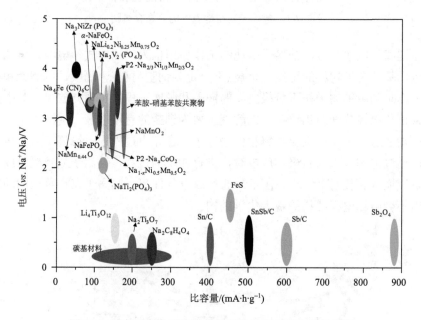

图 7-3　钠离子电池正负极材料理论比容量和电压关系图

表 7-1　钠与锂的对比

指标	Na	Li
原子量	22.99	6.94
价格(碳酸盐)/($\cdot$ kg^{-1})	0.07~0.37	4.11~4.49

续表

指标	Na	Li
比容量/(A·h·g^{-1})	1.16	3.86
电压(vs. SHE)/V	−2.7	−3.0
离子半径/Å	0.98	0.69
熔点/℃	97.7	180.5

7.2　钠离子电池正极材料

作为钠离子电池的重要组成部分，正极材料在可逆比容量、循环寿命、功率等方面对其化学性能有显著影响，因此钠离子电池的正极材料是目前的研究热点之一。一般来说，理想的钠离子电池正极材料应具备以下特点：

(1) 具有较高的电极电势，以使电池有较高的输出电压；

(2) 允许大量的钠离子进行可逆嵌入和脱嵌，以使电池得到较高的容量；

(3) 钠离子的嵌入和脱出可逆性好，并且在循环过程中结构稳定，以使电池具有长的循环寿命，较高的库仑效率和能量效率；

(4) 较高的电子电导率和离子电导率，以减小极化、降低电池内阻，满足大电流充放电的要求；

(5) 稳定性好，不与电解质等发生化学反应，不溶于电解液；

(6) 氧化还原电位随嵌入量变化要小，以使电池电压不会发生明显变化，能保持充电和放电平衡；

(7) 成本低廉，制备工艺简单，安全无毒。

目前，经过科研人员的大量努力，具有不同结构的钠离子电池正极材料已被提出，主要包括层状过渡金属氧化物、隧道结构氧化物、聚阴离子型化合物、普鲁士蓝及其类似物和有机类化合物等，如图 7-4 所示。

7.2.1　层状过渡金属氧化物

层状过渡金属氧化物[layered transition metal oxides(TMO)]作为锂离子电池的正极材料取得了巨大成功，因此也是最早用于钠离子电池的正极材料。最常见的层状 TMO 为 Na$_x$MO$_2$(M=Co、Mn、Fe、Ni 等)，因具有较高的氧化还原电位和能量密度而引人关注。Na$_x$MO$_2$ 化合物由具有八面体结构的 MO$_6$ 组成，Na$^+$ 可以在这些边缘共享的 MO$_6$ 形成的 (MO$_2$)$_n$ 层间可逆地嵌入和脱出。根据 Na 的配位环境和 O 的堆叠方式，Na$_x$MO$_2$ 可以分为 O3(ABCABC)、P2(ABBA)和

P3（ABBCCA）相。其中字母代表的是 Na^+ 所处的配位环境为八面体（octahedral，O）或棱柱（prismatic，P），数字代表的是晶胞内金属氧化物重复出现的层数，如图 7-5 所示。不同的结构导致材料不同的电化学特性。通常 O3 型正极材料可以提供更高的可逆比容量，但它们的空气稳定性及循环稳定性相对较差。相比之下，P2 型化合物由于其较大的三棱柱形位点被 Na^+ 占据，因此具有更好的循环稳定性和空气稳定性，有利于 Na^+ 的传输。

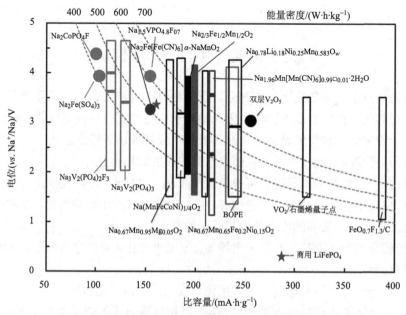

图 7-4　常见的钠离子电池正极材料的电化学性能对比图

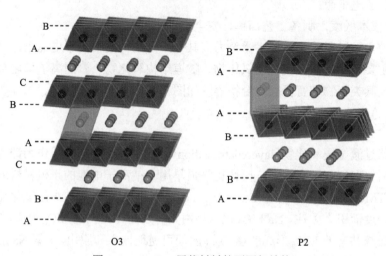

图 7-5　Na_xMO_2 层状材料的不同相结构

目前，层状 TMO 可以分为单金属氧化物(如 Na_xCoO_2、$NaFeO_2$、Na_xMnO_2 和 Na_xCrO_2 等)、双金属氧化物(如 $NaNi_{1/2}Mn_{1/2}O_2$、$Na_{2/3}Fe_{1/2}Mn_{1/2}O_2$ 等)和多金属氧化物(如 $NaNi_{0.4}Mn_{0.4}Fe_{0.2}O_2$、$NaNi_{1/3}Co_{1/3}Mn_{1/3}O_2$ 等)。由于 $LiCoO_2$ 在锂离子电池中的成功应用，一系列 Na_xCoO_2 得到发展，包括 O3 相($0.83 < x < 1.0$)和 P2 相($0.67 < x < 0.80$)。相比 P2 相，O3 相具有更高的离子扩散系数。然而，Na^+ 较大的尺寸限制了其在钠离子电池中的应用，仅能得到 $70 \sim 100 mA \cdot h \cdot g^{-1}$ 的实际比容量。此外，Co 的使用不能满足大规模电池对成本和环境友好的要求。因此，相比于 Na_xCoO_2，具有更高理论容量，以及资源更为丰富、成本低廉的 Na_xMnO_2 具备更强的竞争力。Na_xMnO_2 含有高活性的 Mn^{4+}/Mn^{3+} 对，当 $x > 0.5$ 时为二维层状结构。$Na_{0.7}MnO_2$ 单晶主要暴露(100)面，该晶面具有良好的活性，可以促进 Na^+ 的快速嵌入/脱出，在 $20 mA \cdot g^{-1}$ 的条件下表现出 $163 mA \cdot h \cdot g^{-1}$ 的高可逆比容量和高倍率性能。然而由于连续应变和变形引起的结构坍塌和非晶化，Na_xMnO_2 循环性能较差。例如，$P2-Na_{0.6}MnO_2$ 在最初的几个循环中可以提供 $140 mA \cdot h \cdot g^{-1}$ 的比容量，但衰减很快。$NaMn_3O_5$ 在循环 20 次后容量衰减高达 30%。当 Na 含量较高时，Na_xMnO_2 的相稳定性主要取决于温度，α-Na_xMnO_2(空间群：$C2/m$)是低温形式，β-Na_xMnO_2 是高温形式。其中，高温 β-Na_xMnO_2 具有锯齿形层状结构，由两个共享边缘的 MnO_6 八面体堆叠而成。在 Na^+ 脱嵌过程中形成的丰富的平面缺陷允许少量的 Na^+ 存在 β 环境而更多的 Na^+ 存在对堆垛层错的环境，从而导致良好的倍率稳定性和循环稳定性。此外，α-$NaFeO_2$ 具有 $242 mA \cdot h \cdot g^{-1}$($Fe^{3+}/Fe^{4+}$)的理论比容量，优异的热稳定性，且资源丰富，因此作为钠离子电池正极材料具有良好的前景。然而，由于 Fe^{4+} 的不稳定性，大多数 $NaFeO_2$ 材料只能获得 $85 mA \cdot h \cdot g^{-1}$ 的容量，并且当施加 3.5 V 以上的充电电压时，由 Jahn-Teller 效应引起的畸变和极化会导致性能严重退化。通常可以采用降低材料维度或尺寸，以及与聚合物和碳材料结合的方式改善 $NaFeO_2$ 性能。例如，聚吡咯涂布的 $NaFeO_2$ 在循环 100 次($C/10$)后容量仍能保持在 $120 mA \cdot h \cdot g^{-1}$。由于存在多个电子过程，层状 Na_2MO_3 材料代表了一种提高比容量的可行方式，Na_2RuO_3 显示出可逆的 Na^+ 嵌入/脱出过程，具有 $147 mA \cdot h \cdot g^{-1}$ 的容量，并且在 20 次循环期间没有明显容量损失。除此之外，包括 Na_xNiO_2、Na_xCrO_2、Na_xVO_2 等化合物在内的其他单金属氧化物也得到了广泛的研究，以实现钠离子电池正极的高性能。例如，Yuan 等报道的单晶 $Na_{1.1}V_3O_{7.9}$ 纳米带作为正极材料具有 $173 mA \cdot h \cdot g^{-1}$ 的比容量，良好的循环稳定性、倍率性能和库仑效率。

由于 Na^+ 嵌入/脱出过程中的结构变化和相变，单金属氧化物通常容量较低，并且性能衰减较快。金属掺杂或替代策略，以及制备多金属氧化物，将不同金属引入 Na_xMO_2 骨架，利用各种金属的独特特性和协同效应，可以有效稳定层间空间，减少相变，不仅可以改善层状氧化物的电化学性能，而且可以提高其循环稳定性。多金属氧化物通常采用具有多个氧化对的单金属氧化物 $Ni^{2+}/Ni^{3+}/Ni^{4+}$、Co^{3+}/Co^{4+}、Fe^{3+}/Fe^{4+}作为活性电对提供高比容量，而采用一些氧化还原惰性元素如 Mn^{4+}用于稳定晶体结构。例如，通过溶胶-凝胶法合成的 P2 型 $Na_{0.67}Co_{0.5}Mn_{0.5}O_2$ 结构稳定，在 $1C$ 倍率下循环 100 次后容量几乎没有衰减。使用前驱体 Na_2O_2、Fe_2O_3、Mn_2O_3 通过简单固态反应合成的 $Na_x[Fe_{0.5}Mn_{0.5}]O_2$，具有 190mA·h·g^{-1} 的容量和高达 520mW·h·g^{-1} 的能量密度。P2 型 $Na_{2/3}Ni_{1/3}Mn_{2/3}O_2$ 由活性 Ni^{2+}和非活性 Mn^{4+}组成，可逆比容量为 86mA·h·g^{-1} ($0.1C$) 和 77mA·h·g^{-1} ($1C$)，并且在长期循环后 P2 型晶相保持良好。除了 Mn^{4+}之外，四价 Ti^{4+} 也是一种提高氧化物正极循环稳定性的理想掺杂剂。O3 型 $NaTi_{0.5}Ni_{0.5}O_2$ 在 $0.2C$ 下可以提供 121 mA·h·g^{-1} 的可逆容量和平滑的充放电曲线，同时具备优秀的倍率性能和循环稳定性。P2 型 $Na_{2/3}Mn_{0.8}Fe_{0.1}Ti_{0.1}O_2$ 二次充放电容量为 146mA·h·g^{-1}/144 mA·h·g^{-1}，并且在 2.0～4.0V 的电压范围内循环 50 次后容量保持在 95%以上。

尽管用于钠离子电池的层状氧化物电极取得了显著成就和巨大进展，但是仍有一些不利因素限制了其实际应用。例如，对空气的敏感性和低电子电导率，有待提升的循环稳定性，以及全电池结构中较低的能量密度等。需要对结构-性能关系、电化学机制和材料设计等问题进行深入研究，进一步提升层状氧化物材料的电化学性能，才能真正将这些材料推向电池市场。

7.2.2 隧道结构氧化物

当层状氧化物中钠含量较低 ($x < 0.5$) 时，Na_xMO_2 形成三维隧道结构。其中所有的 M^{4+} 和一半的 M^{3+} 占据八面体位点 (MO_6)，其他 M^{3+} 位于四棱锥体位点 (MO_5)。边缘共享的 MO_5 通过顶点分别连接一个三重八面体链和两个双重八面体链，形成较大的 S 型隧道(半填充)和较小的隧道(全填充)(图 7-6)。合适的隧道型晶格能够促进 Na^+ 的快速扩散，从而实现出色的储钠特性。

1971 年，Hagenmuller 等首先提出了具有 S 型隧道的 $Na_{0.44}MnO_2$，具有空间群为 *Pbam* 的斜方晶格结构。$Na_{0.44}MnO_2$ 可以通过固相法、水热法、溶胶-凝胶法等多种方法合成，采取不同的合成方法及调控材料的形貌结构可以提升隧道结构氧化物的电化学性能。Sauvage 等通过固相法制备的 $Na_{0.44}MnO_2$ 颗粒表现出较低的可逆容量(80mA·h·g^{-1}，$0.1C$)，由于极化增加，50 次循环后容量仅能保持 50%。采用静电纺丝合成的一维 $Na_{0.44}MnO_2$ 具有连续纤维网状结构及大 S 型隧道结构，在 $10C$ 下展现出 69.5mA·h·g^{-1} 的可逆比容量。一种以聚丙烯酸酯为前驱体采用热解法合成的单晶 $Na_4Mn_9O_{18}$ 纳米线具有高结晶度和较短的扩散路径，具有 128mA·h·g^{-1} 的高容量($0.1C$)及良好的循环稳定性。通过溶胶-凝胶法合成的

超长 $Na_4Mn_9O_{18}$ 亚微米片具有 $120mA \cdot h \cdot g^{-1}$ 的高容量，并且在 100 次循环测试中表现出良好的稳定性。

图 7-6　隧道结构氧化物结构示意图

隧道结构氧化物中 Na^+ 的缓慢嵌入/脱出，以及 Na^+ 在基体材料中的缓慢传输将大大降低比容量和倍率性能。Na^+ 注入引起的体积膨胀也会引起基体材料的相变和晶格变化，难以获得良好的电化学稳定性。为了提升隧道类材料的电化学性能，可以采用不同阳离子取代的方式。例如，Ti 的引入不会影响晶体结构，可以防止 Na^+ 在嵌入/脱出过程中的结构变化。$Na_{0.61}Ti_{0.48}Mn_{0.52}O_2$ 在 $0.2C$ 下可逆容量为 $86mA \cdot h \cdot g^{-1}$（电压区间 $1.5 \sim 4.0V$），循环 100 次后容量能保持 81%。基于 $Na_{0.66}[Mn_{0.66}Ti_{0.34}]O_2$ 和 $1mol \cdot L^{-1}$ Na_2SO_4 水溶液电解质的全电池在平均工作电压为 3.1V 时表现出 $76mA \cdot h \cdot g^{-1}$ 的最高容量。用 Fe 和 Ti 代替锰离子提供了一种稳定的正极材料 $Na_{0.61}Mn_{0.27}Fe_{0.34}Ti_{0.39}O_2$，可以使用前驱体 Fe_2O_3 和锐钛矿 TiO_2 以固相法合成，具备更高的容量（约为 $90mA \cdot h \cdot g^{-1}$）。Al 掺杂形成的 $NaAl_{0.1}Mn_{0.9}O_2$ 由纯隧道型转变为混合层状结构，因稳定的 Al—O 键获得了较高的材料稳定性，初始放电容量为 $145mA \cdot h \cdot g^{-1}$，100 次循环后容量保持率为 71%。Zr 掺杂的 $Na_{0.44}Mn_{1-x}Zr_xO_2$ 在初始充放电过程中体积变化小于 5%，并且 Na^+ 的扩散系数显著提高，在 $1C$ 时可获得 $112mA \cdot h \cdot g^{-1}$ 的高可逆容量，1000 次循环后容量为 $78mA \cdot h \cdot g^{-1}$。

7.2.3　聚阴离子型正极材料

聚阴离子材料包含一系列四面体单元$(XO_4)^{n-}$，其中 X = P、S、Si、B 等，通过共享的角或边与多面体 MO_6(M 为过渡金属)相连。其结构通式随着不同的晶体结构而变化。常见的聚阴离子类化合物主要包括磷酸盐、硅酸盐、硫酸盐、硼酸盐等(图 7-7)。与层状氧化物相比，聚阴离子类材料具有以下优点：①由于 X 原子的高电负性，XO_4^{3-}具有坚固的共价键，从而可以稳定氧晶格，实现较高的工作电压；②稳定的开放式 X-O 框架可以带来良好的结构稳定性和热稳定性，并且诱导效应使其具有更高的氧化还原电位；③框架中的空间间隙一方面有利于离子的快速传导，另一方面可以缓解 Na^+嵌入/脱出过程中造成的体积膨胀；④聚阴离子类化合物通常含有多个 Na^+，并且过渡金属通常也具有多个中间价态，有利于实现多个电子的转移，获得较高的容量。然而，聚阴离子基团的存在及没有直接的 M-OM-电子离域，导致聚阴离子类化合物本征电子电导率较低。通常需要通过使用各种导电材料包覆、构建特殊的微纳结构及晶格掺杂等方式来提高聚阴离子类正极材料的电导率，改善其电化学性能。

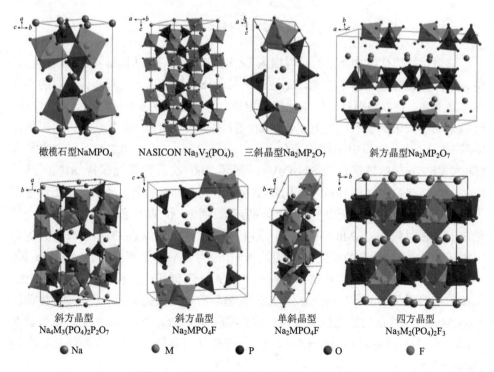

橄榄石型NaMPO$_4$　　NASICON Na$_3$V$_2$(PO$_4$)$_3$　　三斜晶型Na$_2$MP$_2$O$_7$　　斜方晶型Na$_2$MP$_2$O$_7$

斜方晶型　　　　斜方晶型　　　　单斜晶型　　　　四方晶型
Na$_4$M$_3$(PO$_4$)$_2$P$_2$O$_7$　　Na$_2$MPO$_4$F　　Na$_2$MPO$_4$F　　Na$_3$M$_2$(PO$_4$)$_2$F$_3$

●Na　　　　●M　　　　●P　　　　●O　　　　●F

图 7-7　多种聚阴离子型正极材料晶体结构

　　由于橄榄石型 $LiFePO_4$ 在锂离子电池领域的巨大成功，与之对应的 $NaFePO_4$ 成为钠离子电池领域研究最早和最广泛的聚阴离子型化合物之一。该结构由 FeO_6 八面体和 PO_4 四面体以棱角连接而成，具有两种主要结构：橄榄石相和磷铁钠矿相。其中，橄榄石相 $NaFePO_4$（空间群：$Pnma$）理论容量为 $154mA \cdot h \cdot g^{-1}$，然而只能在 480℃以下稳定存在，在 480℃以上转变为磷铁钠矿相。因此，橄榄石相 $NaFePO_4$ 不能通过常规的高温固相转变合成，通常需要采用化学/电化学离子交换的方法通过橄榄石相 $LiFePO_4$ 获得。Oh 等将 $LiFePO_4$ 电极脱锂至 4.3V，然后使用钠金属阳极对其进行钠化，获得的橄榄石相 $NaFePO_4$ 具有 $125mA \cdot h \cdot g^{-1}$ 的可逆容量和 2.8V（$vs.$ Na/Na^+）的平均电势。以类似的离子交换方法制备的碳包覆的 $NaFePO_4$ 球体在 0.1C 条件下的容量为 $100mA \cdot h \cdot g^{-1}$。相比于橄榄石相 $NaFePO_4$，热力学更为稳定的磷铁钠矿相 $NaFePO_4$ 由于缺少 Na^+ 传输通道，一般被认为不具有电化学活性。然而在 2015 年，Kim 等制备的纳米级磷铁钠矿相 $NaFePO_4$ 展现出 $142mA \cdot h \cdot g^{-1}$ 的容量（$C/20$），并且在 200 次循环后容量保持率达到 95%。实验和理论计算表明磷铁钠矿相 $NaFePO_4$ 在首次脱钠过程中能够诱导形成无定形态 $FePO_4$，具有非常小的 Na^+ 迁移势垒，能够显著提高 Na^+ 的迁移率。

　　钠超离子导体（Na^+-super ionic conductor, NASICON）材料化学式为 $A_3MM'(XO_4)_3$，其中 A = Ca、K、Na、Mg 等，M、M'= Fe、V、Ti、Cr、Nb、Ni 等，X = P、S、Si、B 等。首个 NASICON 结构材料 $Na_{1+x}Zr_2P_{3-x}Si_xO_{12}$ 由 Goodenough 提出并应用在高温 Na-S 电池中。$Na_3V_2(PO_4)_3$ 是该类材料中最具代表性的化合物，空间群为 $R\overline{3}c$。由孤立的 VO_6 八面体和 PO_4 四面体通过共享的氧相互连接形成的 $V_2(PO_4)_3$ 单元组成，Na^+ 在其中占据两个不同的位置：$V_2(PO_4)_3$ 单元之间的 $6b$（Na1）位点和位于两个 PO_4 四面体之间的 $18e$（Na2）位点。Na1 和 Na2 的占有率分别为 1 和 2/3，意味着结构中存在大量空位，为 Na^+ 的扩散提供了便利的通道。其理论容量为 $118mA \cdot h \cdot g^{-1}$，能量密度为 $401W \cdot h \cdot kg^{-1}$。$Na_3V_2(PO_4)_3$ 具有两组活性电对：V^{3+}/V^{4+} 和 V^{2+}/V^{3+}，分别对应 3.4V 和 1.63V 的电压平台，可以用作钠离子电池的正极和负极材料。由于金属与磷酸盐之间稳定的共价键，$Na_3V_2(PO_4)_3$ 展现出良好的电化学和热学稳定性。然而其本征电子电导率较低，并且在可逆性及循环稳定性方面仍然需要加强。碳支撑、涂覆或嵌入技术可以有效促进反应动力学，提高其电导率，从而改善电化学性能。并且碳材料的形貌和尺寸对最终复合材料的电化学性能有较大影响。采用静电纺丝技术制备的 $Na_3V_2(PO_4)_3$/C 纳米纤维在 2C 电流密度下展现出 $94mA \cdot h \cdot g^{-1}$ 的容量，并且在 66 次循环中表现出良好的稳定性。$Na_3V_2(PO_4)_3$/乙炔碳纳米球在 0.5C 时在 2.3～3.9V（$vs.$ Na/Na^+）的电压范围内表现出 $117.5mA \cdot h \cdot g^{-1}$ 的初始放电容量，接近 $Na_3V_2(PO_4)_3$ 的理论容量，并且在 5C 下循环 200 次后容量保持率为 96.4%。

$Na_3V_2(PO_4)_3/C$ 的层级结构或者在碳基材料中掺杂原子(如 N)等也可以进一步改善其电化学性能。在 $Na_3V_2(PO_4)_3$ 表面生长致密的类石墨烯涂层，可以促进电子传输并缓解充放电过程中的体积变化，在 $0.2C$ 的条件下表现出 $115mA \cdot h \cdot g^{-1}$ 的可逆容量及超长的循环稳定性。此外，在 Na、V 和 P 位点的杂原子掺杂也可以调节 $Na_3V_2(PO_4)_3$ 晶体结构、稳定性、离子扩散率和本征电导率等，从而改善电化学性能。例如，采用较小尺寸的 Mg^{2+} 掺杂的 $Na_3V_{2-x}Mg_x(PO_4)_3/C$ 缩短了 V—O 键和 P—O 键的平均长度，使 Na^+ 更易于扩散，$Na_3V_{1.95}Mg_{0.05}(PO_4)_3/C$ 在 $1C$ 时的放电容量达到 $112.5mA \cdot h \cdot g^{-1}$。

氧化还原电位可以由电负性阴离子通过诱导效应来提高，因此在钠基磷酸盐中引入电负性更强的 F^- 形成的氟磷酸盐具有更高的工作电压。化学式为 $NaMPO_4F$ (M=V、Fe、Mn、Ni) 和 $Na_3V_2O_2(PO_4)_2F_{3-x}(0 \leqslant x \leqslant 1)$ 的氟磷酸盐被认为是具有潜力的钠离子电池正极材料之一。其中，钒基氟磷酸盐由于具有高氧化还原活性的 V^{3+}/V^{4+} 对而备受关注。$NaVPO_4F$ 具有两种结构：高温四方晶系和低温单斜晶系。四方晶系 $NaVPO_4F$ 由八面体$[VO_4F_2]$与四面体$[PO_4]$连接(由 F 顶点桥连)，形成三维的框架结构，利于 Na^+ 的传输，理论容量为 $143mA \cdot h \cdot g^{-1}$。采用四方晶系 $NaVPO_4F$ 作为正极，硬碳作为负极构筑的全电池表现出 $80mA \cdot h \cdot g^{-1}$ 的容量和 $3.7V$ 的放电平台。然而在高温烧结的过程中，四方晶系 $NaVPO_4F$ 可能会向单斜晶系转变。与四方晶系不同，单斜晶系 $NaVPO_4F$ 中的$[VO_2F_4]$八面体通过共享 O 原子与$[PO_4]$四面体相连，形成更稳定的结构，Na^+ 的传输路线更快捷。在充放电过程中，V^{3+}/V^{4+} 之间发生单相反应，电压平台为 $3.4V$。通过一步软模板法合成的单斜晶系 $NaVPO_4F$ 在 $0.1C$ 下具有 $133mA \cdot h \cdot g^{-1}$ 的初始放电容量，$3.3\,V$ (vs. Na/Na$^+$)的放电平台和良好的循环稳定性。$Na_3V_2(PO_4)_3$ 中的一个 PO_4 被三个 F 取代会形成 NASICON 型 $Na_3V_2(PO_4)_2F_3$，属于四方晶系，空间群为 $P42/mnm$，在[110]和$[1\bar{1}0]$方向有两个开阔的 Na^+ 传输通道，理论容量为 $128mA \cdot h \cdot g^{-1}$，三个放电平台在 $3.3V$、$3.6V$ 和 $4.0V$ 左右。同样可以采用纳米化、碳涂覆或离子取代的方式提升这类材料的电化学性能。

当磷酸盐化合物处于高温时容易分解/析氧，从而形成缺氧化合物($2PO_4 \longrightarrow P_2O_7$)焦磷酸盐，结构通式为 $Na_xM_y(P_2O_7)_z$，其中 M 是过渡金属。这类材料中三维的 P_2O_7 开放框架为 Na^+ 提供了传输通道，同时具有化学结构丰富可调、易于合成及较高的热稳定性等特点。焦磷酸盐的研究始于属于三斜晶系的 $NaFeP_2O_7$，在 $C/20$ 倍率下的理论容量为 $100mA \cdot h \cdot g^{-1}$，实际可逆容量为 $82mA \cdot h \cdot g^{-1}$，相对于 Na/Na$^+$ 的工作电压为 $3V$。得益于 P—O 之间的强共价键，$NaFeP_2O_7$ 在带电状态下具有良好的热稳定性，在 $600℃$ 时仍然没有任何分解和气体逸出。$Na_2CoP_2O_7$

有三种不同晶相，其中热力学稳定的正交结构 $Na_2CoP_2O_7$ 可以提供 $80mA·h·g^{-1}$ 的可逆容量，约 3V 的平均电压。钒基 $NaVP_2O_7$ 和 $Na_2(VO)P_2O_7$ 也表现出一定的电化学活性。总的来说，焦磷酸盐化合物作为钠离子正极材料时容量较低（$<100mA·h·g^{-1}$），限制了其实际应用。

　　混合磷酸盐 $Na_4M_3(PO_4)_2P_2O_7$（M = Fe、Mn、Co 和 Ni）具有 $Pn21a$ 空间群的正交结构，由角共享的 MO_6 和 PO_4 组成，因高理论容量（$170mA·h·g^{-1}$）、高氧化还原电位、循环过程中体积膨胀小、稳定性好等优点引起关注。2012 年，首次合成的 $Na_4Fe_3(PO_4)_2P_2O_7$ 在 $C/40$ 下展示出 88%的理论容量，3.2V（$vs.$ Na/Na^+）的平均电压。采用溶液燃烧路线制备碳包覆的 $Na_4Fe_3(PO_4)_2P_2O_7$，在 $C/10$ 的条件下可以提供超过 $100mA·h·g^{-1}$ 的容量，并且具有阶梯电压分布。同构的 $Na_4Fe_3(PO_4)_2P_2O_7$ 在 4.1～4.7V（$vs.$ Na/Na^+）的高电位区域中表现出 $95mA·h·g^{-1}$ 的可逆容量（理论容量的 56%），并且在 100 次循环后容量保持率为 84%，氧化还原电位保持在 4V。使用此电极与硬碳负极构建的全电池在 50 次循环后表现出 93%的容量保持率。

　　除磷酸盐外，硅酸盐、硫酸盐、硼酸盐等聚阴离子化合物也是常见的钠离子电池正极材料。钠基硅酸盐 Na_2MSiO_4（M= Fe、Mn）由于成本低、储量丰富，因此作为正极材料得到了广泛研究。由于诱导效应较弱，硅酸盐的氧化还原电位低于硫酸盐或磷酸盐的氧化还原电位。然而，鉴于目前电解质较低的稳定性窗口，这个缺点可能是一个优势。此外，由于 SiO_4^{4-} 基团分子量较小，有利于获得较高的容量。作为第一个用于钠离子电池的此类材料，Na_2CoSiO_4 在 $5mA·g^{-1}$ 的条件下展现出 $100mA·h·g^{-1}$ 的可逆容量和 3.3V（vs. Na/Na^+）的工作电压。Na_2FeSiO_4/C 在 $27.6mA·g^{-1}$ 的条件下可以提供 $181mA·h·g^{-1}$ 的高放电容量，在 100 次循环后能够保持 88%的初始容量。尽管具有令人满意的可逆容量，但这种材料的能量密度不高。受益于聚阴离子型材料中聚阴离子基团的诱导作用，由于其较高的电负性，SO_4^{2-} 基团取代磷酸盐 PO_4^{3-} 形成的硫酸盐可以实现更高的工作电压和良好的导电性。硼酸盐是最轻的聚阴离子，可以大大降低正极材料的自重，从而增加比容量。另外，硼可以出现在不同的氧配位状态中，能够提供多种可用于阳离子插层的结构框架，然而目前的研究还相对较少。

7.2.4　普鲁士蓝类正极材料

普鲁士蓝类正极材料

　　普鲁士蓝类化合物及其类似物（Prussian blue and its analogues, PBA）代表一大类具有面心立方结构的过渡金属氰化物，空间群为 $Fm3m$，化学式通常可以表示为 $A_xP[R(CN)_6]_{1-y}·□_y·mH_2O$（$0≤x≤2$，$0≤y≤1$），其中 A 为碱金属离子，如 Na^+、K^+ 等；P 为与 N 配位的过渡金属离子；R 为与 C 配位的过渡金属离子；□为 $R(CN)_6$

空位，其晶体结构如图 7-8 所示。P^{2+} 与附近的 CN 配体的 N 原子形成六配位，R^{2+} 与 CN 配体的碳原子八面体相邻，P 和 R 位于面心立方顶点位置，由棱边上的—C ≡N—连接，按 R—C ≡ N—P 排列，形成包含开放离子通道和开阔间隙空间的三维框架（图 7-8）。这样的结构及可调的化学成分使普鲁士蓝类化合物作为钠离子电池正极材料具备一定的优势。第一，普鲁士蓝类化合物具有较大的 A 位孔隙（约为 4.6 Å）及离子输运通道（在〈100〉方向上为 3.2 Å），因此具有很高的扩散系数（$10^{-9}\sim10^{-8}\,cm^2 \cdot s^{-1}$）和良好的离子导电性，有利于 Na^+ 的快速嵌入/脱出。第二，普鲁士蓝类化合物具有两个不同的氧化还原活性中心：P 和 R，每个都可以进行完整的电化学氧化还原反应，最多可以实现两个 Na^+ 的可逆嵌入/脱出，从而获得较大的容量。例如，$Na_2Fe[Fe(CN)_6]$ 的理论容量可以达到 170mA · h · g^{-1}，而绝大多数过渡金属氧化物的容量为 100～150mA · h · g^{-1}，磷酸盐的容量约为 120mA · h · g^{-1}。第三，普鲁士蓝类化合物中 R 元素的替代（Fe、Co、Ni 和 Mn 等）不会破坏晶体结构，非常有利于电化学性能的调控。第四，普鲁士蓝类化合物晶体结构非常稳定，在 Na^+ 的脱出/嵌入过程中，晶格的应力几乎为零，因此具有较长的循环稳定性。第五，普鲁士蓝类化合物中存在强烈的电荷-自旋-晶格耦合，有利于提高正极的能量密度。第六，普鲁士蓝类化合物合成简单，成本低廉。

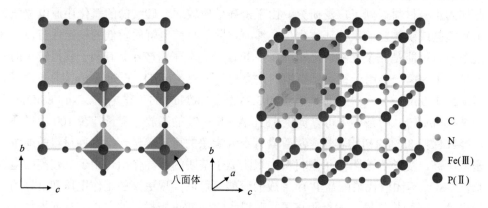

图 7-8　普鲁士蓝类材料的晶体结构图

尽管普鲁士蓝类化合物作为正极材料有相当多的优点，然而在实际测试中普鲁士蓝类材料却表现不佳。主要原因是在合成过程中，晶格中会出现 $Fe(CN)_6$ 空位和水分子，严重影响普鲁士蓝类材料的电化学性能。①$Fe(CN)_6$ 空位会破坏 R—C≡N—P 的框架，造成晶格扭曲，稳定性下降，甚至在 Na^+ 的脱出/嵌入过程中发生坍塌；②$Fe(CN)_6$ 空位会导致更多的水分子与 P 离子配位，占据部分 Na^+ 的嵌入位点，损失部分储钠容量；③水分子会与 Na^+ 形成竞争关系，占据三维结构中的间隙位置，阻碍 Na^+ 的输运；④水分子可能会进入电解液并分解，对电解液造成影响。

目前研究最为广泛的是 R 位置为 Fe 的普鲁士蓝类材料，一系列 P = Fe、Mn、Ni、Cu、Co 的 $A_xP[Fe(CN)_6]_{1-y}·\square_y·mH_2O(0\leqslant x\leqslant 2,\ 0\leqslant y\leqslant 1)$ 得到了关注。其中，Fe 基和 Mn 基普鲁士蓝类材料具有成本低、电化学性能优异等优点。然而，Fe 基 PBA 总是受到低容量和低工作电压的影响，导致能量密度较低。而 Mn 基 PBA 虽然具有较高的工作电压，但由于 Mn^{3+} 的 Jahn-Teller 畸变，通常表现出较差的循环稳定性。通过离子取代、纳米化、脱水、表面改性或碳涂覆策略可以提升普鲁士蓝类材料的电化学性能。Yoon 等合成的含水量较低的 $Na_{0.61}Fe[Fe(CN)_6]_{0.94}·\square_{0.06}$ 具有 $170mA·h·g^{-1}$ 的高容量，并且在 150 次循环中容量没有严重损失。通过 $Na_4Fe(CN)_6$ 前驱液与 37% HCl 反应得到的高度结晶的 $Na_{0.61}Fe[Fe(CN)_6]_{0.94}$ 在 150 次循环的过程中可以提供 $170mA·h·g^{-1}$ 的可逆容量和接近 100% 的库仑效率。部分 Ni 取代的 $Na_2Ni_{0.4}Co_{0.6}Fe(CN)_6$ 中空位较少，在 $10mA·g^{-1}$ 的电流密度下获得了 $118.2mA·h·g^{-1}$ 的容量，800 次循环后容量保持在 83.8%。具有较大比表面积的纳米多孔结构 $Na_{0.39}Fe[Fe(CN)_6]_{0.82}·\square_{0.18}·2.35H_2O$ 放电容量为 $115\ mA·h·g^{-1}$，150 次循环后容量保持率高达 96%。通过将普鲁士蓝类材料均匀嵌入导电碳基体（科琴炭黑）中制备了 FeFe-PB@C 复合材料，并且保证了 PB 晶体和碳之间的紧密电子接触。与单纯的 FeFe-PB（$90mA·h·g^{-1}$）相比，该 FeFe-PB@C 复合材料显示出 $120mA·h·g^{-1}$ 的可逆容量，同时展现出优异的倍率性能，在 90C 倍率下的容量为 $77.5mA·h·g^{-1}$，在 20 C 下循环 2000 次后具有 $90mA·h·g^{-1}$ 的出色循环稳定性和 90% 的容量保持率。电沉积制备的 $Na_{1.32}Mn[Fe(CN)_6]_{0.83}·3.5H_2O$ 的薄膜电极具有 3.2V 和 3.6 V 两个放电平台，分别对应 Fe^{2+}/Fe^{3+} 和 Mn^{2+}/Mn^{3+} 的氧化还原过程。由于离子扩散路径较短，该电极在 0.5C 下表现出 $109mA·h·g^{-1}$ 的放电容量和快速的 Na^+ 插入动力学，在 20C 下可提供 $80mA·h·g^{-1}$ 的容量。Ni 掺杂的 $Na_{1.76}Ni_{0.12}Mn_{0.88}[Fe(CN)_6]_{0.98}$ 在 $10mA·g^{-1}$ 的电流密度下容量为 $118.2mA·h·g^{-1}$，800 次循环后容量保持率达到 83.8%。$Na_2Co[Fe(CN)_6]$ 由于 Co^{2+}/Co^{3+} 氧化还原电对的高电压和良好的稳定性也引起了研究人员的兴趣。通过柠檬酸盐辅助共沉淀法制备的 $Na_2Co[Fe(CN)_6]$ 拥有较低的空位密度和水含量，在 200 次的循环中表现出 $150mA·h·g^{-1}$ 的容量和 90% 的容量保持率。综合考虑，晶格质量是影响普鲁士蓝类正极材料容量和循环寿命的决定性因素。因此，发展大规模低成本制备高质量普鲁士蓝类材料的新方法对其在钠离子电池中的实际应用至关重要。

7.2.5　有机类正极材料

有机化合物，包括各种有机硫化合物、自由基化合物、羰基化合物及聚合物等，因资源丰富、价格低廉、可调控性强、可回收等优点，已被研究作为二次电池的电极材料。有机类正极材料可以分为有机小分子和聚合物材料（图7-9）。

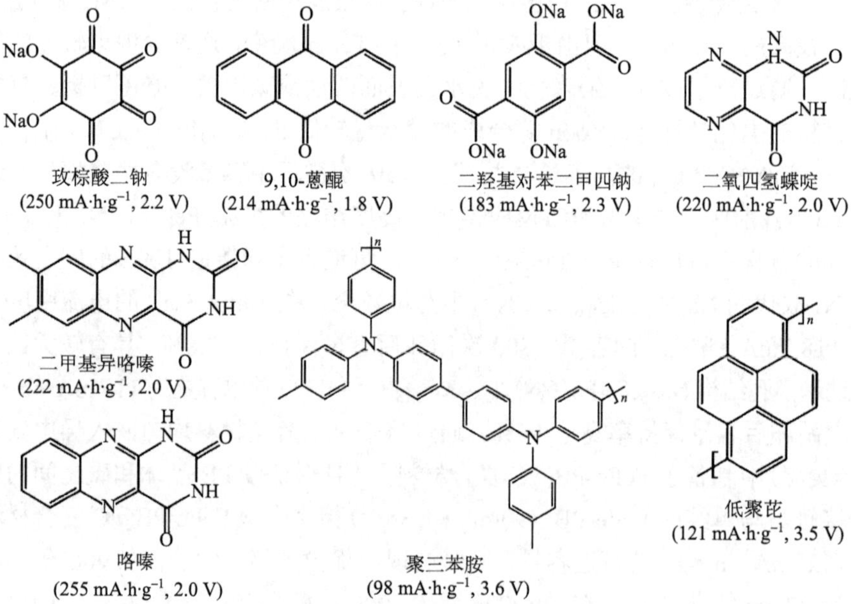

玫棕酸二钠
(250 mA·h·g^{-1}, 2.2 V)

9,10-蒽醌
(214 mA·h·g^{-1}, 1.8 V)

二羟基对苯二甲四钠
(183 mA·h·g^{-1}, 2.3 V)

二氧四氢蝶啶
(220 mA·h·g^{-1}, 2.0 V)

二甲基异咯嗪
(222 mA·h·g^{-1}, 2.0 V)

咯嗪
(255 mA·h·g^{-1}, 2.0 V)

聚三苯胺
(98 mA·h·g^{-1}, 3.6 V)

低聚芘
(121 mA·h·g^{-1}, 3.5 V)

图 7-9　代表性的有机类正极材料

有机小分子材料主要包括三类：羰基化合物（C=O）、蝶啶衍生物（C=N）和偶氮衍生物（N=N）。由于独特的多电子反应、较高的理论容量和广泛的结构多样性，羰基化合物是目前研究最为广泛的有机类正极材料。Kim 等通过密度泛函理论证实在醌结构中引入电负性基团可以显著增加储钠电位。然而，醌类材料在电解质中的高溶解度是亟待解决的问题。进一步的研究表明，在醌类化合物中形成或引入盐是增加分子极性的一种有效策略。具有高电位的酮类也被认为是钠离子电池正极材料的良好选择。这种材料在电化学过程中可以被还原为相应的醇类，然后再氧化成原始状态，从而实现单电子氧化还原反应。

导电类聚合物是首先应用于钠离子电池的聚合物类材料。其具有较高的电子电导率和氧化还原电位。然而，由于聚合物骨架中活性中心密度较低，它们的放电平台并不明显，导致能量密度相对较低。一种有效的改善策略是在聚合物链中引入氧化还原活性基团，从而增强材料的电化学活性。同时，这些基团可以为材料的氧化还原能力提供一定的帮助。例如，引入无机氧化还原活性铁氰化物阴离子的 PPy/FC 可以提供 135mA·h·g^{-1} 的容量，循环 100 次后仍能保持 85%的容量。另一种有效提升聚合物类正极材料性能的方式是通过纳米结构工程增大材料表面积。基于共价有机骨架(covalent-organic framework，COF)的共轭微孔聚合物具有低密度、大比表面积及均匀可调的微孔尺寸等特点。在其中引入不同的官能团可以促进 Na$^+$的快速迁移，减少聚合物的溶解，大量的活性中心可以提供较高的理论容量。Sakaushi 等报道了一种双极性多孔有机聚合物(BPOE)材料，表现出200mA·h·g^{-1} 的容量和良好的循环稳定性。

　　有机小分子材料一般有溶解性较高、稳定性较差的缺点，而聚合物材料通常情况下理论容量和电导率较低。通常可以从功能化分子设计、形貌调控和与无机材料复合等方式提升有机类正极材料的性能。例如，提升 π 共轭度可以提高倍率性能；盐化和聚合可以有效降低有机类材料在电解液中的溶解；适当的形貌调控可以改善材料的电化学性能，提升材料的稳定性；与导电性材料复合不仅可以提升稳定性，还可以提高电导率，从而有效改善钠离子电池的性能。

7.3　钠离子电池负极材料

　　在钠离子电池体系中，热力学最低电极电位由钠的还原电位(–2.71V $vs.$ SHE)决定，并且金属钠具有 1165mA·h·g^{-1} 的高理论容量，从这个角度考虑金属钠是钠离子电池最合适的负极材料。然而，钠作为负极容易形成钠枝晶，刺破隔膜导致电池短路，同时钠熔点较低，对电解质具有高反应性，这些安全问题使得钠不能作为商业化的钠离子电池负极。因此，研究发展性能优异的负极材料对钠离子电池的产业化十分重要。一般来说，良好的钠离子电池负极材料需要满足以下要求：

　　(1)具有尽可能接近纯金属钠的电位，并且在钠离子嵌入过程中变化较小；

　　(2)原子量较低，密度较小，能够嵌入大量的钠离子，以获得较大的比容量；

　　(3)钠离子脱嵌过程可逆，且对材料结构影响较小，确保良好的循环稳定性；

　　(4)离子电导率和电子电导率高，减少极化；

　　(5)资源丰富、价格低廉、合成工艺简单；

　　(6)空气中稳定、无毒、环境友好。

　　目前，钠离子电池负极材料储钠/脱钠过程的反应机理主要可以分为三种：嵌入反应、合金化反应及转化反应。因此，负极材料可以相应地划分为嵌入类材料、合金类材料和转化类材料。

7.3.1 嵌入类材料

嵌入/插层机制被定义为在晶体结构中嵌入物质而不影响晶体结构，如键距、晶胞体积、晶相和晶面间距。嵌入物质的量由在电极/电解质界面处达到的热力学平衡决定。嵌入类材料应具有易于氧化和可还原的原子，适度的电子导电性，较大的间隙空间以容纳离子的快速传输。目前研究最为广泛的嵌入类材料为碳基材料和钛基氧化物。

石墨的电化学与热力学稳定性良好，并且在锂离子电池中取得成功，因此首先得到了关注。然而早期的工作发现只有极少量的钠能够嵌入到石墨层中形成钠-石墨插层化合物(graphite intercalation compound，GIC)，导致可逆容量十分有限(约 12mA·h·g^{-1})。进一步的研究表明，一方面 Na/Na$^+$的高氧化还原电位导致钠在嵌入石墨之前会发生沉淀，另一方面 C—C 键长度的拉伸及碳和钠之间结合能较低，使得钠和石墨之间很难形成热力学稳定的插层化合物，从而导致石墨储钠容量很低。为了提高石墨的储钠能力，可以采用扩大层间距的方法。例如，当石墨的层间距扩大至 0.47nm 时，有利于 Na$^+$的嵌入，20mA·g^{-1} 的电流密度下可以获得 280mA·h·g^{-1} 的可逆容量，然而初始库仑效率只有 49.5%，电流密度为 100mA·g^{-1}时，可逆容量为 180mA·h·g^{-1}，2000 次循环后容量保持率为 70%。此外，以石墨为负极时，采用以二甘醇二甲醚为代表的醚基有机电解质可以形成三元石墨插层化合物，实现 Na$^+$与酶类分子在石墨中的共插层。然而，醚基溶剂具有较为狭窄的电化学稳定性窗口，限制了电极材料的选择范围。此外，溶剂分子的共嵌入会造成电解液的消耗，影响电池的性能。

由于石墨作为负极材料表现不够理想，研究重点逐渐转向长程有序度较低的无定形碳上。无定形碳通常由随机分布、排列凌乱的石墨微晶区、扭曲的石墨烯纳米片等微结构和之间的孔隙组成，根据石墨化的难易程度分为硬碳和软碳。硬碳(hard carbon, HC)不可石墨化，通常由一些富氧有机前驱体(如聚偏二氯乙烯、木材、纤维素、羊毛、棉花、糖等)在 500~1500℃的高温下热解产生。硬碳具有多种类型的可逆储钠位点，包括：①通过嵌入反应储钠；②通过微孔填充储钠；③在电解液表面通过电容型吸附储钠；④在内部表面与缺陷有关的位点通过赝电容的方式储钠(图 7-10)。硬碳具体的储钠机理仍然颇具争议，目前主要包括基于"纸牌屋"(house of cards)模型的"插层-填孔"机理、"吸附-插层"机理、"吸附-填孔"机理、"吸附-插层-填孔"机理。硬碳的电化学性能在很大程度上取决于其前驱体及最终的微观结构。例如，利用纤维素制备的硬碳纳米纤维在 50mA·g^{-1} 的电流密度下展现出 255mA·h·g^{-1} 的可逆容量，电流密度为 200mA·g^{-1}时可逆容量为 176mA·h·g^{-1}，并且具有良好的循环稳定性。在 1100℃

下将葡萄糖热解 2 h 制备的硬碳阳极初始可逆容量为 308mA·h·g^{-1}，300 次循环后容量保持为 160mA·h·g^{-1}。一种在超高温（2500℃）下利用柳枝稷合成的硬碳具有三维多孔分层结构和 0.376 nm 的层间距，展现出 210mA·h·g^{-1} 的容量(0.1 A·g^{-1})，并且在 50mA·g^{-1} 的电流密度下循环 800 次后保持 200mA·h·g^{-1} 的容量。尽管硬碳具有较高的可逆比容量，但大部分源于非常低的电压（≤0.1 V vs. Na/Na$^+$），接近钠镀层。高倍率充电时来自电极动力学的过电势会导致金属钠的沉积，带来安全隐患，这一特性限制了其倍率性能。此外，硬碳最严重的问题是第一次循环后大量的钠离子被困在微观结构，或在 SEI 膜形成中被消耗，造成容量的不可逆损失，并且由于安全原因，这种正极容量损失不能通过允许负极容量过剩来补偿，并转化为能量密度的巨大损失。软碳指在 2800℃ 以上的高温可以转变石墨的无定形碳，通常可以由富氢有机前驱体(如聚氯酸乙烯酯、聚苯胺、煤或石油沥青等)等热解生成。软碳在可逆容量方面落后于硬碳，但由更高的电导率、更快的反应动力学、可调的层间距导致的优秀倍率性能，以及更好的安全性使其在大功率应用方便更具优势。例如，以纳米碳酸钙为模板，由中间相沥青制备的介孔软碳具有利于钠离子脱嵌的大层间距离，在 30mA·g^{-1} 下可逆容量达到 331mA·h·g^{-1}，经过 3000 次循环后在 500mA·g^{-1} 下保持 103mA·h·g^{-1} 的容量，展现出优异的倍率性能和循环稳定性。此外，一些具有独特纳米结构的碳基材料，如碳纳米管、石墨烯和碳纳米纤维等，因具有优异的机械强度和电子导电性也被用于钠离子电池正极材料。

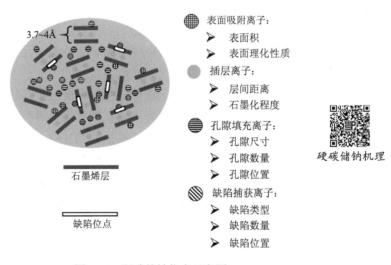

图 7-10 硬碳储钠位点示意图

　　杂原子(S、O、P、B、N 等)掺杂也是一种用来改善碳材料储钠性能的方法。杂原子是通过调节碳的电子和化学性质来提高碳材料电化学性能，从而改善碳材料的储钠性能。这些原子掺杂到碳结构中往往会产生一个缺陷位点来吸收 Na^+。其中应用最广泛的是 N 元素。N 掺杂不仅可以提高离子迁移率，还可以对碳材料进行表面改性来增强电极/电解质界面的相互作用。一种由 N 掺杂的碳纳米纤维组成的三维互连结构作为负极材料时，在 $5A \cdot g^{-1}$ 的电流密度下，可逆容量为 $212mA \cdot h \cdot g^{-1}$，循环 7000 次后容量保持率高达 99%，在 $15A \cdot g^{-1}$ 的电流密度下，容量仍然可以维持 $154mA \cdot h \cdot g^{-1}$。S 作为掺杂元素可以提供额外的反应位点储存钠，同时其较大的原子半径可以扩大碳材料的层间距离，有利于 Na^+ 的扩散，促进 Na^+ 的嵌入/脱出，因此可以提高碳材料的容量。一种 S 含量达到 26.9%的三维珊瑚状无序碳材料，在电流密度为 $0.02A \cdot g^{-1}$ 时，可逆容量高达 $516mA \cdot h \cdot g^{-1}$，电流密度为 $1A \cdot g^{-1}$ 时，容量为 $271mA \cdot h \cdot g^{-1}$，同时具有优异的倍率性能及 1000 次循环的优异稳定性。P 原子掺杂可以调控碳材料的形貌，获得更大的表面积、更多的活性位点和更短的 Na^+ 扩散距离。同时，与 S 相似，能够扩大碳材料层间距离，利于 Na^+ 的嵌入/脱出。此外，P 还可以改变电子态，有利于电解质离子的吸附，因此同样可以有效地改善碳材料的储钠能力。P 掺杂的碳纳米片在电流密度为 $0.1A \cdot g^{-1}$ 时，可逆容量可以达到 $328mA \cdot h \cdot g^{-1}$。B 的电负性较低，并且尺寸与碳原子相似，因此也可以作为碳材料的有效掺杂剂。例如，在 rGO 中掺入 B 后可以扩大其层间距离，同时产生丰富的缺陷，从而增加储钠容量。一般而言，杂原子的引入主要通过提高离子/电子迁移率，引入缺陷位点吸收 Na^+，增大碳材料层间距，表面改性增强电极/电解质界面反应活性等方式来改善材料电化学性能。因此，除了掺杂单一元素外，还可以同时掺杂两种不同元素，利用不同元素掺杂的优势来进一步改善碳材料的电化学性能。

　　钛基氧化物同样是利用嵌入类反应进行储钠的负极材料。氧化还原电位较低、工作电压合理、成本低廉、环境友好的特点使钛基氧化物得到了广泛关注。钛基氧化物有很多种存在形式，代表性的有二氧化钛(TiO_2)、钛酸钠($Na_2Ti_6O_{13}$、$Na_4Ti_5O_{12}$)及钛酸锂化合物($Li_4Ti_5O_{12}$)等，这些化合物在钠离子电池中通过 Ti^{4+}/Ti^{3+} 氧化还原电对驱动。TiO_2 是最先被用于钠离子电池的钛基氧化物，具有多种晶体结构：锐钛矿、金红石、板钛矿和青铜矿等。其中，锐钛矿型 TiO_2 为零应变材料，即在 Na^+ 嵌入和脱出的过程中不会发生形变，并且表现出相对较低的氧化还原电位，因此研究最为广泛。锐钛矿 TiO_2 纳米晶体具有约 $150mA \cdot h \cdot g^{-1}$ 的稳定容量，在 1000 次循环中表现出良好的稳定性。金红石 TiO_2 同样具有电化学活性，并且适量的 Nb 掺杂可以显著提升电子电导率。例如，$Ti_{0.94}Nb_{0.06}O_2$ 表现出优异的循环稳定性，50 次循环后可逆容量为 $160mA \cdot h \cdot g^{-1}$。然而，由于 Na^+ 尺寸较大，缓慢的反应动力学会影响 TiO_2 的储钠性能，通常可以采用与碳材料构成复合材料，调控微观形貌或掺杂（B、N、F、S 等）的方式改善 TiO_2 的电化学性能。例如，空心球结构的 TiO_2 容量可以达到 $255mA \cdot h \cdot g^{-1}$。纳米颗粒 TiO_2/碳复合材料在 $0.5C$ 的条件下循环 200 次后容量保持在 $235.5mA \cdot h \cdot g^{-1}$。S 掺杂的 TiO_2 纳米管具有较高的电子电导率，在 $33.5\ mA \cdot g^{-1}$ 的电流密度下可以提供 $320mA \cdot h \cdot g^{-1}$ 的高容量，在 $3.35A \cdot g^{-1}$ 的高电流密度下，循环 4400 次后容量保持率为 91%。固定在碳纳米管上的氮掺杂的 TiO_2 纳米片在 $0.5C$ 时可以提供 $248.5mA \cdot h \cdot g^{-1}$ 的容量，并具有出色的倍率性能（$20C$ 时为 $100.9\ mA \cdot h \cdot g^{-1}$）。$Na_2Ti_3O_7$ 是目前研究最为广泛的钛基三元氧化物，嵌钠电位较低（约 0.3 V），能够可逆脱嵌 2 个 Na^+，理论容量为 $177mA \cdot h \cdot g^{-1}$。然而其导电性较差，通常需要添加导电添加剂来提高电导率，并且循环稳定性和倍率性能较差。去除表面由于前驱体暴露于空气中形成的 Na_2CO_3 可以有效提升其循环稳定性，50 次循环后的容量可以保持在 $133mA \cdot h \cdot g^{-1}$（容量保持率为 84%）。尖晶石结构的 $Li_4Ti_5O_{12}$ 因为在充放电过程中具有平坦的高电位（1.5V $vs.$ Li/Li^+），体积变化可以忽略，循环性能优异，所以也是锂离子电池的重要负极材料之一。最近发现 $Li_4Ti_5O_{12}$ 同样可以实现 Na^+ 的可逆储存，在 $0.5\sim3.0V$ 的区间内，可逆比容量约为 $150mA \cdot h \cdot g^{-1}$，对应 3 个 Na^+ 的嵌入/脱出。

7.3.2　合金类材料

钠活泼性较强，可以和许多金属形成合金。储钠机制可以用以下方程式表示：

$$M + xNa^+ + xe^- \Longrightarrow Na_xM \tag{7-1}$$

其中，M 主要包括ⅢA 族的 In，ⅣA 族的 Si、Sn、Pb 和ⅤA 族的 P、As、Sb、Bi 等。

可以看到，单个金属原子通过合金化反应可以吸收多个 Na^+。因此，合金类材料的理论容量较大，并且工作电压较低（小于 1.0 V），受到了广泛关注。然而合金类负极材料也有明显的缺点。①伴随 Na^+ 的引入，合金的体积和结构会发生剧烈变化，导致电极发生颗粒粉化，无法与集电器形成电接触，在循环过程中加速比容量的衰减。②钠化（脱钠）过程中体积变化产生的应力会远大于 SEI 膜的耐受度，导致 SEI 层破裂，新暴露的表面会继续和电解液反应。SEI 层的不断破裂和形成一方面会消耗大量的电解液和 Na^+，另一方面循环过程中积累的 SEI 膜会使 Na^+ 扩散势垒变大，导致电池性能衰减。③合金类材料中缓慢的反应动力学、离子扩散和界面迁移率，以及 SEI 形成和应力等因素会引起充放电曲线的滞回现象，造成不可接受的能量损失。④多数合金类材料的储钠机理目前尚不清楚，影响材料性能的进一步提高。

因此，关于合金类材料的研究重点在于解决以上问题，目前的改善策略主要包括以下几种。①减小尺寸，颗粒纳米化。纳米尺寸的电极材料有利于减小离子扩散距离，增大比表面积，增加电极/电解质接触面积，提高反应活性，并且高表面能和表面张力可以承受更大的应力，抑制颗粒粉化。②调控形貌结构。零维纳米颗粒具有较多活性位点；一维纳米线在轴线方向具有更高的离子/电子迁移率，中空纳米管道空旷的内部空间可以更好地适应钠化/脱钠过程中的体积膨胀；二维纳米片利于离子扩散，层状的内部空间可以阻止颗粒粉化团聚，缓解体积膨胀；三维多孔结构、中空结构等同样具有开阔的内部空间，提供更多活性位点，缩短离子扩散距离，并且有利于缓解体积膨胀。③复合结构设计。将纳米颗粒与其他材料(碳材料、金属、聚合物等)结合形成复合结构可以有效提升材料的性能。例如，采用碳材料修饰表面或作为三维骨架可以有效提升电子/离子电导率；较高的机械强度可以有效阻止颗粒团聚，抑制体积膨胀，维持结构完整性；碳网可以稳固 SEI 层，减少副反应，与其他金属(Ni、Cu 等)形成金属间化合物同样可以有效提高电子电导率。④选择合适的黏结剂和添加剂。合适的黏结剂可以形成热交联的三维网状结构，能够稳固 SEI 层，维持电极与集流体的良好接触。与合金类负极材料有较强相互作用的羧甲基纤维素(CMC)、聚丙烯酸(PAA)、海藻酸钠(Na-Alg)作为黏结剂都有不错的效果。

表 7-2 所列为常见的钠合金元素，其中 Si 用作锂离子电池负极材料研究比较成熟($Li_{4.4}Si$，4140mA·h·g^{-1})。然而晶体 Si 中 Na$^+$扩散的激活能较高，导致晶体 Si 材料中 Na$^+$扩散迟缓，不具有电化学储钠活性。无定形 Si 中较大的间隙位置导致 Na$^+$的扩散激活势垒变低，从而更利于 Na$^+$的嵌入和脱出。一种纳米膜结构的无定形 Si 在电流密度为 100mA·g^{-1}时，可逆比容量可以达到 300mA·h·g^{-1}，在 500mA·g^{-1}的电流密度下，经过 2000 次循环后的容量保持率为 85%。

表 7-2 常见的钠合金元素

元素周期表位置	元素	合金化产物	理论比容量/(mA·h·g^{-1})	体积膨胀率[①]/%
IIIA	In	Na_2In	467	—
IVA	Si	NaSi	957	114
	Ge	NaGe	369	205
	Sn	$Na_{15}Sn_4$	847	420
	Pb	$Na_{15}Pb_4$	485	487
VA	P	Na_3P	2596	308
	As	Na_3As	1072	—

续表

元素周期表位置	元素	合金化产物	理论比容量 /(mA·h·g^{-1})	体积膨胀率/%
V A	Sb	Na$_3$Sb	660	390
	Bi	Na$_3$Bi	385	250
VIA	Se	Na$_2$Se	675	—
	Te	Na$_2$Te	420	—

① 表示不同参考文献中体积膨胀率不同。

Sn 最多可以与 3.75 个 Na$^+$形成合金化合物 Na$_{15}$Sn$_4$，理论比容量高达 847mA·h·g^{-1}。然而 Sn-Na 合金化的过程比较复杂，具体的储钠机理仍有分歧，且体积膨胀率高达 420%。通过将尺寸为 8nm 的 Sn 颗粒均匀嵌入微米级球形碳基质中(8-Sn@C)形成的独特的微纳结构可以大大缓解 Sn 在脱嵌钠过程中的体积膨胀，提升材料的循环稳定性：在 200mA·g^{-1} 的条件下，首次循环可逆容量为 493.6mA·h·g^{-1}，在 1000mA·g^{-1} 的条件下，循环 500 次后，容量稳定在 415mA·h·g^{-1}。

P 作为一种非金属元素，在地壳中含量丰富(0.1%)，并且具有较低的嵌钠电位(0.45 V *vs.* Na/Na$^+$)和很高的理论容量，因此非常适合用于钠离子电池负极。自然界中的 P 主要有三种形式：白磷、红磷和黑磷。白磷剧毒，并且极不稳定，在空气中会自燃。黑磷为晶体，在 550℃以下热力学稳定，在更高温度下会转变为红磷，电子电导率较高。红磷通常为无定形态，最为稳定，有商业化成品。白磷和红磷都可以与 Na 形成 Na$_3$P 合金，具有高达 2596mA·h·g^{-1} 的理论比容量。然而红磷的电导率只有 10^{-14}S·cm^{-1}，体积膨胀率高达 440%。黑磷电导率较高 (10^{2}S·cm^{-1})，层间距较大(5.4 Å)，但体积膨胀同样会导致容量的迅速衰减。制备磷和碳的复合材料可以显著提高磷的导电性，缓解体积膨胀，提升其电化学性能。Qian 等制备的无定形红磷(a-P)放电容量可以达到 897mA·h·g^{-1}，而充电容量只有 15mA·h·g^{-1}，与碳结合后形成的 a-P/C 复合材料充/放电容量高达 2015mA·h·g^{-1}/1764mA·h·g^{-1}，并且初始库仑效率高达 87%，这也说明无定形结构可以缓解循环过程中的体积膨胀。将纳米尺寸(5~10 nm)的红磷分散在多孔碳材料上形成的复合材料可逆比容量可以达到 2413mA·h·g^{-1}，55 次循环后容量保持率为 87%。利用石墨烯作为支撑和电子输运通道的黑磷-石墨烯复合材料在电流密度为 0.05A·g^{-1} 时，比容量达到 2440mA·h·g^{-1}，100 次循环后容量保持率为83%。

Sb 具有较高的电导率(2.56×10^4 S·cm^{-1})，表现出良好的倍率性能，每个 Sb

原子能够与 3 个 Na 原子结合，理论容量为 660mA·h·g^{-1}，钠化电位约为 0.5 V，因此作为钠离子电池负极材料同样得到了广泛关注。Sb 在放电过程中首先与 Na 形成无定形 Na$_x$Sb 合金，所有 Sb 原子反应完全后，Na$_x$Sb 再与 Na 结合形成立方或六方晶系 Na$_3$Sb，最终全部转变为六方晶系 Na$_3$Sb。在充电过程中，Na$_3$Sb 直接转化为无定形 Sb。然而，Sb-Na 合金化反应同样伴随体积膨胀（约 390%）的问题，通常需要采用纳米化或与碳材料复合的方式来缓解体积膨胀并增强反应动力学。通过静电纺丝技术将 Sb 纳米颗粒均匀分布在碳纳米纤维上形成的复合材料具有 631mA·h·g^{-1} 的大容量（C/15）和显著提升的倍率性能（337mA·h·g^{-1}，5C），并且在 400 次循环中展现出良好的稳定性。将超精细 Sb 纳米颗粒分散在富氮三维导电碳网中，可以解决电极粉化、失去电接触的问题，以此制备的 Na$_3$V$_2$(PO$_4$)$_3$@C//C@Sb 全电池具有 2.75V 的输出电压和 264.3mA·h·g^{-1} 的放电容量。

7.3.3　转化类材料

转化类材料主要包括一些过渡金属氧化物、硫化物、硒化物、氮化物、磷化物、MOFs 基材料等，通过转化反应进行储钠。与金属原子可逆地穿梭进出晶格的嵌入和合金化反应不同，转化反应是一种或多种原子通过化学反应进入晶格并形成新含钠化合物的过程，其储钠机理可以用反应方程式(7-2)表示：

$$M_aX_b + (bc)\,Na^+ + (bc)e^- \Longleftrightarrow aM + bNa_cX \tag{7-2}$$

式中，M 代表过渡金属；X 代表 P、S、O、N、F、Se 等；a、b、c 代表的是起始化合物和最终形成的含钠化合物的化学计量组成。在转化类反应中，由于过渡金属通常被还原为金属态，每单位起始化合物能转移多个电子，因此相比于嵌入类反应，转化类材料通常具有更高的容量（图 7-11）。如果 M 为非电化学活性元素，如 Fe、Co、Ni，则只会进行式(7-2)一步反应。如果 M 为电化学活性元素，如 Sn 和 Sb，则在一步反应生成金属元素后，会进一步与 Na 进行合金化反应[式(7-1)]，理论容量更高。然而，对于转化类材料来说，钠化-脱钠过程中同样存在体积严重变化的问题，会造成对电极的破坏，导致电接触变差，容量迅速衰减。此外，尺寸较大(1.02 Å)的 Na$^+$反应动力学缓慢，影响最终的容量。为了解决这些问题，通常采用设计纳米结构电极或与碳基导电材料相结合的方式来提升转化类材料的电化学性能。

过渡金属氧化物 MO$_x$ 具有大于 600mA·h·g^{-1} 的理论容量。其中，氧化铁，尤其是 Fe$_3$O$_4$ 和 Fe$_2$O$_3$，因理论容量接近 1000mA·h·g^{-1}、无毒、成本低廉和高耐腐蚀性而备受关注。Hariharan 等合成的 Fe$_3$O$_4$ 纳米颗粒具有 643mA·h·g^{-1}

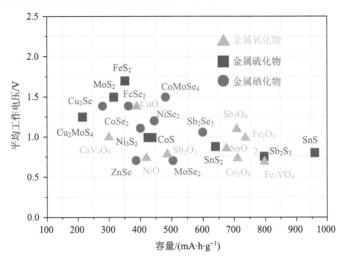

彩图 7-11

图 7-11　转化类负极材料容量与平均电压的关系图

的初始容量，放电后表现出不完全的氧化过程导致初始库仑效率只有 57%。为了解决铁基材料电导率较低、体积膨胀的问题，可以采用纳米化或与碳结合形成复合材料的方式。将通过水热法制备的平均尺寸为 4.9nm 的 Fe_3O_4 量子点附着在三维石墨烯泡沫上形成的 3D-0D 石墨烯-Fe_3O_4 复合材料表现出 $525mA \cdot h \cdot g^{-1}$ 的容量（$30mA \cdot g^{-1}$），在 $50mA \cdot g^{-1}$ 的电流密度下循环 200 次后容量保持在 $312mA \cdot h \cdot g^{-1}$，同时具备优异的倍率性能。$\gamma$-$Fe_2O_3$ 纳米颗粒均匀分布在多孔碳基体中形成的 γ-Fe_2O_3/C 复合结构在 $200mA \cdot g^{-1}$ 的电流密度下循环 200 次后可逆容量高达 $740mA \cdot h \cdot g^{-1}$。$Co_3O_4$ 理论容量高达 $890mA \cdot h \cdot g^{-1}$。Rahman 等证明了使用纳米结构 Co_3O_4 进行转化反应的可行性，在 $25mA \cdot g^{-1}$ 的电流密度下表现出 $447mA \cdot h \cdot g^{-1}$ 的可逆容量，循环 50 次后容量保持率为 86%。Co_3O_4 纳米球-碳纳米管复合材料可以提供 $487mA \cdot h \cdot g^{-1}$ 的容量，以及 $3.2A \cdot g^{-1}$ 时 $184mA \cdot h \cdot g^{-1}$ 的良好倍率性能，同时添加氟代碳酸乙烯酯（fluoroethylene carbonate，FEC）作为电解液添加剂可以促进薄而坚固的 SEI 层来优化负极材料，改善其电化学性能。此外，锡基（SnO、SnO_2）、铜基（CuO）、钼基（MoO_2）、镍基（NiO、NiO/Ni）、锰基（Mn_3O_4）等过渡金属氧化物类材料也多有报道。例如，基于转化和合金化两步反应，碳修饰的 SnO 和 SnO_2 分别可以提供 $530mA \cdot h \cdot g^{-1}$ 和 $412mA \cdot h \cdot g^{-1}$ 的容量。嵌入碳纳米纤维网中的 CuO 量子点初始容量为 $528mA \cdot h \cdot g^{-1}$，在 $5A \cdot g^{-1}$ 时具有 $250mA \cdot h \cdot g^{-1}$ 的良好倍率性能。

　　过渡金属硫化物，包括硫化钼（Mo_2S、MoS_2）、硫化钨（WS_2）、硫化钴（CoS、CoS_2）、硫化铁（FeS、FeS_2）、硫化锡（SnS、SnS_2）、硫化铜（CuS）、硫化锰（MnS）、

硫化镍（NiS）、硫化钛（TiS$_2$）和硫化锌（ZnS），同样作为钠离子电池负极材料受到了广泛研究。相比于氧化物，硫化物在钠化/脱钠过程中体积变化较小，并且由于Na$_2$S 导电性更强，M—S 键更弱，转化反应更加可逆。然而，硫化物在转化反应过程中会生成多硫化物阴离子（S$_x^{n-}$）等中间产物，易溶于有机电解液，对循环稳定性、电极完整性都有严重的影响。因此，关于硫化物的研究主要集中在通过纳米结构设计、组分调控及与导电/保护性材料结合提升其电化学性能等方面。例如，利用具有较大层间距的纳米花状 MoS$_2$ 作为负极材料，在 50mA·g^{-1} 的电流密度下可以提供 350mA·h·g^{-1} 的容量，0.4V 的平均电压及优异的循环稳定性。由多个纳米球组成的三维 MoS$_2$-石墨烯微球在 1.5A·g^{-1} 的电流密度下可以提供323mA·h·g^{-1} 的可逆容量，并且在循环 600 次后库仑效率高达 99.98%。由还原氧化石墨烯复合的层状 WS$_2$ 在 200mA·g^{-1} 的电流密度下循环 200 次后，可逆容量保持为 334mA·h·g^{-1}。附着在碳纳米管上的碳包覆的 CoS 中空纳米颗粒得益于中空的形貌和双导电网络，可以在 100mA·g^{-1} 的电流密度下提供 562mA·h·g^{-1}的容量，在 500mA·g^{-1} 下循环 200 次后可以保持在初始容量的 90%。纳米晶 FeS$_2$与 Na$^+$反应可以形成非晶相的 Na$_2$S，能够有效缓解循环过程中膨胀和收缩时的应力，在 1A·g^{-1} 的电流密度下循环 400 次后具有 500mA·h·g^{-1} 的高容量。

过渡金属磷化物（CuP$_2$、CoP、FeP$_4$、FeP$_2$、FeP、Zn$_3$P$_2$、Ni$_2$P 等）同样可以作为钠离子电池负极材料。其存在的主要问题是钠化/脱钠过程中体积变化引起的电极持续粉化，一种有效的途径是与一些金属（Ni、Fe、Co、Cu、Sn）形成二元金属-磷化合物。通过在钠化/脱钠过程中形成的 Na$_x$M 或 Na$_x$P 等中间产物，可以有效修复或抑制电极粉化。因此，转化-合金化联合反应可以有效解决体积膨胀带来的问题。Sn$_4$P$_3$ 的电导率为 30.7S·cm^{-1}，比容量高达 1132mA·h·g^{-1}。通过球磨制备的 Sn$_4$P$_3$ 纳米颗粒经过转化反应获得可逆比容量为 718mA·h·g^{-1}，并且在100 次循环后容量衰减可以忽略，这些特性可归因于合金过程中 Sn 和 P 的粉化可以通过转化反应修复。

7.4　钠离子电池电解质

电解质是所有钠离子电池中必不可少的决定性成分，在平衡和通过离子转移电荷方面起着关键作用。在理想条件下，当电子通过外部电路时，电解质应仅作为离子电荷转移的介质，而使负极（阳极）和正极（阴极）电子绝缘。由于电解质位于高还原性和氧化性活性材料（电极）之间，因此必须同时满足两个电极的需要，其稳定性或亚稳定性至关重要。通常，电解质的选择对钠离子电池的能量密度、安全性、循环寿命、储存性能及工作条件等有重要影响，同时，电解质在与电极发生相互作用后，会显著影响 SEI 界面态和活性材料的内部结构，从而影响钠离子电池的比容量。因此，设计和开发与电极材料匹配的电解质体系对于钠离子电池的发展至关重要。理想的钠离子电池电解质需要满足以下几个基本要求：

(1) 良好的化学惰性，在工作期间应该对所有的电池组件保持惰性；

(2) 高离子电导率，零电子迁移率，分别实现 Na^+ 的快速传输和自放电的最小化；

(3) 较宽的电化学稳定性窗口，避免电解质分解；

(4) 更高的热稳定性，扩展钠离子电池的工作范围；

(5) 基于丰富廉价的化学物质，以及成本低廉、工艺简单的制备过程；

(6) 环境友好且无毒，减少对环境的危害。

目前钠离子电池电解质主要可以分为液体、固体和凝胶聚合物三种类型，其中液体电解质主要包括有机电解质、离子液体电解质和水系电解质，固体电解质主要包括固体聚合物电解质、复合固体电解质及无机固体电解质。

7.4.1　有机电解质

因为具有较高的离子电导率、良好的钠盐溶解性及较低的成本，目前钠离子电池电解质主要采用的是有机溶剂中加入电解质盐的形式。

归功于较高的电化学稳定性和溶解碱金属盐的能力，碳酸酯已成为钠离子电池的主要溶剂，最广泛使用的是环状碳酸丙烯酯(propylene carbonate，PC) 和碳酸乙烯酯(ethylene carbonate，EC)，以及线性碳酸甲乙酯(EMC)、碳酸二甲酯(DMC) 和碳酸二乙酯(DEC)。使用最多的钠盐是高氯酸钠($NaClO_4$)，其次是六氟磷酸钠($NaPF_6$)、三氟甲基磺酸钠($NaCF_3SO_3$)和双三氟甲烷磺酰亚胺钠(NaTFSI)，其他盐的报道较少。并且由于单一的电解质溶液或钠盐无法满足钠离子电池的所有需求，因此除了少数使用 PC 为溶剂外，大多数钠离子电解质体系采用一种或多种钠盐溶解在两种或多种溶剂混合物中。最常见的体系为 EC：DEC、EC：PC、基于 PC 的体系和 EC：DMC 混合溶剂。Ponrouch 等详细研究了不同钠盐($NaClO_4$、NaTFSI 和 $NaPF_6$)在单一溶剂 PC、EC、DMC、二甲醚(DME)、THF、DEC 和三甘醇二甲醚(triglyme)，以及混合溶剂 EC：DMC、EC：DME、EC：PC 和 EC：triglyme 中所形成的电解质体系的电化学性能，包括黏度、离子电导率及电化学稳定性和热稳定性。结果表明不同钠盐($NaClO_4$，6.35×10^{-3} S·cm^{-1}；NaTFSI，6.2×10^{-3} S·cm^{-1}；$NaPF_6$，7.98×10^{-3} S·cm^{-1})对电导率的影响不大，而溶剂对电导率的影响更大，如图 7-12 所示。通过采用高介电常数的溶剂增加钠盐的解离或降低溶液的黏度，可以有效提高电解质的离子电导率。同样，溶剂的选择相较钠盐对电解质的电化学稳定性窗口有更重要的影响，PC、DEC 及其混合物，以及

EC：DMC 混合物的稳定性最好。同时他们研究了硬碳作为负极时不同体系电解质的适用性，发现由于稳定的 SEI 膜的形成，$NaPF_6$/EC：PC 展现出最好的性能，可逆容量达到 $200mA \cdot h \cdot g^{-1}$，并且具有良好的循环稳定性。另一项研究探索了使用 DME、DMC 和 DEC 作为 $NaPF_6$/EC：PC 助溶剂的效果，发现第三种溶剂的添加可以有效降低溶液黏度，从而提高离子电导率。EC：PC：DMC（4.5：4.5：1，摩尔比）在硬碳作为负极，$Na_3V_2(PO_4)_2F_3$ 作为正极的电池体系中展现出 3.65 V 的工作电压，出色的循环稳定性（120 次循环后比容量保持在 $97\,mA \cdot h \cdot g^{-1}$）和库仑效率（>98.5%）。

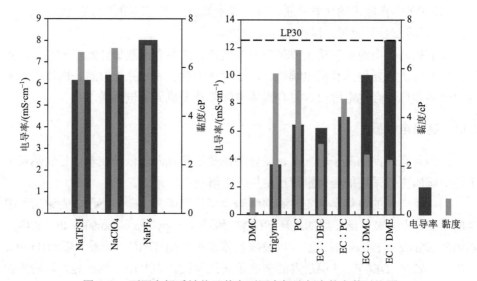

图 7-12　不同电解质钠盐及其在不同有机溶剂中的参数对比图

　　此外，有机电解质的成分对电极的性能也有一定影响。Rudola 等比较了 $1mol \cdot L^{-1} NaClO_4$/EC：PC（1：1，体积比）和 $1\,mol \cdot L^{-1} NaClO_4$/PC 对正极材料 $NaTi_2(PO_4)_3$ 的影响，由于不同 SEI 的形成，$NaClO_4$/PC 会导致负极钠极化的增加，从而改变电压的分布。Tarascon 等讨论了基于 $NaPF_6$ 的电解质对 $Na_3V_2(PO_4)_2F_3$ 中形成的 SEI 稳定性的影响，发现线性碳酸酯在低电位下不稳定，形成高度可溶的产物，无法构建有效的 SEI 层，相比之下，环状碳酸酯可以在同样条件下实现出色的循环稳定性。

　　另一类有代表性的有机电解质是可以在石墨负极中实现 Na^+-溶剂共嵌入的醚基电解质。石墨是锂离子电池中应用最广泛的负极材料，然而由于不利的热力学参数，Na^+ 无法自主嵌入石墨负极，包括 Na^+ 从电解质中脱离并扩散到固态石墨结构中所需的去溶剂化能量。然而，通过使用共插层电解质，可以形成三元石墨插层化合物(t-GIC)，不需要完全去溶剂化，因为 Na^+ 在参与电化学反应时保持溶剂化。Adelhelm 等使用基于二甘醇二甲醚和 $NaCF_3SO_3$ 的电解质首次证明了 Na^+-二甘醇二甲醚络合物共嵌入石墨的可能，制备的半电池获得了近 $100mA \cdot h \cdot g^{-1}$ 的容量，具有超过 99% 的库仑效率和优秀的循环寿命。Kang 等评估了不同钠盐 $NaPF_6$、$NaClO_4$ 和 $NaCF_3SO_3$ 在各种甘醇二甲醚(TEGDME、DEGDME、DME)中的电化学性能，发现溶剂对插层电位和倍率性能起决定性作用，而钠盐的影响可以忽略不计。甘醇二甲醚分子量的增加会提高插层能力，但会降低倍率性能。Jache 等同样系统地比较了不同甘醇二甲醚的效果(包括线性单甘醇二甲醚、二甘醇二甲醚、三甘醇二甲醚和四甘醇二甲醚，环醚四氢呋喃及其衍生物)，并详细说明了 t-GIC 的形成和稳定性。结果表明，线性甘醇二甲醚的分子长度会影响氧化还原电位，链长增加时，氧化还原电位更高。理论研究表明，醚基电解质中 Na^+ 的嵌入要经历多个阶段，最终形成与石墨层平行双堆叠的复合物 $[Na\text{-ether}]^+$。DFT 表明，实现 $[Na\text{-溶剂}]^+$ 的共嵌入过程需要溶剂化能大于 1.75eV，并且需要 $[Na\text{-溶剂}]^+$ 的 LUMO 高于石墨的费米能级，以形成稳定的钠溶剂络合物。Zhu 等的研究表明，不同的石墨负极在不同醚基电解质体系中的表现也不尽相同，$1mol \cdot L^{-1}$ $NaCF_3SO_3$/二甘醇二甲醚和天然石墨负极体系表现最佳，证明了 6000 次的循环稳定性和高达 $10A \cdot g^{-1}$ 的非凡倍率性能。最近，醚基电解质在一些非石墨(硬碳、石墨烯等)负极中的应用研究也开始逐渐展开，并且在较高电流下都展示出良好的容量保持能力及长期循环稳定性。

改善有机电解质整体性能的一种有效策略是加入成膜添加剂，可以在电池的初始激活循环中形成高度可调的界面相。FEC 被证明是钠离子电池中有效的 SEI 添加剂，FEC 的电化学分解可以在正极和负极表面形成保护膜，能够有效阻止电解质的进一步分解。并且形成的 SEI 降低了电极/电解质的相间电阻，促进了钠离子的传输，从而可以有效提高容量保持率和倍率性能。例如，Dall'Asta 等研究了 $Na_{0.44}MnO_2$ 正极材料在各种有机电解质中的性能，发现 PC 基电解质在添加 FEC 后性能得到明显改善。Piernas-Muñoz 等研究了 FEC 在含有 $NaClO_4$ 或 $NaPF_6$ 和 EC：PC、EC：DMC、EC：DEC 溶剂混合物的电解质中的作用，结果表明，在 EC：PC 混合溶剂中使用 $NaPF_6$ 盐在输送容量、库仑效率、容量保持率和倍率能力方面是最佳选择，FEC 的存在可将界面电阻稳定在较低的值，从而提高电池的库仑效率。Komaba 等进一步评估了 FEC 作为电解质添加剂在采用硬碳电极的半电池中的效果，该电极使用 PVDF 或 CMC 黏合剂制成。结果表明，FEC 对使用 PVDF 的硬碳电极的性能有正面影响，而对基于 CMC 黏合剂的电极有负面影响。

7.4.2   离子液体电解质

离子液体(ionic liquids, ILs)可以被简单地定义为液态的盐,通常由具有大尺寸的低对称有机阳离子和无机或有机高电荷离域阴离子组成,其熔点或玻璃化转变温度在 100℃以下,在室温或接近室温的情况下呈液态。离子液体作为电解质表现出良好的电化学稳定性、环境相容性、可以忽略的蒸气压,特别是良好的热稳定性,与高挥发性和易燃的有机电解质相比,通常稳定至 300~400℃。自 1914年首次合成以来,已经开发了 100 种以上的离子液体,而目前在钠离子电池领域广泛研究的主要是基于咪唑啉型(imidazolium)、吡咯烷(pyrrolidinium, pry)等阳离子, 四氟硼酸(tetrafluoroborate)、 双三氟甲烷磺酰亚胺[bis(trifluorome-thanesulfonyl)imide, TFSI]、双氟磺酰亚胺[bis(fluorosulfonyl) imide, FSI]等阴离子的离子液体电解质。1-乙基-3-甲基咪唑鎓四氟硼酸盐(1-ethyl-3-methylimidazolium tetrafluoroborate, EMDT)作为电解质在 20℃时具有 $9.8×10^{-3}$ S·cm^{-1} 的优异离子电导率、不可燃性和良好的耐热性,以其作为电解质, $Na_3V_2(PO_4)_3$ 作为正负极材料的对称全电池被证明在 400℃以下是稳定的,相比于采用传统易燃碳酸盐基电解质的电池在高温下的热稳定性和可循环性得到明显改善。Zhang 等报道了在硬碳半电池和硬碳/钠锰氧化物全电池中使用离子液体 N-丙基-N-甲基吡咯烷(PMP)-FSI 作为电解质,在半电池中和全电池中 100 次循环后的容量保持率分别为 90%和 97%,明显高于有机基电解质的 70%和 61%。Wongittharom 等详细研究了 Pyr$_{14}$TFSI 在 NaFePO$_4$/Na 电池中的电化学性能,在 50℃,0.5mol·L^{-1} NaTFSI-IL,0.05C 的电流密度下电池展示出 125mA·g^{-1} 的容量,在 1mol·L^{-1} NaTFSI-IL 电解液中循环 100 次后容量保持率为 87%,远高于 1mol·L^{-1} NaClO$_4$/EC + DEC 电解液(62%)。同时,在 50℃时的比容量是 25℃时的两倍,表明离子液体电解质在高温下的优异性能。为了进一步提升离子液体的电化学性能,可以采取将离子液体与传统有机电解质结合的方式。有机溶剂将确保更高的离子电导率和更低的黏度,而离子液体可以带来更好的稳定性,同时降低可燃性风险。同时,有机电解质的引入可以有效降低电解质整体的成本。2018 年,Manohar 等报道了 1mol·L^{-1} NaFSI/Pyr$_{13}$FSI-(EC-PC)混合电解质,经优化后表现出 3.2 mS·cm^{-1} 的离子电导率,电化学窗口达到 5V。该电解液中的 Na$_3$V$_2$(PO$_4$)$_3$/Na 电池在 0.2C 和 5C 时分别可以提供 115mA·h·g^{-1} 和 100mA·h·g^{-1} 的容量,在 0.5C 的电流密度下循环 100 次后容量保持率为 95%。

7.4.3   水系电解质

水系电解质具有成本低廉、固有安全性高、环境友好、资源丰富的优点,并且由于其同时具有路易斯碱性和路易斯酸性,水可以和大多数盐形成溶剂化结构,因此在钠离子电池中的应用具有很大吸引力。在各种水系电解质体系中,去离子水中各种浓度的 Na_2SO_4 是研究最为广泛的电解质。$1mol \cdot L^{-1} Na_2SO_4$ 与各种中性 pH 电极材料兼容,包括 $Na_{0.44}MnO_2$、$Na_3V_2(PO_4)_3$、$Na_3MnTi(PO_4)_3$、$NaTi_2(PO_4)_3$ 等。使用 λ-MnO_2 作为正极,活性炭在 $1mol \cdot L^{-1} Na_2SO_4$ 中性 pH 水性电解质中作为负极,组装了第一个水系钠离子电池组($80V$,$2.4kW \cdot h$)。Wu 采用相同的电解液,以 $NaTi_2(PO_4)_3$ 和 $Na_2NiFe(CN)_6$ 分别作为正极和负极,获得了 $1.27V$ 的平均输出电压、$42.5W \cdot h \cdot kg^{-1}$ 能量密度,$5C$ 倍率下 88% 的容量保持率(250 次循环)。

尽管有以上优点,但是水会自动解离成 OH^- 和 H_3O^+以加速在氧位点形成路易斯碱度和在氢位点形成酸度,这表明水性电解质比有机电解质更具腐蚀性并且具有更窄的热力学窗口,约 $1.23V$(图 7-13),限制了电极材料的选择。从而限制了水系钠离子电池的能量密度,普遍在 $100W \cdot h \cdot kg^{-1}$ 以下。出于同样的原因,水的消耗(分解)总是会导致密封水系电池系统失效。除电解质分解外,还涉及其他副反应,包括电极与水或 O_2 的反应、质子共嵌入和电极材料的溶解。实际上,水的稳定性窗口取决于水电解质的 pH,实际范围受到反应动力学的影响,可以达到 $1.8V$。并且水的分解发生在电极-电解质的界面,受电极表面过电位和电极表面水分子吸附/解吸引起的局部 pH 变化的影响。因此,调整电解液成分和参数可以有效扩大电压窗口,抑制副反应。另一方面,可以通过使用浓缩电解质来抑制水的活性,克服以上缺点。采用 $NaTi_2(PO_4)_3$ 作为正极材料,$2mol \cdot L^{-1} Na_2SO_4$ 作为电解质,在 $2mA \cdot cm^{-2}$ 电流密度下获得 $124mA \cdot h \cdot g^{-1}$ 的可逆容量,具有 $2.1V$ 的平台电压($vs.\ Na/Na^+$)。此外,$NaClO_4$ 因具有非常高的溶解度同样备受关注,饱和的 $NaClO_4$ 电解质具有大约 $3.2V$ 的宽电化学窗口,可以有效拓展电极对的选择范围。最近,"盐包水"(water in salt)电解质的概念引起了众多关注。当盐的浓度足够高,可用水分子的数量不足以形成溶剂化壳时,电解质可以视为液化的盐,即"盐包水",具有一系列特殊的传输和界面特性。采用基于 $9.26mol \cdot L^{-1}$ $NaCF_3SO_3$ 的"盐包水"电解质可以在阴极表面形成导电 SEI 层,有效抑制 H_2 的析出,并且降低水的电化学活性从而阻碍 $Na_{0.66}[Mn_{0.66}Ti_{0.34}]O_2$ 上的氧析出,获得高达 $2.5V$ 的电化学窗口,在 $0.2C$ 下循环 350 次后展现出优异的可逆性和极高的库仑效率。"盐包水"电解质的主要问题之一是使用的钠盐成本升高,利用更便宜的乙酸钾(KAc)和乙酸钠(NaAc)来制备双阳离子高浓度电解质,组成为 $32mol \cdot L^{-1}$ KAc 和 $8mol \cdot L^{-1}$ NaAc 的"盐包水"电解质,具有较高的电化学稳定性窗口及与低成本铝集电体的良好兼容性。

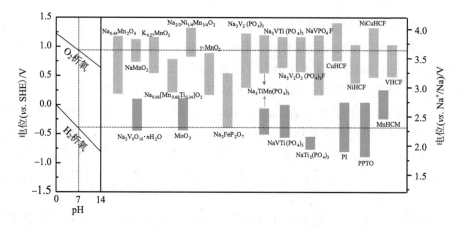

图 7-13　不同 pH 的水系电解质的电化学稳定性窗口和水系钠离子电池中
电极材料的氧化还原电位

7.4.4　固体电解质

　　尽管基于液体电解质的钠离子电池具有优异的电化学性能，但有机溶剂高度易燃、易挥发的特点会带来严重的安全隐患。与传统的有机电解质相比，固体电解质表现出优异的热稳定性、低可燃性，以及由于电化学稳定性提高而可能获得更好的电池寿命。此外，固体电解质比液体电解质具有更高的迁移数，并且不会发生去溶剂化，从而增强了其动力学性能。基于以上原因，固体电解质被认为是下一代钠离子电池的有前途的组件，如图 7-14 所示。目前，固体电解质的研究主要集中在固体聚合物电解质（solid polymer electrolytes, SPEs）、复合聚合物电解质（composite polymer electrolytes, CPEs）及无机固体电解质（inorganic solid electrolytes, ISEs）。

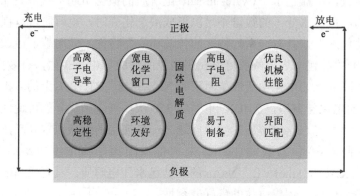

图 7-14　固态钠离子电池的组成及相应的要求

SPEs 具有成本低廉、质量轻(能量密度高)、安全性高、可加工性(成型、图案化和集成)好及充电/放电过程中对电极体积变化的良好抵抗力等特点。然而其室温下的离子导电性有限($10^{-7} \sim 10^{-5}$S·cm^{-1}),因此需要在合适的温度下工作(60~90℃),并且需要通过调节电解质盐(NaPF$_6$、NaTFSI、NaFSI)和聚合物基质来改善其离子电导性,聚合物较高的介电常数有助于电解质盐的分解,Na$^+$可以和极性基团(—O—、—N—、—S—、C≡O、C≡N 等)配位。在电场的驱动下,聚合物链的局部运动导致 Na$^+$从一个配位位点移动/跳跃到相邻的活性位点,从而实现离子迁移。聚氧化乙烯[poly(ethylene oxide),PEO]具有重复的 CH$_2$CH$_2$O(EO)基团和孤对电子,出色的溶剂化能力(DN=22)和离子解离能力,以及良好的机械强度,是 SPEs 中最典型的聚合物之一。1987 年,West 等研究了 PEO-NaClO$_4$ 的性质,当 PEO 中的氧与 Na$^+$的配位程度 EO/Na$^+$为 12%(摩尔分数)时,PEO-NaClO$_4$ 在 80℃时的离子电导率为 0.65 mS·cm^{-1}。PEO/NaPF$_6$ 的离子电导率在 70℃时可以达到 10^{-3}S·cm^{-1}(EO/Na=15)。基于 NaPF$_6$、NaClO$_4$、NaCF$_3$SO$_3$、NaSCN、NaBF$_4$、2,3,4,5-四氰基吡咯钠(NaTCP)、2,4,5-三氰基咪唑钠(NaTIM)等钠盐的 PEO 也有相关报道,其中 NaTFSI 展现出最高的离子电导率($\approx 10^{-3}$ S·cm^{-1},80℃)。除 PEO 外,多种聚合物基质被相继报道。聚磷腈(PAN)的玻璃化转变温度极低,有利于提高离子电导率,并且具有优异的抗氧化性和热稳定性,但机械强度和抗还原能力都不够,合成路线相对复杂。聚甲基丙烯酸甲酯(PMMA)中丰富的酯基与碳酸酯增塑剂中的氧原子有很强的相互作用,具有很强的溶解大量液体电解质的能力,因此,基于 PMMA 的 SPE 通常具有较高的离子电导率。聚乙烯吡咯烷酮(PVP)中大量的侧链羰基的存在赋予其优异的解离能力和较高的无定形区域,允许更快的离子迁移,并且可以为混合材料提供优异的热稳定性和机械强度。聚(偏二氟乙烯-六氟丙烯)(PVDF-HFP)具有高介电常数($\varepsilon = 8.4$)、出色的机械强度、优异的电化学稳定性和热稳定性。相对便宜的聚氯乙烯(PVC)含有丰富的 C—Cl 键,使其与电解质盐类具有很强的结合能力。总的来说,SPEs 的合理设计应充分考虑 SPE 基质的成分和电解质盐的种类。

为了进一步提升 SPEs 的离子电导性,可以通过聚合物交联、共聚、混合、掺杂无机填料的方式形成 CPEs。其中,无机填料主要可以分为惰性材料(SiO$_2$、TiO$_2$、ZrO$_2$ 等)和活性材料(NASICON、NaSiO$_3$ 等)。惰性填料一方面可以增加聚合物基质的无定形区域从而增强离子导电性,另一方面可以增加 SPEs 的机械强度、化学和热力学稳定性。活性填料参与 Na$^+$的传输,诱导复杂的导电行为,有利于提升离子电导率。例如,将 NASICON 型 Na$_3$Zr$_2$Si$_2$PO$_{12}$ 添加到 PEO 聚合物中,得到的 CPE(PEO/25wt% Na$_3$Zr$_2$Si$_2$PO$_{12}$/NaClO$_4$)在 60℃下具有 5.6×10^{-4} S·cm^{-1} 的高离子电导率。同样,将 Na$_{3.4}$Zr$_{1.8}$Mg$_{0.2}$Si$_2$PO$_{12}$ 纳米颗粒引入 PEO 中形成的 CPE

在 80℃下离子电导率可以提高到 2.4×10^{-3} S·cm^{-1}。液相反应法制备的
Na$_3$PS$_5$-PEO 电解质在室温下离子电导率可以提升到 9.4×10^{-5} S·cm^{-1}，与 SnS$_2$/Na
制备的固态电池容量达到 230mA·h·g^{-1}，并且具有良好的循环性能。通过溶液
浇铸法制备的 NaClO$_4$-PEO 与纳米级 TiO$_2$ 结合形成的 CPE 在 60℃下离子电导率
达到 2.62×10^{-4} S·cm^{-1}（EO/Na=20），显著高于不含 TiO$_2$ 时的 1.34×10^{-5} S·cm^{-1}，
电导率的提升主要归因于聚合物基电解质中形成了更多的无定形区域并促进了
PEO 链的移动性。此外，通过对金属氧化物添加剂进行适当的功能化，可以进一
步提高 CPE 的性能。例如，相对于纳米颗粒 TiO$_2$，纳米棒状 TiO$_2$ 引入 CPE 后可
以获得更大的离子电导率和介电常数。

与聚合物电解质相比，ISEs 具有更高的机械强度、更高的离子电导率和钠离
子迁移数，可以有效提升电池的安全性能，改善电池的长期循环性能和功率密度。
在 ISEs 中，离子传输需要克服一定的能量势垒跳跃到相邻的位点，因此 Na$^+$ 的浓
度、相邻位点的缺陷、较低的能量势垒及合适的传输通道决定了其离子电导率。
目前在钠离子电池领域得到广泛研究的 ISEs 主要包括 β-氧化铝和 NASICON。β-
氧化铝具有两种层状晶体结构：β-Al$_2$O$_3$（六方晶系：$P63/mmc$；$a = b = 5.58$ Å，$c=$
22.45 Å）和 β''-Al$_2$O$_3$（菱方晶系：$R\bar{3}m$；$a = b = 5.61$ Å，$c= 33.85$ Å）。其中，β''-Al$_2$O$_3$
具有更好的离子导电性。单晶 β''-Al$_2$O$_3$ 在室温和 300℃的条件下电导率分别为
0.1S·cm^{-1} 和 1S·cm^{-1}。而多晶 β''-Al$_2$O$_3$ 由于晶界处的电阻较大，电导率在室温
和 300℃时分别衰减至 2.0×10^{-3} S·cm^{-1} 和 0.2～0.4 S·cm^{-1}。目前，β''-Al$_2$O$_3$ 的
合成方法有很多，包括固相反应、共沉淀、溶胶-凝胶、溶液燃烧技术、醇盐分解、
分子束外延、激光化学气相沉积等，其中一些方法可以有效降低颗粒边界效应，
提高致密化程度。然而，由于热力学稳定性有限，很难制备纯净的 β''-Al$_2$O$_3$，制
备过程中通常会生成不需要的杂质（β-Al$_2$O$_3$ 和 NaAlO$_2$），最终的电导率与
β-Al$_2$O$_3$/β''-Al$_2$O$_3$ 的比值密切相关。在反应中加入 Li$^+$、Mn^{2+}、Ni^{2+}、Ti^{4+} 等稳定剂
可以制备纯度更高的 β''-Al$_2$O$_3$。事实上，纯净的 β''-Al$_2$O$_3$ 对水敏感，且机械强度
较低（断裂强度：200 MPa）。因此，目前的研究重点是精确控制 β''-Al$_2$O$_3$ 的比例，
以实现良好的机械强度和较高的离子电导率，并减少不必要的副产物。

NASICON 具有由相互连接的多面体组成的共价框架，形成具有大量间隙位
点的骨架结构，适合 Na$^+$ 的迁移。通式一般可表示为 Na$_3$MM′ (PO$_4$)$_3$，M、M′位
点可被二价、三价、四价或五价过渡金属离子占据，P 可以被 Si 或 As 取代。
NASICON 的电导率与 Na 浓度和晶体结构密切相关，后者受 M、M′阳离子大小
的影响，平均离子半径应接近 Zr 的离子半径（0.72 Å），以获得与 β/β''-Al$_2$O$_3$ 相当
的电导率。可以通过合成无杂质的纯 NASICON，调控微观结构及掺杂等方式降
低离子迁移活化能，减少孔隙率来提高 NASICON 的离子电导率。最近，NASICON

在室温下报道的最高电导率为 $Na_{3.35}La_{0.35}Zr_{1.65}Si_2PO_{12}$ 的 3.4×10^{-3} S·cm^{-1}。然而，NASICON 材料通常需要在高于 1100℃的温度下进行固态反应以降低晶界电阻，获得较高的电导率。此外，高温会导致轻元素挥发及电极材料发生不良副反应等问题。这些问题严重限制了 NASICON 电解质的进一步应用。将 NASICON 与一些陶瓷材料复合的方式可以降低材料的煅烧温度。例如，$Na_3Zr_2Si_2PO_{12}$ 与 $60Na_2O-10Nb_2O_5-30P_2O_5$ 形成的复合材料在 700℃下熔化，室温下表现出 10^{-6} S·cm^{-1} 的离子电导率，在 900℃下煅烧 10 min 后室温离子电导率为 $1.2×10^{-4}$ S·cm^{-1}。在 $Na_3Zr_2Si_2PO_{12}$ 电解质中使用 4.8% Na_3BO_3 添加剂同样将烧结温度降低到 900℃，获得了 $1.9×10^{-3}$ S·cm^{-1} 的室温电导率。

7.4.5 凝胶态聚合物电解质

在 SPE 聚合物/盐中加入高百分比的常规液体电解质，既可以作为溶剂又可以作为增塑剂，由此而获得的电解质为凝胶态聚合物电解质(GPEs)。聚合物塑化后，含有碱金属盐的液体电解质被困在聚合物基质中。与 SPEs 中阳离子运输仅依赖聚合物的链段运动不同，GPEs 中阳离子既可以在凝胶相中传输，也可以在液态中传输，离子电导率得到了提升。在某种程度上，GPEs 在物理状态和化学性质方面可以被视为介于液体电解质和固体电解质之间的一种中间状态。相比于液体电解质，GPEs 可以有效避免液态电解质泄漏可能导致的安全问题；相比于 ISEs，GPEs 具有优越的柔韧性和易加工性。基于以上原因，GPEs 在钠离子电池领域得到了广泛研究，目前已经发展了基于 PEO、PAN、PMMA、PVDF、全氟磺酸膜(NAFION)的 GPEs。类似于 SPEs，同样可以采用聚合物交联、共聚、混合、掺杂填料等方式提升 GPEs 的电化学性能。例如，将 SiO_2 掺杂到三元共混 PEO/PMMA/PVDF-HFP 中形成的 GPE 在室温下离子电导率达到 $0.81×10^{-3}$ S·cm^{-1}，并且 SiO_2 纳米颗粒的存在可以稳定 GPE 和金属钠阳极之间的界面，提高 GPE 的机械强度，获得更好的循环稳定性。基于分散有 SnO_2 纳米颗粒及 1mol·L^{-1} $NaClO_4$-EC/PC(1:1，体积比)的 PMMA 的 GPE，在 20℃时具有 3.4mS·cm^{-1} 的电导率。较高的电导率得益于材料的无定形状态及阴离子和 SiO_2 纳米颗粒相互作用形成的电荷缺陷。采用原位自由基聚合法合成的 PMMA 浸润在 1mol·L^{-1} $NaClO_4$-PC/FEC (9:1，体积比)中形成的 GPE 表现出 4.8V 的宽化学窗口，离子电导率高达 $6.2×10^{-3}$ S·cm^{-1} (25℃)。以此 GPE 制备的 Sb/$Na_3V_2(PO_4)_3$ 全电池在 0.1C 倍率和 10C 倍率下分别具有 106.8mA·h·g^{-1} 和 61.1mA·h·g^{-1} 的放电容量。Hashmi 等使用 PVDF-HFP 作为主体聚合物，$NaCF_3SO_3$ 作为离子盐，通过溶液浇铸法合成了一种基于离子液体 EMITf 的 GPE。由 EMITf：PVdF-HFP(4:1，质量比)+0.5mol·L^{-1} NaTf 组成的 GPE 表现出良好的稳定性，27℃时离子电导率为 $5.74×10^{-3}$ S·cm^{-1}，电化学窗口达到 5V，钠离子迁移数为 2.3。一种通过原位热聚合法制备的基于乙氧化季戊四醇四丙烯酸酯(EPTA)的 GPE，采用 $NaPF_6$ 为钠盐，PC：EMC(1：1)、FEC、1,3-丙烷磺酸内酯(CS)分别作为增塑剂、助溶剂和添加剂，25℃时的离子电导率可以达到 $5.33×10^{-3}$ S·cm^{-1}，电化学稳定窗口达到 5.5V(*vs.* Na/Na^+)。与石墨负极和金属钠正极组成的体系具有 4.4V 的工作电压和 484W·h·kg^{-1} 的能量密度。

7.5　钠离子电池产业化现状

2011 年，全球首家专注钠离子电池产业化的英国 FARADION 公司成立后，钠离子相关的研究迎来了全面增长。钠离子电池已逐步开始了从实验室走向实用化的阶段，国内外已有超过二十家企业正在进行钠离子电池产业化的相关布局，并且取得了重要进展。目前，世界范围内已经布局钠离子电池产业化生产的企业主要包括中科海钠科技有限责任公司(HiNa)、宁德时代新能源科技股份有限公司(CATL)、浙江钠创新能源有限公司、辽宁星空钠电电池有限公司，美国的 Nature Energy Inc.、Aquion Eenrgy，法国的 NAIADES 计划团体、Tiamat Energy，日本的 Kishida Chemical Co, Ltd.、松下电器产业株式会社、三菱重工业株式会社，英国的 Faradion Limited，瑞典的 Altris 等。几个世界领先的钠离子电池生产商的钠离子电池已经做到了 100~160W·h·kg^{-1} 的能量密度，这一水平远高于铅酸电池的 30~50W·h·kg^{-1}，与磷酸铁锂电池的 120~200W·h·kg^{-1} 相当。钠离子电池的循环寿命已经做到 3000 次以上，远远超出铅酸电池的 300 次左右，与磷酸铁锂电池相当。

Faradion 成立于 2011 年，是世界上首家专注于钠离子电池产业化的公司。Faradion 在 2015 年推出了全球首个钠离子电池产品，采用 Ni、Mn、Ti 基 O3/P2 型层状氧化物作为正极材料，硬碳作为负极材料，能量密度大约为 90W·h·kg^{-1}，并成功将其应用于电动自行车和电动滑板车上。其 2021 年的钠离子电池产品的能量密度已经做到了 150W·h·kg^{-1}，循环次数做到了 2000~4000 次。Faradion 已经开始和相关公司在电力储能、两轮摩托车等领域开展其钠离子电池的应用合作，并已经在扩大其钠离子电池生产规模。

Natron Energy 公司于 2020 年推出了业界首款 UL 认证的钠离子电池 BlueTray™ 4000，主要应用于工业电源领域，包括数据中心、电信、电动汽车快速充电、工业移动和能源储存/网格服务应用程序等。这种钠离子电池基于创新的专利普鲁士蓝电极为常用的锂离子电池类型提供了可靠、强大的替代品。在同年获得了美国能源部 2400 万美元资金的支持，旨在将 Natron Energy 公司的钠离子电池生产规模扩大 30 倍。

在钠离子电池产业化的进程中，中国的研究团队和企业在国际上占据重要地位，做出了很多有意义的贡献。中国的钠离子电池产业链和生态圈也在逐渐形成与完善。依托于中国科学院物理研究所钠离子电池技术的中科海钠成立于 2017年，于 2017 年底研制出 48V·(10A·h)$^{-1}$ 钠离子电池组并应用于电动自行车; 2018年，研制出 72V·(80A·h)$^{-1}$ 钠离子电池组，推出全球首辆钠离子电池电动汽车。2019 年完成全球首座 100kW·h 钠离子电池储能电站示范。2020 年 3 月完成亿元级 A 轮融资，完成钠离子电池生产线的中试，2020 年 9 月钠离子电池产品实现量产，电芯产能 30 万只每月，海外订单第一期 10 万只，国内的联合开发产品出货量数万只。中科海钠目前的钠离子电池能量密度可以达到 145kW·h^{-1}，循环次数达到 4500 次。2021 年中科海钠和山西华阳集团新能股份有限公司投运全球首套 1MW·h 的钠离子电池储能系统，已经具有产业化应用价值。同年，二者合资成立了山西华钠铜能科技有限责任公司和山西华钠碳能科技有限责任公司分别开展钠离子电池正、负极材料的生产项目，并在 2022 年 3 月正式投料试生产一期千万吨级钠离子电池正、负极材料。目前，其正在建设 1GW·h 规模 PACK 电池生产线，并有望在未来扩大至 10GW。

中国最大的动力电池制造商宁德时代于 2021 年 7 月 29 日发布了第一代钠离子电池产品，在快速充电和低温性能方面的表现优于广泛使用的锂离子电池。

图 7-15　钠离子电池产品和应用场景

在–20℃的低温环境下，钠离子电池容量保持率达 90%以上，在室温下 15min 内充电至容量的 80%。宁德时代钠离子电池电芯的能量密度最高可达 160W·h·kg^{-1}，是目前世界最高水平。该公司仍在进行创新研究，预计其下一代钠离子电池的能量密度将提高到 200W·h·kg^{-1}。并且将持续推进钠离子电池产业化，在 2023 年实现钠离子电池产业链，进入市场。

目前钠离子电池整个产业化尚处于发展初期阶段。随着技术逐步走向成熟，应用场景不断拓展，未来钠离子电池有望从储能逐步走向动力，并以其低廉的成本和较高的性能对铅酸电池、磷酸铁锂电池实现替代(图 7-15)。

7.6 钠离子电池发展展望

在过去的十多年中，为了寻找安全可靠同时兼具经济效益的锂离子电池的替代产品，关于钠离子电池的研究日益增多。大多数基于锂离子电池系统的研究已经成功转移到钠离子电池上。然而考虑到 Na$^+$较大的尺寸和较高的 Na/Na$^+$氧化还原电位，使钠离子电池不可避免地存在反应动力学缓慢、稳定性差等缺点，钠离子电池的发展也面临挑战，开发优良的电极材料和电解质体系是实现钠离子电池突破的最佳途径。

对于正极材料来说，针对不同的应用领域，层状氧化物、隧道结构氧化物、聚阴离子化合物和普鲁士蓝类类似物都可以作为商业化的选择。锰基氧化物的低毒性、高工作电压和大容量使其可以作为固定储存和轻型运输(电动自行车、短程电动汽车)的选择。聚阴离子类材料特别是氟磷酸钒钠和 NASICON 型的磷酸钒钠适用于对高电压和循环寿命有较高要求的领域，如用于电网缓冲的固定式储存。而普鲁士蓝类材料更适合应用于高功率领域。钠离子电池负极材料最大的挑战是较高的扩散势垒。无论是基于插层、转化反应还是合金化反应的负极材料，其暴露晶面的性质对电化学性能都至关重要。相对于体材料，具有可控晶面的纳米结构电极材料都将带来显著的优势。此外，对于钠离子电池储电系统的实际应用，提高功率密度也尤为重要。因为来自可再生能源(太阳能、风能、潮汐能等)的电网需要通过在电网频率下降或高于特定阈值时提供足够的功率。钠离子电池在电力储存系统中的实际应用的功率能力很大程度上取决于 Na$^+$和电子通过电解质和电极迁移的速度，即扩散速率屏障问题。因此，通过开发能够提高钠离子迁移率的纳米结构电极材料也是提高离子电池实际功率密度的关键因素。应当充分考虑钠离子电池的特点、研究 Na$^+$嵌入/脱出机理和反应机制，进一步实现实用钠离子电池电极材料的合理设计。

电解质也深刻影响钠离子电池的电化学性能，包括初始库仑效率、倍率性能、循环寿命和能量密度，以及安全性和工作条件。目前关于钠离子电池电解质体系仍有许多问题需要进一步研究。第一是电解质成分（溶剂、添加剂、盐或聚合物等）对电解质性质如离子电导率、电化学窗口和热稳定性的影响。第二是电解质和电极之间的界面问题。电解质成分直接决定了电极界面钝化层或 SEI 膜的成分，并影响钠离子电池的电化学性能。然而不同电解质体系中 SEI 膜的形成机制，以及优化条件等仍未清晰。第三是各种电解质体系的安全性问题。电极材料在电解质中的热稳定性，以及在不同工作条件下的相互作用机制对于钠离子电池的安全性至关重要，目前关于这类问题的研究报道相对较少，因此需要对这些因素进行更加全面深入的研究。优化或开发新的电解质体系，特别是安全性相对更好的固体或凝胶态电解质体系将具有重要的意义。

　　除了对材料的研究，对完整的钠离子电池系统，尤其是更具意义的由高负载质量电极组装的电池的全面研究，以及对钠离子电池失效分析和大数量电池集成后的高效运行的研究同样至关重要。此外，钠离子电池的大规模可制造性也是一个关键问题，利用现有锂离子电池生产线进行钠离子电池生产的能力仍然有待研究。另一方面，目前对于钠离子电池的发展路线也存在分歧。一些观点认为钠离子电池最终可以取代锂离子电池，成为资源丰富、成本低廉的替代品。而另外一些观点认为钠离子电池目前还并未展现出替代锂离子电池的合理性，更应被视为单独的电池类别，在大规模储能领域和低速电动车领域起到与锂离子电池互补的关系。因此，需要确定正确的应用领域并以令人满意的长期结果为目标来发展钠离子电池。

　　总的来说，虽然离实际大规模应用还有很长的路要走，但是作为最具希望的下一代储能电池，钠离子电池的快速发展将逐步改变储能领域的格局。

习　　题

一、选择题

1. 钠离子电池属于下列哪种储能技术？（　　　）

A. 化学储能　　　B. 机械储能　　　　C. 相变储能　　　　D. 电磁储能

2. 钠相比于锂（　　　）。

A. 资源贫乏　　　B. 离子半径更大　　C. 熔点较高　　　D. 价格昂贵

3. 以下几种合金类材料中理论容量最大的是（　　　）。

A. Si　　　　　　B. Pb　　　　　　C. P　　　　　　　D. As

4. 下列杂原子可以用来改善硬碳的储钠性能的是（　　　）。

A. S　　　　　　B. P　　　　　　C. B　　　　　　D. 以上都可以

5. 下列添加剂可以有效提升钠离子电池有机电解质的性能的是（　　　）。

A. 氟代碳酸乙烯酯（FEC）　　　　B. 亚硫酸乙烯酯（ES）

C. 碳酸亚乙烯酯（VC）　　　　　　D. 以上都可以

二、 填空题

1. 目前常见的钠离子电池负极材料主要可以分为＿＿＿＿＿＿、＿＿＿＿＿＿和＿＿＿＿＿＿。

2. 目前典型的层状氧化物 Na_xMO_2 正极材料的研究主要集中于＿＿＿＿＿＿相和＿＿＿＿＿＿相。

3. 水系电解质具有＿＿＿＿＿＿、＿＿＿＿＿＿、＿＿＿＿＿＿和＿＿＿＿＿＿的特点。

4. 固体电解质主要包括＿＿＿＿＿＿、＿＿＿＿＿＿和＿＿＿＿＿＿三大类。

三、 简答题

1. 相比于锂离子电池，目前钠离子电池具有哪些优缺点？

2. 理想的钠离子电池正极材料应具备哪些特点？

3. 合金类材料作为钠离子电池负极材料有哪些不足？应如何改善？

4. 请简单描述钠离子电池负极材料的储钠机制。

5. 钠离子电池电解质一般需要满足哪些基本要求？

参 考 文 献

胡勇胜, 陆雅翔, 陈立泉, 2022. 钠离子电池科学与技术[M]. 北京: 科学出版社.

朱娜, 吴锋, 吴川, 2016. 钠离子电池的电解质[J]. 储能科学与技术, 5(3): 286-291.

CHE H Y, CHEN S L, XIE Y Y, et al., 2017. Electrolyte design strategies and research progressforroom-temperature sodium-ion batteries[J]. Energy Environ Sci, 10(5): 1075-1101.

DAI Z F, MANI U, TAN H T, et al., 2017. Advanced cathode materials for sodium-ion batteries: what determines our choices?[J]. Small Methods, 1(5): 1700098.

ESHETU G G, ELIA G A, ARMAND M, et al., 2020. Electrolytes and interphases in sodium-based rechargeable batteries: recent advances and perspectives[J]. Adv Energy Mater, 10(20): 2000093.

FANG C, HUANG Y H, ZHANG W X, et al., 2015. Routes to high energy cathodes of sodium-ion batteries[J]. Adv Energy Mater, 6(5): 1501727.

GOIKOLEA E, PALOMARES V, WANG S J, et al., 2020. Na-ion batteries: approaching old and new challenges[J]. Adv Energy Mater, 10(44): 2002055.

HAN M H, GONZALO E, SINGH G, et al., 2015. A comprehensive review of sodium layered oxides: powerful cathodes for Na-ion batteries[J]. Energy Environ Sci, 8(1): 81-102.

HOU H S, QIU X Q, WEI W F, et al., 2017. Carbon anode materials for advanced sodium-ion batteries[J]. Adv Energy Mater, 7(24): 1602898.

HWANG J Y, MYUNG S T, SUN Y K, 2017. Sodium-ion batteries: present and future[J]. Chem Soc Rev, 46: 3529-3614.

JACHE B, BINDER J O, ABE T, et al., 2016. A comparative study on the impact of different glymes and their derivatives as electrolyte solvents for graphite co-intercalation electrodes in lithium-ion and sodium-ion batteries[J]. Phys Chem Chem Phys, 18(21): 14299-14316.

KIM H, HONG J, PARK Y U, et al., 2015. Sodium Storage Behavior in Natural Graphite using Ether-based Electrolyte Systems[J]. Adv Funct Mater, 25(4): 535-541.

KIM H, KIM H, DING Z, et al., 2016. Recent progress in electrode materials for sodium-ion batteries[J]. Advanced Energy Materials, 1600943.

KIM J J, YOON K, PARK I, et al., 2017. Progress in the development of sodium-ion solid electrolytes[J]. Small Methods, 1(10): 1700219.

KUDAKWASHE C, GRIETUUS M, DMITRI D, et al., 2018. Sodium-ion battery materials and electrochemical properties reviewed[J]. Adv Energy Mater, 8(16): 1800079.

KUNDU D, TALAIE E, DUFFORT V, et al., 2015. The emerging chemistry of sodium ion batteries for electrochemical energy storage[J]. Angew Chem Int Ed, 54(11): 3431-3448.

LEE E, LU J, REN Y, et al., 2014. Layered P_2/O_3 intergrowth cathode: toward high power Na-ion batteries[J]. Adv Energy Mater, 4(17): 1400458.

LI M Y, DU Z J, KHALEEL M A, et al., 2020. Materials and engineering endeavors toward practical sodium-ion batteries[J]. Energy Storage Mater, 25: 520-536.

LYU Y C, LIU Y C, YU L E, et al., 2019. Recent advances in high energy-density cathode materials for sodium-ion batteries[J]. Sustain Mater Techno, 21(1): e00098.

MUKHERJEE S, MUJIB S B, SOOARES D, et al., 2019. Electrode materials for high-performance sodium-ion batteries[J]. Materials, 12(12): 1952.

PONROUCH A, MARCHANTE E, COURTY M, et al., 2012. In search of an optimized electrodlyte for Na-ion batteries[J]. Energy Environ Sci, 5(9): 8572-8583.

QIAN J F, WU C, CAO Y L, et al., 2018. Prussian blue cathode meterials for sodium-ion batteries and other ion batteries[J]. Adv Energy Matcr, 8(17): 1702619.

RAHMAN M M, GLUSHENKOV A M, RAMIREDDY T, et al., 2014. Electrochemical investigation of sodium reactivity with nanostructured Co_3O_4 for sodium-ion batteries[J]. Chem Commun, 50(39): 5057-5060.

SAPRA S K, PATI J, DWIVEDI P K, et al., 2021. A comprehensive review on recent advances of polyanionic cathode materials in Na-ion batteries for cost effective energy storage applications[J]. WIREs Energy Environ, 10(5): e400.

STEVENS D, DAHN J R, 2000. High capacity anode materials for rechargeable sodium-ion batteries[J]. J Electrochem Soc, 147(4): 1271-1273.

TAN H T, CHEN D, RUI X H, et al., 2019. Peering into alloy anodes for sodium-ion batteries: current trends, challenges, and opportunities[J]. Adv Funct Mater, 29(14): 1808745.

USISKIN R, LU Y X, POPOVIC J, et al., 2021. Fundamentals, status and promise of sodium-based batteries[J]. Nat Rev Mater, 6: 1020-1035.

XIANG X D, ZHANG K, CHEN J, 2015. Recent advances and prospects of cathode materials for sodium-ion batteries[J]. Adv Mater, 27: 5343-5364.

YABUUCHI N, KUBOTA K, DAHBI M, et al., 2014. Research development on sodium-ion batteries[J]. Chem Rev, 114(23): 11636-11682.

ZHAO L N, ZHANG T, ZHAO H L, et al., 2020. Polyanion-type electrode materials for advanced sodium-ion batteries[J]. Mater Today Nano, 10: 100072.

ZHU Z, CHENG F, HU Z, et al., 2015. Highly stable and ultrafast electrode reaction of graphite for sodium ion batteries[J]. J Power Sources, 293: 626-634.

第8章 超级电容器

8.1 超级电容器概述

气候变化和可利用的化石能源减少，使得人类不得不转向可持续、再生能源，随着电动汽车和混合动力汽车发展，太阳能和风能等可再生能源需求增加。在许多应用领域，最有效、实用性的电化学能量储存技术是电池和电化学超级电容器。超级电容器(supercapacitor)，又称为电化学电容器(electrochemical capacitor)，是一种主要依靠双电层和氧化还原赝电容机理储存电能的新型储能装置。近几年，由于超级电容器具备高功率密度($>10 kW \cdot kg^{-1}$)、长循环寿命、功率/能量介于传统介电电容(高功率密度)和电池/燃料电池(高能量密度)之间，超级电容器成为人们关注的重点。1990 年，日本 Sony 公司引入锂离子电池，随后 Whittingham、Scrosati 和 Armand 进行了开创性的工作。尽管锂离子电池的价格高，但是性能最好，其能量密度达到 180～250W $\cdot$ h $\cdot$ kg^{-1}。1957 年，最早申请的电化学超级容器专利面世，然而，直到 20 世纪 90 年代，超级电容器才开始在混合电动汽车领域引起注意，主要功能是辅助电池或燃料电池提高加速的功率，另外，作为制动能量回收系统储能器件(图 8-1)。许多政府和机构已经花费了大量的时间和资金在探索、研究和开发超级电容器技术。近几年，在超级电容器的理论和实践研究与发展方面取得了很大进步，同时，超级电容器的缺点(低能量密度约 5W $\cdot$ h $\cdot$ kg^{-1}，高成本)被认为是超级电容器技术进一步发展的挑战。

超级电容器自面市以来，受到世界各国的广泛关注。其全球需求快速扩大，已成为化学电源领域内新的产业亮点。2020 年，我国超级电容器市场规模为 143.8 亿元，同比增长 8.61%。2020 年，超级电容器应用于新能源领域的市场规模为 59.4 亿元，占比 41.31%；应用于交通运输领域的市场规模为 45.1 亿元，占比 31.36%；应用于工业领域的市场规模为 29.3 亿元，占比 20.38%。

图 8-1　商业化电容器及其应用

8.1.1　超级电容器的特点

超级电容器兼有电池高比能量和传统电容器高比功率的优点（图 8-2），从而使得超级电容器实现了电容量由微法级向法拉级的飞跃，彻底改变了人们对电容器的传统印象。

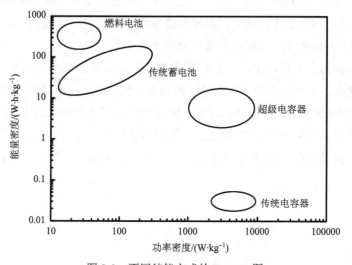

图 8-2　不同储能方式的 Ragone 图

目前，超级电容器及其模组的电容量达到 0.5～1000F，最大放电电流 400～2000A。与电池等其他储能器件相比，超级电容器具有以下特点：

(1)高功率密度，输出功率密度高达数千瓦每千克，是一般蓄电池的数十倍；

(2)极长的充放电循环寿命，其循环寿命可达万次以上；

(3)非常短的充电时间，在 0.1～30s 即可完成；

(4)解决了储能设备高比功率和高比能量输出之间的矛盾，将它与蓄电池组合起来，就会成为一个兼有高比功率输出的储能系统；

(5)储能寿命极长，其储存寿命几乎可以是无限的；

(6)高可靠性。

电化学电池在化学反应的过程中涉及价带电子转移而产生电势，在放电(原电池)或者充放电(二次电池)过程中伴随有传质过程，该过程利用了电极大部分活性物质，使得电化学电池具有高比能量。

然而电化学电容器依赖于离子吸附表面现象，不伴随传质过程，只涉及溶剂中导带电子转移的非法拉第过程。组成盐的原子或分子的弱离子键在溶剂溶解过程中断裂，伴随有导带电子转移。正是这种在固体-液体交界面相对简单的离子吸附与脱附过程，使得电化学电容器具有高比功率。

总之，电池是恒定电压、高能量的电能储存设备，而电化学电容器基本上是电压储存、高功率储存设备。这两种电能储存设备的不同之处在于电池把电能储存在化学键中，而电容器则把电能储存在电场中。表 8-1 对比了超级电容器与铅酸蓄电池和普通电容器的性能参数。

表 8-1　超级电容器与铅酸蓄电池和普通电容器的性能参数对比

性能	铅酸蓄电池	超级电容器	普通电容器
充电时间	1～5 h	0.3 s 至若干秒	10^{-6}～10^{-3} s
放电时间	0.3～3 h	0.3 s 至若干秒	10^{-6}～10^{-3} s
比能量/(W·h·kg^{-1})	30～40	1～20	<0.1
循环寿命/次	300	>10000	>100000
比功率/(kW·kg^{-1})	<300	>1000	<100000
充放电效率	0.7～0.85	0.85～0.98	>0.95

一枚 4.7F 的超级电容器能释放瞬间电流 18A 以上，超低等效串联电阻，功率密度是锂离子电池的数十倍以上，适合大电流放电长寿命，充放电大于 50 万次，是锂离子电池的 500 倍，是 Ni-MH 电池和 Ni-Cd 电池的 1000 倍。如果对超级电容器每天充放电 20 次，连续使用可达 68 年。可以大电流充电，充放电时间短，

对充电电路要求简单，无记忆效应，免维护，可密封，温度范围宽(−40~70℃，一般电池是−20~60℃)，性能介于电池与普通电容器之间。

8.1.2　超级电容单体的性能指标

(1)额定容量：以规定的恒定电流(如 1000F 以上的超级电容器规定的充电电流为 100A，200F 以下的为 3A)充电到额定电压后保持 2~3min，在规定的恒定电流放电条件下放电到端电压为零所需的时间与电流的乘积再除以额定电压值。

(2)额定电压：可使用的最高安全端电压(如 2.3V、2.5V、2.7V)。

(3)额定电流：5s 内放电到额定电压一半的电流。

(4)等效串联电阻：以规定的恒定电流和频率(直流和大容量的 100Hz 或小容量的千赫兹)下的等效串联电阻。

(5)漏电流：一般为 $10\mu A\cdot F^{-1}$。

(6)寿命：在 25℃环境温度下的寿命通常为 90000h，在 60℃的环境温度下为 4000h，与铝电解电容器的温度−寿命关系相似。寿命随环境温度缩短的原因是电解液的蒸发损失随温度上升。寿命终了的标准为：电容量低于额定容量的 20%，等效串联电阻增大到额定值的 1.5 倍。

(7)循环寿命：20s 充电到额定电压，恒压充电 10s，10s 放电到额定电压的一半，间歇时间：10s 为一个循环。一般可达 500000 次。

(8)功率密度($kW\cdot kg^{-1}$)和能量密度($W\cdot h\cdot kg^{-1}$)：通常用充放电数据计算超级电容器的能量，能量密度 E=能量/质量(活性物质或者器件)，由能量密度计算功率密度 $P=E/t$，其中 t 为充放电的时间。

8.2　超级电容器储能原理及分类

8.2.1　双电层电容原理

电化学双电层电容器(electrochemical double layer capacitor，EDLC)是一种利用电极和电解质之间形成的界面双电层电容来储存能量的装置，其储能机理是双电层理论。19 世纪末，德国物理学家 Helmholtz 提出双电层理论，后来经 Gouy、Chapman 和 Stern(斯特恩)根据粒子热运动的影响对其进行修正和完善，逐步形成了一套完整的理论，为双电层电容器产业化奠定了理论基础。双电层理论认为，当电极插入电解液中时，电极表面上的净电荷将从溶液中吸引部分带异种电荷的离子，使它们在电极−溶液界面的溶液一侧离电极一定距离排列，形成一个电荷数量与电极表面剩余电荷数量相等而符号相反的界面层，如图 8-3 所示。

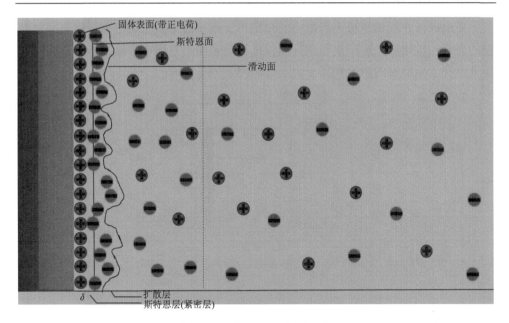

图 8-3　双电层电荷分布图

　　双电层电容原理是指由于正负离子在固体电极与电解液之间的表面上分别吸附，造成两固体电极之间的电势差，从而实现能量的储存。这种储能原理允许大电流快速充放电，其容量大小随所选电极材料的有效比表面积的增大而增大，如图 8-4 所示。

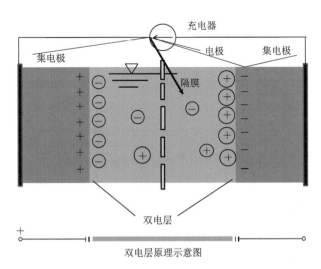

图 8-4　双电层电容器的充放电原理示意图

充电时，在固体电极上静电力的作用下，电解液中阴阳离子分别聚集两个电极的表面；放电时，阴阳离子离开固体电极的表面，返回电解液本体。双电层的厚度取决于电解液的浓度和离子大小(图 8-5)。

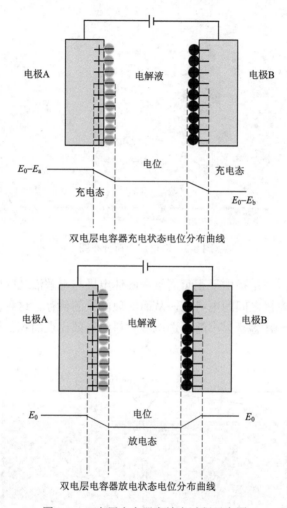

双电层电容器充电状态电位分布曲线

双电层电容器放电状态电位分布曲线

图 8-5　双电层电容器充放电过程示意图

8.2.2　赝电容原理

赝电容原理是利用在电极表面及其附近发生在一定电位范围内快速可逆法拉第反应来实现能量储存。这种法拉第反应与二次电池的氧化还原反应不同，其储存电荷的过程不仅包括双电层上的储存，而且包括电解液中离子在电极活性物质中由于氧化还原反应涉及的电荷储存在电极中。电解液中的离子，一般为 H^+ 或

OH⁻在外加电场的作用下由溶液中扩散到电极/溶液界面，然后通过界面的电化学反应而进入电极表面活性氧化物的体相中。由于电极材料采用的是具有较大比表面积的化合物，这样就会有相当多这样的电化学反应发生，大量的电荷就被储存在电极中。放电时这些进入化合物中的离子又会重新返回到电解液中，同时所储存的电荷通过外电路而释放出来，这就是法拉第赝电容的充放电机理。

活性炭、碳纤维、碳气溶胶和碳纳米管等材料做成的超级电容器，主要遵循双电层电容储能原理；由过渡金属氧化物电极材料，如采用 RuO_2、MnO_2 等所制备的超级电容器，包括高分子导电聚合物电极材料，其储能原理都主要基于赝电容原理，即通过在电极表面及其附近发生在一定电位范围内的氧化还原反应实现能量储存，这种氧化还原反应与发生在二次电池表面的氧化还原反应不同，反应主要集中在电极表面完成，离子扩散路径较短，无相变产生；反应电压随电荷的充入呈线性变化，较少存在放电平台。电极材料的循环伏安曲线表现为良好的可逆性。此时的放电和再充电行为更接近于电容器而不是原电池：

(1)电压与电极上施加或释放的电荷几乎呈线性关系；

(2)设该系统电压随时间呈线性变化，$dV/dt = K$，则产生的电流为恒定或几乎恒定的容性充电电流 $I = CdV/dt = CK$。

超级电容器的大容量和高功率充放电就是由这两种原理产生的。充电时，依靠这两种原理储存电荷，实现能量的积累；放电时，又依靠这两种原理实现能量的释放。所以，制备高性能的超级电容器有两条途径：一是增大电极材料比表面积，从而增大双电层电容量；二是提高电极材料的可逆法拉第反应的概率，从而提高赝电容容量。

8.2.3　超级电容器分类

超级电容器
分类和特点

按化学电容储能机制可分为(图 8-6)：

(1)双电层电容：电极表面与电解液间双电层储能；

(2)赝电容：电极表面快速的氧化还原反应储能。

按两类电极组成可分为：

(1)双电层电容器：正、负极采用多孔碳；

(2)赝电容器：正、负极为金属化合物、石墨、导电聚合物，特点是寿命短、电压低；

(3)混合电容器：电压、能量密度高。

其中，赝电容器又可以分为过渡金属氧化物基超级电容器和导电聚合物基超级电容器。

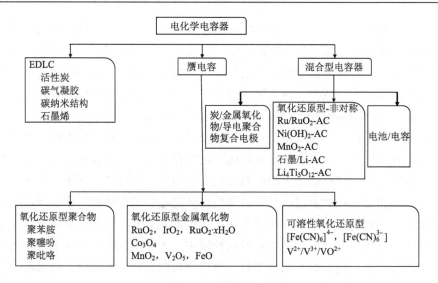

图 8-6　超级电容器分类

8.3　超级电容器技术及电极材料

　　超级电容器主要由集流体、电极、电解质和隔膜等部分组成，如图 8-7 所示，其中电极材料是影响超级电容器性能和生产成本的关键因素，开发高性能、低成本的电极材料是超级电容器研究工作的主要内容。近年来，科研工作者先后开发使用了多种电极材料，大致能将其分为三大类，即碳基电极、金属氧化物、导电聚合物。其中，碳基电极材料具有高比表面积、良好的导电性及孔径分布宽等优势。近年来，金属氧化物以其良好的电化学性能备受关注；而导电聚合物则以良好的电子导电性、小内阻及高比容量等优势迅速升温。

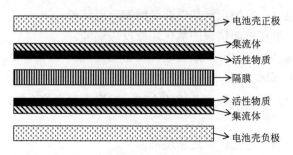

图 8-7　超级电容器的基本结构

8.3.1　碳纳米材料

碳纳米材料的种类繁多，其中包括碳纳米片、碳微球、微孔碳、介孔碳、宏孔碳、碳纳米管、石墨烯、聚苯胺或者聚苯胺/石墨烯复合物等。纯的碳材料(比表面积 1000~1500m^2·g^{-1})作为超级电容器电极，其理论上质量比容量在 250F·g^{-1}左右，但是，研究人员通过改变其形貌和活化等手段，提高了所制备的碳纳米材料的质量比容量。以硅基化合物为软模板合成的微介孔碳球并用氢氧化钾活化，常规球形碳直径为 500nm，高比表面积(1620m^2·g^{-1})，大孔容积(1.037cm^3·g^{-1})，作为超级电容器电极材料，在 6mol·L^{-1} KOH 水体系下，显示质量比容量为 314F·g^{-1}(电流密度 0.5A·g^{-1})，电压窗口为 0~1.0V，500 圈充放电循环后容量剩余 96%(301F·g^{-1})，显示了较好的电化学特性。超声喷雾热分解二氯乙酸锂、丙酸钾锂或蔗糖产生的双电层电容，在 1.0mol·L^{-1}硫酸电解质溶液中，电压窗口为 0~0.9V，质量比容量分别是 185F·g^{-1}、341 F·g^{-1} 和 360 F·g^{-1}。碳材料的微结构和化学分析显示电容量与表面功能化效应相关。近年来，新型碳材料也被用来做超级电容器的电极材料，并且显示了非常好的电化学性能。碳纳米管(比表面积：357m^2·g^{-1})的理论容量为 71~178F·g^{-1}，与观察到的数值(180F·g^{-1})上限一致，显示了非常好的电解液可达性。单壁碳纳米管电极制备的 KOH 电解液超级电容器显示功率密度为 20kW·kg^{-1}，最大能量密度大约为 10W·h·kg^{-1}。多壁碳纳米管电极和硫酸电解液组成的超级电容器，其功率密度大于 8kW·kg^{-1}(最大能量密度大约是 1W·h·kg^{-1})。有序 3D 碳纳米管和离子液体能够提高比容量，最近的研究结果也显示垂直阵列碳纳米管(VA-CNT)比容量高于随机摆放碳纳米管。模板辅助 CVD 法获得 VA-CNT 电极制备超级电容在 1mol·L^{-1}硫酸电解质获得 365F·g^{-1} 的容量，在离子液体电解质获得 440F·g^{-1} 的容量。两种碳材料组成的复合材料能够兼顾二者的优点，如高导电性、强机械性能，且电化学性能较好。聚醚酰亚胺改良石墨烯纳米片和酸氧化的多壁碳纳米管进行自组装，形成混合碳薄膜，拥有轮廓分明纳米孔的互联网络碳结构，显示在 1V·s^{-1} 扫速下平均比容量是 120F·g^{-1}，而且循环伏安呈现矩形。这些研究结果表明，3D 有序碳材料或复合材料具备较好的电性能和机械性能，并能表现出非常优秀的电化学储存容量。

8.3.2　碳复合纳米材料

金属氧化物、金属硫化物也是非常适合作为超级电容器的电极，受到很多研究者的关注，特别是金属氧化物如 RuO$_2$、MnO$_2$、NiO、Co$_3$O$_4$、Fe$_3$O$_4$、SnO$_2$ 等。尽管金属氧化物的理论比容量比较高，但是很多金属氧化物导电性较差，电子传输和离子输运受到限制，内阻增加，电化学性能变差。为了克服低电导率和离子扩散障碍，研究者通常采用纳米金属氧化物材料（RuO_2 纳米线、MnO_2 纳米片等）、碳/金属氧化物复合材料（CNT/RuO_2、$MnO_2/C@CNT$、MnO_2 纳米线/石墨烯）、3D 多孔复合材料（3D MnO_2-石墨烯、MnO_2/3D-有序中空碳微球）三个方法解决。各种二元和三元金属氧化物中，RuO_2 和锰基金属氧化物（MnO、MnO_2、Mn_3O 和 Mn_2O_3）的研究和产业化前景较好。特别地，MnO_2 作为赝电容电极材料具有很高的比容量（约 $1232F \cdot g^{-1}$）和非常优秀的电化学特性。尽管如此，纯的 MnO_2 由于弱导电性（约 $10^{-5}S \cdot cm^{-1}$）和低的离子脱附/吸附常数阻止其实际应用。MnO_2 的电荷储存机制有两种：一种是发生在 MnO_2 表面的质子（H^+）或碱性阳离子（如 Na^+、Li^+ 和 K^+）吸附/脱附工艺；另外一种是伴随法拉第反应的质子或碱性阳离子的嵌入和脱嵌。反应方程如下：

$$(MnO_2)_{surface} + C^+ + e^- \Longleftrightarrow ([MnO_2]^- \ C^+)_{surface} \qquad (8\text{-}1)$$

$$MnO_2 + C^+ + e^- \Longleftrightarrow \quad ([MnOO]^- C^+)_{surface} \qquad (8\text{-}2)$$

式中，C^+ 代表质子（H^+）或碱性阳离子（如 Na^+、Li^+ 和 K^+）。多种碳材料与 MnO_2 复合作为超级电容器的电极材料受到越来越多的研究者关注，并取得了很多开创性的成果。

氢氧化物作为典型的电池型储能材料，其储能性能无法充分发挥，大多与其比表面积过低、结晶度过高或者过低、电解液浸润性太差、自身氢氧化物材料的电子和离子传输性不够，导致电化学活性点位与电解质接触面积小，严重降低其电化学性能。碳与一元或者二元氢氧化物复合形成纳米材料能够克服上面的缺点，能够提高其电化学性能，如石墨烯/α-氢氧化镍[rGO/α-$Ni(OH)_2$]、$Ni(OH)_2/CNTs$、$Cu_2O/rGO/Ni(OH)_2$、$Ni(OH)_2$/石墨烯泡沫等。科研人员通过温和的一锅法水热直接在泡沫镍（NF）上生长了 $Cu_2O/rGO/Ni(OH)_2$ 纳米复合物，泡沫镍作为氧化石墨烯的还原剂、镍源和纳米复合材料的衬底，这种 $Cu_2O/rGO/Ni(OH)_2$ 纳米复合物显示了优异的储能性能：高容量（$3969.3mF \cdot cm^{-2}$，$30mA \cdot cm^{-2}$；$923F \cdot g^{-1}$，$7.0A \cdot g^{-1}$），优异的循环稳定性（循环 4000 圈，容量保留 92.4%），倍率性能非常好（$200mA \cdot cm^{-2}$ 时，容量剩余 50.3%）。纳米碳材料的加入，克服了氢氧化物弱导电性，能够在控制合成尺寸、形貌、形状甚至是均匀性方面起到重要的作用，因此严重影响超级电容器的性能。另外，这些碳纳米材料可以作为软的二次支撑氢氧化物材料，进一步提高性能。

8.3.3 碳/多元化合物复合纳米材料

为了提高碳基电活性材料的容量性能，与其他储能材料复合成为混合纳米结构在 3D 导电衬底上是一个非常好的结构理念，能够提供丰富的电化学活性点，展现了神奇的协同效应。通过静电纺丝、溶液共沉积和氧化沉积方法，在高导电钴酸镍($NiCo_2O_4$)掺杂碳纳米线(NCCNFs)，生长不同形貌 δ 相和 γ 相二氧化锰，形成 NCCNFs@MnO_2 核壳纳米结构，具有分层纳米结构的两种弹性混合膜作为高性能超级电容器，大大提高了离子吸附的比表面积，增强了导电性，在电化学过程开放 3D 网络能够支持快速电子传输，导致在 $2mV \cdot s^{-1}$ 扫速下，比容量达到 $918F \cdot g^{-1}$ 和 $827F \cdot g^{-1}$，循环 2000 圈，NCCNFs@MnO_2 纳米片和纳米棒混合膜分别剩余 83.3% 和 87.6% 容量。该工作为设计和应用二氧化锰混合材料在高性能超级电容器提供了新颖的策略。生长在镍泡沫上的三维石墨烯网络，对于合成石墨烯基复合超级电容器电极是一个非常好的模板。由于高比表面积、高弹性和导电性，二维材料(如石墨烯)受到广泛关注，石墨烯和石墨烯基复合材料在电化学应用较为广泛，如具有较高比容量的石墨烯基(GF)超级电容器。由于三维纳米结构具有较短的离子扩散和高比表面积，提供更加有效的电解质离子和活性材料接触，可看作有希望的电极材料。例如，各种 3D 混合纳米结构，Co_3O_4@MnO_2/CNT，$CoMoO_4$/3D GF 和 $NiCo_2O_4$/3D GF 已经被用来大大提高能量储存器件的容量和循环稳定性。

8.3.4　氧化钌

氧化钌(RuO_2)已被广泛研究作为电化学电容器电极材料，这归功于其理想的电容行为，如理论赝电容高达 $1300F \cdot g^{-1}$、电化学可逆性高、循环性能好。在水系电解液中，电压窗口为 $-1.2V$，RuO_2 的电荷储存机制是通过电化学质子化作用进行的，其反应如下：

$$RuO_2 + \delta H^+ + \delta e^- \rightleftharpoons RuO_{2-\delta}(OH)_\delta, \quad 0 \leqslant \delta \leqslant 1 \qquad (8\text{-}3)$$

在酸性电解液中，水合物形成的 RuO_2($RuO_2 \cdot xH_2O$)具有的比容量约为 $720F \cdot g^{-1}$，比对应晶型的 RuO_2 的容量(约 $350F \cdot g^{-1}$)要高。$RuO_2 \cdot xH_2O$ 高比容量可能是由于其具有较高的离子和电子电导率，更加有利于在 RuO_2 中的电化学氧化还原反应的发生。在 $1mol \cdot L^{-1}$ H_2SO_4 溶液中，由 $RuO_2 \cdot xH_2O$ 构成的对称赝电容器显示最大比容量为 $734F \cdot g^{-1}$，并且在比功率为 $92W \cdot kg^{-1}$ 下，释放的比能量为 $25W \cdot h \cdot kg^{-1}$，在 $21kW \cdot kg^{-1}$ 下，释放比能量为 $12W \cdot h \cdot kg^{-1}$。金属钌(Ru)高价格限制了 RuO_2 的商业化应用，所以人们提出了很多方法，通过 RuO_2 与其他金属氧化物合成混合金属氧化物($Ru_{1-x}M_xO_2$)或通过与导电聚合物、碳纳米管或高比表面积碳制备成复合材料以降低其价格。合成 RuO_2 复合材料显示出增强了的材料的导电性并提高了 RuO_2 的利用率。在酸性电解液中，通过 RuO_2 沉积在 PEDOT 中而制备的对称型赝电容器能释放出 $420F \cdot g^{-1}$ 的比容量(基于 RuO_2/PEDOT 复合材料的质量)

及约 930F·g^{-1} 的比容量(基于单独的 RuO$_2$ 活性物质)，这相当于在 0～1V 的电压范围内释放出 27.5W·h·kg^{-1} 的能量密度。Ty Mai Dinh 等研究的芯片上(on-chip)的能量储存的微型超级电容器，由于其独特的性能并具有不同的智能电子设备中应用的潜力，已经引起了相当的关注。这项研究证明了用多孔 RuO$_2$ 修饰的垂直排列的碳纳米壁(CNW)作为高性能全固态微超级电容器电极的制造。RuO$_2$ 修饰的 CNW 电极，特别是包括通过石墨烯组装的超薄碳层，达到超过 1000mF·cm^{-2} 的面电容(其值比最先进的微型超级电容器高出三个数量级)，以及其能量密度可以与锂离子微型电池相比拟，且具有优良的功率特性和循环稳定性。这项研究结果似乎找到了微型超级电容器同时提供快速充电/放电和具有高能量密度两者相结合的方法。

8.3.5　氧化铅

在铅酸电池技术中，人们所熟知的氧化铅(PbO$_2$)基氧化还原系统也被认为是赝电容器或非对称电化学电容器的一种非常有前景的电极材料。这是因为其低廉的价格和高的储能能力。Kazaryan 等已经构建了一个非对称的 PbO$_2$/AC 系统的数学模型，且预测最大比能量密度可达 24W·h·kg^{-1}。俄罗斯的 Eskin 和 ESMA 公司，是最早提出非对称超级电容器技术的项目组之一。这种非对称的电容器在 H$_2$SO$_4$ 溶液中，由 PbO$_2$ 和 PbSO$_4$ 制备的非极性正极和活性炭极性负极组成。在充放电过程中，正极发生通常与基于铅酸电池的双硫酸盐理论同样的半反应，即二氧化铅与氢离子和硫酸根反应形成硫酸铅和水。

正极：
$$PbO_2 + 4H^+ + SO_4^{2-} + 2e^- \rightleftharpoons PbSO_4 + 2H_2O \qquad (8-4)$$

然而，使用高比表面积的活性炭电极，替代具有能与硫酸盐反应生成硫酸铅的对电极铅，起到吸收和释放溶液中的质子(H$^+$)的作用：

负极：
$$nC_6^{x-}(H^+)_x \rightleftharpoons n\,C_6^{(x-2)-}(H^+)_{x-2} + 2H^+ + 2e^-(放电) \qquad (8-5)$$

得到的电容器的比能量密度与铅酸电池所得到的接近，且具有更长的循环寿命和更高的功率。Burke 也从事了一项关于非对称 PbO$_2$/AC 电容器的研究，在实验室中对其实验原型进行了发展和测试，在 1.0～2.25V 之间，展现了 13.5W·h·kg^{-1} 的比能量和 3.5kW·kg^{-1} 的比功率。这些非对称原型显示了低达 0.12Ω·cm^{-2} 的 ESR 且时间常数为 0.36s，这与碳超级电容器所得到的值接近。Axion Power International 公司制造了一个 PbC 超级电容器，其被描述为多单元非对称超级电容性铅酸碳混合电池。这个器件能够释放 20.5W·h·kg^{-1} 的比能量且能够深度放电 1600 圈(每次充放电 7h，放电深度 90%)。作为对比，大多数铅酸电池在这种工作条件下深度放电仅能循环 300～500 次。Lam 及其同事也制备了一种混合超级电容器(hybrid supercapacitor)，是在单个的单元中将一个非对称超级电容器(强化功率负极的电容器)和一个铅酸电池相结合。这个器件就是超级电池(super battery)，其利用的是传统的 PbO_2 正极及并入一定量碳的铅炭电极作为负极。碳的添加改善了负极的稳定性和整个器件的性能。据报道，超级电池的充放电功率比传统的阀控铅酸电池要高 50%且循环寿命至少为其 3 倍。

8.3.6　二氧化锰

金属氧化物基超级电容器的储能机理是通过在电极表面及体相中发生快速可逆的吸/脱附和氧化/还原反应，从而产生法拉第赝电容，目前研究较多的赝电容类过渡金属氧化物主要有 RuO_2、MnO_2、V_2O_5 和 NiO 等。

MnO_2 由于其价格便宜、环境友好和快速充放电能力强等优点而被广泛研究，该材料在水系电解液中的储能机理是基于电解液中的碱金属氧离子(M^+)或者(H^+)在电极表面发生快速的吸/脱附或者嵌/脱反应，从而产生法拉第赝电容，其与其他金属氧化物超级电容器性能对比见表 8-2，反应方程式如下：

$$MnO_2 + xM^+ + yH^+ + (x+y)e^- \Longleftrightarrow MnOOM_xH_y \tag{8-6}$$

其中，$0 \leqslant x+y \leqslant 1$，Mn 的氧化态在+3 价到+4 价之间。在水系电解液中，质量比电容高达 $600F \cdot g^{-1}$。

表 8-2　MnO_2 与其他金属氧化物超级电容器性能对比

氧化物	电解液	反应方程式	理论电容 /(F·g⁻¹)	电导率 /(S·cm⁻¹)
MnO_2	Na_2SO_4	$MnO_2 + M^+ + e^- {=\!=\!=} MMnO_2$ (M=H^+、Li^+、Na^+、K^+)	1380	$10^{-6} \sim 10^{-5}$
NiO	KOH、NaOH	$NiO + OH^- {=\!=\!=} NiOOH + e^-$	2584	$0.01 \sim 0.32$
Co_3O_4	KOH、NaOH	$Co_2O_3 + OH^- + H_2O {=\!=\!=} 3CoOOH + e^-$ $CoOOH + OH^- {=\!=\!=} CoO_2 + H_2O + e^-$	3560	$10^{-4} \sim 10^{-2}$
V_2O_5	NaCl、Na_2SO_4	$V_2O_5 + 4M^+ + 4e^- {=\!=\!=} M_2V_2O_5$ (M=H^+、Li^+、Na^+、K^+)	2120	$10^{-4} \sim 10^{-2}$
$RuO_2 \cdot xH_2O$	Na_2SO_4、H_2SO_4	$RuO_2 + xH^+ + xe^- {=\!=\!=} RuO_{2-x}(OH)_x$ (0<x<2)	$1200 \sim 2200$	$1 \sim 10^3$

8.3.7　氧化镍和氢氧化镍

在已经报道过的过渡金属氧化物中，多孔氧化镍作为赝电容器的电极材料显示了良好的电化学性能。除了一些双电层电容以外，还存在额外的 NiO 赝电容，其来源于表面 Ni^{2+} 和 Ni^{3+} 之间的法拉第氧化还原反应，如下：

$$NiO + zOH \rightleftharpoons zNiOOH + (1-z)NiO + ze^- \qquad (8-7)$$

式中，z 表示参加法拉第氧化还原反应中 Ni 活性位点。Wu 与其同事报道称通过电沉积得到 Ni(OH)$_2$ 薄膜，然后在 300℃ 热处理得到的 NiO 具有比其他制备方法得到的此种材料具有更高的比容量，其容量为 200～278F·g^{-1}。俄罗斯的 Esma 公司是基于 Ni(OH)$_2$ 的非对称电化学电容器的最早报道者之一，其中，烧结的 Ni(OH)$_2$ 作为正极，织物的活性物质碳纤维或者活性炭粉末作为负极，碱性 KOH 溶液作为电解液。正极的反应如下：

$$Ni(OH)_2 + OH^- \rightleftharpoons NiOOH + H_2O + e^- \qquad (8-8)$$

Ni(OH)$_2$/NiOOH 的充放电过程是一个固态的、质子嵌入/脱出的反应，电子和质子都进行交换且这个过程被认为是由质子在块状固体体相中迁移速率所控制。将基于 Ni(OH)$_2$ 的复合材料超级电容器与镍氢电池和双电层电容相比具有明显的优势。它仿佛把这两类传统储能器件的优势结合起来，具有更强的循环能力和高的能量密度。研究表明，Co 系的氧化物和氢氧化物也有类似的超级电容性质，国内外的科学家对 Co 系材料作为混合超级电容器近年来有广泛的研究，并取得了一定的研究成果，相信在不久的将来，这些过渡金属氧化物作为基础的超级电容器会用到日常生活中。

8.4　超级电容器结构设计

超级电容器的结构设计包括电极设计、封装设计和特殊用途设计。超级电容器通常包含双电极、电解质、集流体、隔离物四个部件。超级电容器是利用活性炭多孔电极和电解质组成的双电层结构获得超大的电容量。在超级电容器中，采用活性炭材料制作成多孔电极，同时在相对的两个多孔炭电极之间充填电解质溶液。

8.4.1　电极设计及组成

电极是超级电容器最为重要的组成部分，在超级电容器中起重要作用，主要是储存和释放电荷。电极由集流体、活性材料、导电剂和黏结剂组成，也可使用添加剂增加寿命。电极具有稳定性好、导电性好等特点。不能在充放电过程中发生形状的变形和性能的改变，高导电性电极有利于大电流充放电，减少电容器内部电能消耗，提高电容器大功率放电能力。

1. 集流体

目前，集流体是电极和超级电容器外部节点之间的主要物理连接点。工业上，用水系或有机的溶剂包覆活性炭浆料或挤压活性炭形成电极。集流体的选择高度取决于：①对电解质的电化学和化学稳定性；②成本；③密度（决定了超级电容器的体积）；④加工性能。对于大体积超级电容器有机电解液中工作的集流体多采用腐蚀铝箔，厚度为 15～40μm。也可以在铝箔和活性炭涂层之间涂覆一层导电涂层，厚度为 0.1～1μm。导电涂层材料主要包括：炭黑、碳纳米纤维、碳纳米管、石墨和石墨烯，这样可以提高导电性。水系介质中的集流体多为镍箔和不锈钢材料，通常水系电解质多为强酸或强碱，通过特殊的轧辊增加表面的粗糙度降低ESR。

工业上，发明了各种形状的集流体用以改善电极和集流体之间的黏附力。通过在集流体上打孔，涂覆层，铝网或者泡沫镍，改善双电层电容器中浸润效果和缩短离子传输距离，提高超级电容器的能量密度。

科研上，由于对智能仪器、微型传感网络、国家安全设备等体积小的超级电容器需求增加，对于体积小的超级电容器的研发和制造受到广泛关注。电极结构主要有如下几种，如图 8-8 所示。

(a) 条状电极　　　(b) 同心环电极　　　(c) 梳齿状电极　　　(d) 平行板电极

图 8-8　常见电极结构

基于二维材料（石墨烯、二硫化钼等）的三维自支撑电极将集流体和电极活性材料合为一体，材料互连，互通网络。可以利用 MEMS（Micro Electro Mechanical Systems）技术制备整体尺寸较小的微型超级电容器微电极。微电极制备过程精确可控，重复性好，可大批量低成本生产，而且 MEMS 技术能够制备图案化的各种形状电极，对于一些需要制备具有几何形状的微电极尤为合适。使用原子层沉积、电化学沉积、溅射等方法在微电极结构表面制备活性物质功能薄膜形成电极，有利于大批量低成本生产整体尺寸小的微型电极。目前制备的微型电极主要有以下几种。

1）梳齿状微型电极

如图 8-9 所示，法国的 David Pech 在硅基上利用喷墨打印的方式制备出了梳齿电容器。该超级电容器具有 200 个齿，梳齿长度为 400μm，宽度为 40μm，两电极之间的间距为 40μm，所得到的电容器比容量为 2.1mF·cm^{-2}。

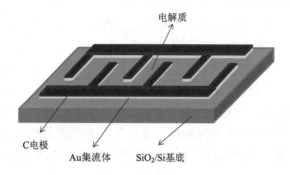

图 8-9　梳齿状活性炭微电极结构示意图

2) 片状微型电极

美国的 Miller 利用打印的方式在压电梁上成功制备出片状微型电极结构的超级电容器，他们先在压电梁上打印一层碳材料，这层碳材料作为超级电容器电极的活性物质，随后打印出一层胶体电解质，接着再打印一层碳材料作为电极活性物质，其电极结构如图 8-10 所示，电极厚度约为 100μm，制备出来的电容器比容量为 53mF·cm^{-2}。随后，加拿大的 Cui 等通过催化还原乙炔在硅基上生长碳纳米管的方式制成了片状微型电极结构的超级电容器，其两端电极所产生的比电容为 1.7mF·cm^{-2}。周扬等也进行了片状电极的微型超级电容器制备研究，刻蚀硅作超级电容器的结构，用溅射的方式制备图案化的电极集流体，以电化学沉积方法在电极集流体上制备聚吡咯/碳纳米管作为电极活性物质功能薄膜。

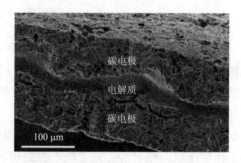

图 8-10　片状超级电容器微型电极结构

3) 柱状微型电极

美国佛罗里达大学的 Wei Chen 等，制备出了具有柱状微型电极结构的超级电容器，其两端电极所产生的比电容为 33F·g^{-1}，单位底面积的比电容为 8.3F·cm^{-2}。其柱状电极结构如图 8-11 所示。

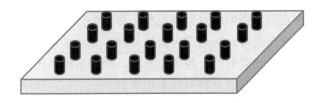

图 8-11 柱状微电极

随着人们对超级电容器的需求，未来 3D 互通集流体(活性物质与集流体合二为一)厚电极将成为研究热点和工业上的目标。

2. **电活性物质**

目前，超级电容器的电极(活性)材料主要有：碳材料(活性炭、碳微球、石墨烯和碳纳米管等)、金属氧化物/金属氢氧化物[NiO_x、MnO_2、V_2O_5、$Ni(OH)_2$、$Co(OH)_2$ 等]、导电聚合物[聚吡咯(polypyrrole, PPY)、聚噻吩(polythiophenes, PTH)、聚苯胺(polyaniline, PAN)、聚并苯(polyacenes, PAS)]等经 p 型或 n 型或 p/n 型掺杂制取电极)等。

工业上率先被用到超级电容器的活性物质是活性炭。普通活性炭仅 20%～30%的孔隙离子可以进入和润湿，为了增加容量，增加电极对离子的可接触面积，增加离子可进入的孔隙度，开发和发展了多孔隙度改良的碳材料。市场上可以买到的工业用活性炭主要如下。

(1)木材基活性炭：体积比容量较低，但是材料成本低。

(2)椰壳基活性炭：超级电容器最常用的碳材料。

(3)石油残渣基活性炭(焦炭、煤焦油等)：比天然的活性炭有更大的电容，但是价格非常昂贵，表面基团多，使得超级电容器容易老化。

(4)碳水化合物基活性炭：不常见，是椰壳基活性炭和石油残渣基活性炭的一种折中，体积比容量有限。

(5)树脂(酚醛树脂)活性炭：最纯净的碳材料，具有优秀的老化性能、阻抗和电容，但是价格昂贵，常用的是 Kuraray Chemicals 公司的 RP 系列。

(6)碳纤维电极材料：采用活性炭纤维成形材料，如布、毡等经过增强、喷涂或熔融金属增强其导电性制备电极。

(7)碳气凝胶电极材料：采用前驱材料制备凝胶,经过炭化活化得到电极材料。

(8)碳纳米管电极材料：碳纳米管具有极好的中孔性能和导电性，采用高比表面积的碳纳米管材料可以制得非常优良的超级电容器电极。

(9)其他碳材料(石墨烯等)：二维材料石墨烯具有高比表面积、导电性和机械强度，是超级电容器的理想替代材料。

　　为了解决表面官能团影响和自放电现象，提高电化学性能，工业上，出现了许多针对碳表面改性的处理：酸处理、氧化处理、电化学处理、热处理、激光处理、等离子照射处理、抛光处理、溶剂中洗涤、磺化后再氢化。

　　科研上，新型碳基复合纳米材料越来越受到关注，包括碳纳米管和石墨烯作为活性物质和电极集流体的 3D 电极，碳基复合纳米材料(碳复合金属氧化物、氢氧化物，多元氧化物或金属氢氧化物等)覆盖集流体。首先，通过模板辅助 CVD 法制备的垂直碳纳米管阵列电极在硫酸电解质中容量达到 365F·g^{-1}，而无模板 CVD 法制备的垂直碳纳米管阵列电极在离子液体中容量达到 440F·g^{-1}。这说明三维有序结构有助于增加介孔，提高电解质/电极之间的接触面积，导致一个较高的容量。碳纳米管基复合材料作为超容电极的研究也比较多，如 V$_2$O$_5$/CNT 复合电极(680mA·h·g^{-1})、MnO$_2$/复合电极(250F·g^{-1})等。其次，二维(2D)石墨烯。最近，人们研究了可替代碳基超容电极材料的石墨烯，理论上石墨烯电极双电层容量达到 550F·g^{-1}，现有碳基电极中容量最高。通过碱性(KOH)活化、掺杂(N)等手段改性还原石墨烯，其容量能够达到 200~400F·g^{-1}。再次，碳纳米管/石墨烯混合电极能够发挥二者的协同作用，具有高导电性、大比表面积和轮廓分明的孔，能够充当快速的电子和离子传输通道，是能量储存器件，特别是超容理想的电极。报道显示这种电极平均容量达到 120F·g^{-1}，比单独的碳纳米管电极容量高。碳基复合材料构成三维多孔电极研究也较多，如碳球及其复合材料、多孔碳、石墨烯-碳纳米管构成的 3D 柱状结构、改性还原石墨烯等。另外，还有近几年研究比较多的低维材料合成 3D 结构，包括 0D 材料(量子点)、1D 材料(纳米管)、2D 材料(石墨烯)。其中，对石墨烯的研究比较多，科学家已经通过 CVD 法、溶液法或者模板法、无模板法制备了泡沫(GF)、网络、整块材料、海绵、支架材料、气凝胶、水凝胶和框架等。获得的 3D 宏孔自支撑结构具有超高比表面积、良好的导电性和化学活性，并能作为无衬底器件的一部分应用在能量储存、超级电容器、传感器和电化学反应器中。特别是在超级电容中的应用报道较普遍，掺杂氮元素的石墨烯泡沫，活性物质 0.5mg·cm^{-2}，在 1A·g^{-1} 的电流密度下容量达到 790F·g^{-1}，这比 2D 结构的石墨烯容量高出一倍。3D 多孔石墨烯(如石墨烯水凝胶、模板基 3D 石墨烯片、中空石墨烯和垂直石墨烯)作为电极不仅能提供更多的电解质接入电极表面的可行性，而且导电的多孔结构也能容纳更多的活性物质，从而提高双电层和超级电容的容量。3D 石墨烯与各种金属氧化物(GF/MnO$_2$、GF/Fe$_3$O$_4$、GF/Co$_3$O$_4$、GF/CoMoO$_4$)、氢氧化物[Ni(OH)$_2$/GF、Co(OH)$_2$/GF]、三元化合物[GF/Ni$_3$S$_2$-Ni(OH)$_2$]，四元化合物(GF/Co$_3$O$_4$/MnO$_2$-PEDOT)进行复合作为超级电容电极。这种结合不但能够利用 3D 石墨烯泡沫镍优异的电学性质、互连通孔、高比表面积、无黏结剂、无外加集流体，而且发挥了电活性物质和石墨烯泡沫镍的协同作用，提高了质量比容量，特别适合可穿戴设备、柔性器件产品中超极电容电极的应用。

3. 黏结剂

黏结剂必须具备两个功能，其一是在颗粒之间形成强的内聚力；其二是使电极黏附在集流体上。1972 年首个 EDLC 专利中提出涂层和集流体之间必须获得良好的黏附力，以降低 ESR，提高电容。1988 年 Morimoto 等提出用水系 PTFE-活性炭混合物涂覆集流体，制造有机电解液（TEABF$_4$/PC）双电层电容。因为涂覆技术能够控制电极的厚度，并获得良好的功率密度和能量密度，所以很多电容制造商，如日本松下电器产业株式会社、美国麦克斯韦公司、帅福德能源有限公司、日本可乐丽株式会社等均采用涂覆技术制备电极。主要的黏结剂有：PTFE（水系或者乙醇）、PVDF[采用有机溶剂、N-甲基吡咯烷酮（NMP）等]、Nafion 黏结剂应用最为广泛；PVA 或者 CMC（丁苯橡胶 SBR 混合），电压范围 2.7V 左右；聚酰亚胺（结合离子液体）作为高温工作超级电容电极；新型的水系黏结剂，如 Zeon Corporation 和 JSR-Micro 改善黏附力的 SBR 型黏结剂和聚丙烯酰胺黏结剂。

4. 导电添加剂

2010 年，日本的 Tamai 向含有活性炭的聚合物中添加炭黑，改善 EDLC 电极的导电性。已经开发出来的导电剂有很多种，如炭黑、介孔炭黑、乙炔黑、碳晶须、碳纳米管、石墨烯、天然石墨和人造石墨、金属纤维（铝或镍纤维）、金属颗粒等。

8.4.2 电解液

电解液是由电解质、溶液、添加剂按一定比例混合而成的，它和电极一样，也是超级电容器的重要组成部分。其主要作用是在电容器充放电时提供带正负电荷的离子，并且与外电路形成电流通路，还可以补充离子、加速离子传导及黏结电极颗粒。超级电容器的阻抗主要来自电解液中的阻抗，对电容器的电流和功率的输出有很大的影响。所以选择的电解液应该具有对电极材料浸润性好，电导率高，纯度高，以减少漏电流，对集流体等腐蚀性低并且绿色环保，不与电容器其他材料反应等特点。

电解液按照溶剂类型可以分为水系电解液、有机电解液和离子液体；按照电解液状态，可分为液态电解质和固态电解质。

(1) 酸性电解质：多采用 36% 的 H$_2$SO$_4$ 水溶液作为电解质。

(2) 碱性电解质：通常采用 KOH、NaOH 等强碱作为电解质，水作为溶剂。

(3)中性电解质：通常采用 KCl、NaCl 等盐作为电解质，水作为溶剂，多用于氧化锰电极材料的电解液。

(4)有机电解质：通常采用 LiClO₄ 为典型代表的锂盐、TEABF4 作为典型代表的季铵盐等作为电解质，有机溶剂如聚碳酸酯(polycarbonate，PC)、乙腈(acetonitrile，ACN)、γ-丁内酯(gamma-butyrolactone，GBL)、苯酚(phenol，THL)等作为溶剂，电解质在溶剂中接近饱和溶解度。

(5)离子液体电解质：具有不需要溶剂、在宽的温度范围内保持稳定而且不易燃烧等特点，其工作电压在 4V 左右，高于有机电解质(3V 左右)。例如，烷基咪唑四氟硼酸盐或 *N*-丁基-*N*-甲基吡咯烷酮-二亚胺(PYR₁₄TFSI)显示了较高的电化学稳定性。缺点是昂贵。

(6)固态电解质：将电解液和隔膜浓缩到同一种材料中，且不能含水，一般工作在低电压的碱性体系中，以避免水的分解。固态电解质的超级电容器可以从美国的 AVX(Best Cap 系列超级电容器)公司购得。

8.4.3 隔膜

隔膜是电容器组成部分之一，由微孔材料制成，不具备导电性，是绝缘体，主要作用是将电容器的电极分离开来，但能让正离子和负离子通过。它把电容器分割成了两部分。在电容器中使用的隔膜主要分为多孔膜和离子交换膜。多孔膜实现离子的自由运动，迁移主要是通过电解液充满孔来实现的。离子交换膜主要是一种含离子基团的、对溶液的离子具有选择透过功能的膜，是利用它的离子选择透过性，通常由高分子材料制成。制备隔膜的材料种类较多，如纤维素隔膜、玻璃纤维隔膜、多孔聚丙烯膜、聚乙烯隔膜、多层隔膜、PTFE 隔膜、聚酰亚胺隔膜、微孔膜等。

8.4.4 单元封装的设计

根据超级电容器的应用场所和结构的不同，可以分为小型元件(扣式)、大型元件(容量在 300～2000F)和软包超级电容器。

1. 小型元件

(1)平板型超级电容器。在扣式体系中多采用平板状和圆片状的电极(图 8-12)，另外也有 Econd 公司产品为典型代表的多层叠片串联组合而成的高压超级电容器，可以达到 300V 以上的工作电压。

(2)绕卷型溶剂电容器。采用电极材料涂覆在集流体上，经过绕制得到(图 8-13)，这类电容器通常具有更大的电容量和更高的功率密度。

图 8-12　扣式超级电容器单元构造

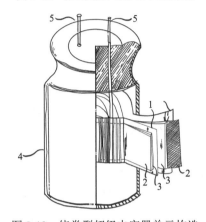

图 8-13　绕卷型超级电容器单元构造

1. 隔膜；2. 电极片；3. 集电极；4. 铝壳；5.引线

(3)软包型超级电容器。这类单元通常为小型或中型的 EDLC(高达 1000F)，使得能量密度最大化(质量比容量和体积比容量)，在平面产品中应用较为方便(图 8-14)。特别是对于小型的电子设备，不需要严格的环境要求的场合较为合适。

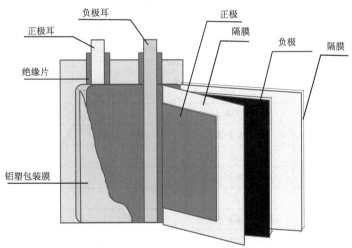

图 8-14　软包型超级电容器单元构造

2. 大型元件

对于大型元件的构造现在并没有一套标准：每一个制造商对其单元的设计标准取决于内部发展及其性能的优化。这种高功率型单元和高能量型单元，前者致力于功率应用（车辆混合动力和城市交通），而后者主要应用在不间断电源这种静态应用的能量单元。

3. 软包型超级电容器

这类单元通常为小型或中型的 EDLC（高达 1000F），使得能量密度最大化（质量比容量和体积比容量），在平面产品中应用较为方便。特别是对于小型的电子设备，不需要严格的环境。

8.5　超级电容器生产工艺

超级电容器封装
和生产工艺

超级电容器生产工艺包括极片制作、装配、活化和测试入库，具体细节详见表 8-3 和图 8-15。电极材料要根据性质选择不同的加工工艺，如表 8-4 所示。

表 8-3　生产超级电容器的工艺流程及主要设备

步骤	工艺	设备	设备价格/万元
极片制作	配料	高速搅拌机	150（进口）/30（国产）
	涂布	涂布机	1000（进口）/30（国产）
	压片（烤片）	轧膜机	80
	分切（制片）	分切机	3~5
	极耳焊接	超声波焊接机	10
装配	卷绕或叠片	卷绕机或叠片机	35
	装壳	手工	0
	激光焊	激光焊机	15~20
	注液	注液机	100（进口）
	干燥（搁置）	干燥机或自动	0
活化	化成（充电、检测）	化成柜	
	分容（确定准确容量）	分容设备	>10
测试入库	测试分选	测试仪	1
	配组、保护板连接	人工	0
	热缩管、喷码、入库	加热设备	1

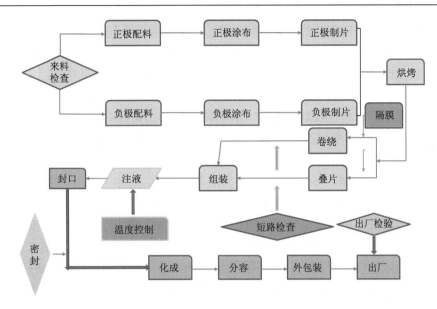

图 8-15　超级电容器生产工艺流程图

表 8-4　电极材料技术路线选择

电极材料种类	电火花加工性能		机械加工性能
	加工稳定性	电极损耗	
钢	较差	中等	好
铸铁	一般	中等	好
石墨	尚好	较小	尚好
黄铜	好	大	尚好
紫铜	好	较小	较差
铜钨合金	好	小	尚好
银钨合金	好	小	尚好

8.6　超级电容器的应用

随着石油资源日趋短缺,并且燃烧石油的内燃机尾气排放对环境的污染越来越严重(尤其是在大、中城市),人们都在研究替代内燃机的新型能源装置。已经进行混合动力、燃料电池、化学电池产品及应用的研究与开发,取得了一定的成效。但是由于它们固有的使用寿命短、温度特性差、化学电池污染环境、系统复杂、造价高昂等致命弱点,一直没有很好的解决办法。而超级电容器以其优异的特性扬长避短，可以部分或全部替代传统的化学电池用于车辆的牵引电源和启动能源，并且具有比传统的化学电池更加广泛的用途。正因为如此，世界各国（特别是西方发达国家）都不遗余力地对超级电容器进行研究与开发。其中美国、日本和俄罗斯等国家不仅在研发生产上走在前面，而且还建立了专门的国家管理机构［如美国先进电池联盟（USABC）、日本三洋有限公司（SUNCON）、俄罗斯 REVA 公司等］，制定国家发展计划，由国家投入巨资和人力，积极推进。就超级电容器技术水平而言，目前俄罗斯走在世界前面，其产品已经进行商业化生产和应用，并被第 17 届国际电动车年会（EVS-17）评为最先进产品，日本、德国、法国、英国、澳大利亚等国家也在奋起直追，目前各国推广应用超级电容器的领域已相当广泛。

在我国推广使用超级电容器，能够减少石油消耗，减轻对石油进口的依赖，有利于国家石油安全；能有效地解决城市尾气污染和铅酸电池污染问题；有利于解决战车的低温启动问题。目前，国内主要有锦州富辰超级电容器有限责任公司、北京集星联合电子科技有限公司、上海奥威科技开发有限公司、锦州锦容电器有限责任公司、河北高达电子科技有限公司、北京金正平科技有限公司、锦州凯美能源有限公司、江苏双登集团有限公司、哈尔滨巨容新能源有限公司、南京集华科技有限公司等十多家企业在进行超级电容器的研发和应用。

8.6.1　超级电容器模块指标

超级电容器具有比二次电池更长的使用寿命，但它的使用寿命并不是无限的，超级电容器基本失效的形式是电容内阻的增加（ESR）与（或）电容容量的降低，电容实际的失效形式往往与用户的应用有关，长期过温（温度）过压（电压），或者频繁大电流放电都会导致电容内阻的增加或者容量的减小。

1）电压

超级电容器具有一个推荐的工作电压或者最佳工作电压，这个值是根据电容在最高设定温度下最长工作时间来确定的。如果应用电压高于推荐电压，将缩短电容的寿命，如果过压比较长的时间，电容内部的电解液将会分解形成气体损害电容。

2）极性

当电容首次装配时，每一个电极都可以被当成正极或者负极，一旦电容被第一次 100%充满电，电容就会变成有极性了，每一个超级电容器的外壳上都有一个负极的标志或者标识。变化极性会缩短寿命。

3）温度

超级电容器的正常操作温度是–40～70℃，温度与电压的结合是影响超级电容器寿命的重要因素。通常情况下，超级电容器是温度每升高 10℃，电容的寿命就将降低 30%～50%，可以降低电压以抑制高温对电容的负面影响。

4）放电

超级电容器放电时，会按照一条斜率曲线放电，当一个应用明确了电容的容量与内阻要求后，最重要的就是需要了解电阻及电容量对放电特性的影响。在脉冲应用中，电阻是最重要的因素；在小电流应用中，容量又是重要的因素。计算公式如下：

$$V_{drop}=I(R + t/C) \tag{8-9}$$

式中，V_{drop} 是起始工作电压与截止工作电压之差；I 是放电电流；R 是电容的直流内阻；t 是放电时间；C 是电容容量。

5）充电

超级电容器具有多种充电形式，如恒流、恒功率、恒压等，或者与电源并列，如电池、燃料电池、DC 变换器等。如果一个电容与一个电池并联，那么在电容回路中串联一个电阻将降低电容的充电电流，并提高电池的使用寿命。如果串联了电阻，那么要保证电容的电压输出是直接与负载连接而没有经过电阻，否则电容是低电阻特性，将是无效的。电容最大的推荐充电电流计算公式为：$I=V_w/(5R)$。其中，I 是推荐的最大充电电流；V_w 是充电电压；R 是电容的直流内阻。

6）自放电与漏电流

自放电与漏电流本质上是一样的，针对超级电容器的结构，相当于在电容内部是正极和负极之间有一条高阻电流通道，这就意味着在电容充电时，同时会有一个额外的附加电流，此为漏电流；充电完毕，无负载，这个电流使电容处于放电状态，此为自放电电流。

7）电容串联

单体超级电容器的电压一般为 2.5V 或者 2.7V，在许多应用中，需要比较高的电压，使用串联的方法来提高电容的电压，每一个单体的电容都不能超过其最大的耐压，一旦长期过压，将导致电容电解液分解、气体产生、内阻增加及电容寿命缩短。

8）被动电压平衡电路

被动电压平衡电路是采用与电容并联的电阻进行分压，这就允许电流从电压比较高的电容向电压比较低的电容流动，通过这种方式进行电压平衡。选择电阻的阻值是非常重要的，通常要使电阻允许的电流大于电容预期的漏电流。被动电压平衡电路只有在不频繁对电容进行充放电的应用中使用，同时能够容忍平衡电阻引起的额外电流，建议选择平衡电阻阻值时，使平衡电阻的电流大于电容漏电流 50 倍以上。

9)主动电压平衡电路

主动电压平衡电路强迫串联节点的电压与参考电压相一致,不管电压有多不平衡,同时在确保精确的电压平衡时,主动平衡电路在稳定状态下只有非常低的电流,只有当电压超出平衡范围时,才会产生比较大的电流,这些特性使主动平衡电路非常适合需要频繁充放电的场合。

10)反极性保护

当串联使用的超级电容器被快速充电时,低容量的电压有可能变成反极性,这是不允许的,同时会降低电容的使用寿命,一个简单的解决办法就是在电容的两端并联一个二极管,正常情况下,它们是反压不导通的。使用一个合适的齐纳稳压二极管替换标准的二极管,能够同时对电容过压进行保护。需要注意,二极管必须能够承受电源的峰值电流。

11)脉动电流

虽然超级电容器具有比较低的内阻,相对于电解电容而言,它的内阻还是比较大,当应用于脉动电流场合下,容易引起电容内部发热,从而导致电容内部电解液分解、内阻增加,并引起电容寿命缩短。

8.6.2　超级电容器应用案例

由于超级电容器具有蓄电池和常规电容器无法比拟的优点和性能,使得超级电容器在很多方面有应用,如表 8-5 所示。

表 8-5　超级电容器的应用

应用领域	典型应用	性能要求	RC 时间常数
电力系统	静止同步补偿器、动态电压补偿器、分布式发电系统	高功率、高电压、可靠	ms～s
记忆储备	消费电器、计算机、通信	低功率、低电压	s～min～h
电动车、负载调节		高功率、高电压	<2 min
空间	能量束	高功率、高电压、可靠	<5 s
军事	电子枪、反导武器系统、电子辅助装置、消声装置	可靠	ms～s
工业	自动化、遥控		<1s
汽车辅助装置	催化预热器、冷起动	高功率、高电压	s

1)绿色能源

太阳能、风能是最方便、最清洁的能源,目前普遍采用蓄电池作为储能或缓冲装置，存在的最大问题就是运行与维护费用大、使用寿命短。超级电容器可以作为风能发电装置的辅助电源，将发电装置所产生的能量以较快的速度储存起来，并按照设计要求释放(图 8-16)。与传统蓄电池相比，一方面超级电容器对于充/放电电流没有严格的限制，更加适合太阳能和风能发电装置电流波动范围较大的特点；另一方面超级电容器具有长寿命、免维护和环保等特点。

图 8-16 风能和太阳能能源

2) 汽车工业

超级电容器作为汽车的驱动电源时可以提供大电流和大功率，用来满足汽车启动、爬坡时所需要的大功率。在汽车刹车时可以回收发电机产生的瞬时大电流，使能量得到重复利用(图 8-17)。

图 8-17 超级电容器在汽车中的应用

3) 低温启动

低温下，电池的内阻、充放电速度和低温环境严重影响寿命，而超级电容器功率性能更好且可在低温下使用(图 8-18)。

图 8-18　低温下使用超级电容器

4)电子装置

小电流充放电的超级电容器可用作备用电源或电子装置,如玩具、打印机、报警器、信号灯等;大电流充放电电容器与蓄电池一起构成电源系统,可作为启动电源,或作为小型负载的驱动电源。

5)航空航天

超级电容器在航空航天上有大的作用,由于其具有效率高、体积小、质量轻的特点,因此可以满足火箭、卫星等对供能设备的一些苛刻条件的要求。

6)军事

超级电容器可以用到军事上。由于超级电容器具有大功率脉冲放电的优势,能够输出大的电流,产生很强的电磁场,可以造电磁炮,将炮弹超高速发射;给雷达提供高功率脉冲,使得雷达发射功率得到增大,提高雷达的探测效率和距离;与电池组成复合电源作为军用车辆的启动系统,保证坦克等军用车辆在低温严寒等恶劣环境下启动。利用其效率高、体积小、可大功率放电等特性,采用超级电容器为导弹、智能炮弹等武器的制导、引信供电,以及用于战场、国防边境等无线传感器供能;为手持设备供能,减轻士兵的负担,使之具有更高的作战效能和灵活性。

8.6.3　超级电容器应用注意事项

(1)超级电容器具有固定的极性:在使用前应确认极性。

(2)超级电容器应在标称电压下使用:当电容器电压超过标称电压时,将会导致电解液分解,同时电容器会发热,容量下降,而且内阻增加、寿命缩短,在某些情况下可导致电容器性能崩溃。

(3)超级电容器不可应用于高频率充放电的电路中：高频率的快速充放电会导致电容器内部发热、容量衰减、内阻增加，在某些情况下会导致电容器性能崩溃。

(4)超级电容器的寿命：外界环境温度对于超级电容器的寿命有重要的影响，电容器应尽量远离热源。

(5)当超级电容器被用作后备电源时的电压降：由于超级电容器具有内阻较大的特点，在放电的瞬间存在电压降，$\Delta V=IR$。

(6)使用中环境气体：超级电容器不可处于相对湿度大于 85%或含有有毒气体的场所，这些环境下会导致引线及电容器壳体腐蚀，导致断路。

(7)超级电容器的存放：超级电容器不能置于高温、高湿的环境中，应在温度 $-30\sim50℃$、相对湿度小于 60%的环境下储存，避免温度骤升骤降，因为这样会导致产品损坏。

(8)超级电容器在双面线路板上的使用：当超级电容器用于双面电路板上时，需要注意连接处不可经过电容器可触及的地方，由于超级电容器的安装方式，会导致短路现象。

(9)当把超级电容器焊接在线路板上时，不可将电容器壳体接触到线路板上，否则焊接物会渗入电容器穿线孔内，对其性能产生影响。

(10)安装超级电容器后，不可强行倾斜或扭动电容器，否则会使电容器引线松动，导致性能劣化。

(11)在焊接过程中避免使电容器过热：若在焊接中使电容器出现过热现象，会降低其使用寿命。例如，如果使用厚度为 1.6 mm 的印刷线路板，焊接过程应为 260℃，时间不超过 5 s。

(12)焊接后的清洗：电容器经过焊接后，线路板及电容器需要经过清洗，因为某些杂质可能会导致电容器短路。

(13)将电容器串联使用时：当超级电容器进行串联使用时，存在单体间的电压均衡问题，单纯的串联会导致某个或几个单体电容器过压，从而损坏这些电容器，使整体性能受到影响，故在电容器进行串联使用时，需得到厂家的技术支持。

(14)其他：使用超级电容器的过程中出现的其他应用上的问题，请向生产厂家咨询或参照超级电容器使用说明的相关技术资料执行。

习　题

一、选择题

1. 下列不属于赝电容器的电极材料的是(　　)。

A. 过渡金属氧化物　　B. 导电聚合物　　C. 贵金属　　D. 多孔碳

2. 下列不属于超级电容器的优点的是（　　）。

A. 功率密度高　　　　B. 能量密度高　　　　C. 使用寿命长　　　　D. 工作温度范围宽

3. 在法拉第赝电容器中，电极材料具有高比表面积一般意味着电容器（　　）。

A. 比容量较高　　　　B. 比功率较高　　　　C. 自放电减少　　　　D. 使用寿命长

二、填空题

1. 电化学电容器储存电能的机理不同，超级电容器分为双电层电容器和_____。

2. 与锂离子电池相比，超级电容器具有更宽的_____。

3. 电极是超级电容器最为重要的组成部分，电极由集流体、_____、_____导电剂和黏结剂组成。

三、简答题

1. 双电层电容器和赝电容器在电荷储能上的机理以及各自的优点是什么？

2. 超级电容器的种类繁多，按照机理、电解液、材料和结构分为哪些？

3. 一个标称 3.0 V、3600 F 的法拉第超级电容器理论上等于多少 A·h 的电池？

参 考 文 献

韩燕, 崔健, 于跃, 2021. 柔性超级电容器用二维材料的研究进展[J]. 天津师范大学学报（自然科学版）, 41(4): 1-16.

映雪, 2021. 我国在超级电容器应用方面获得新进展[J]. 少儿科技(9): 8.

周倩玉, 李鑫, 刘灏, 等, 2021. 二维材料制备与应用的最新研究进展[J]. 电子元件与材料, 40(9): 872-881.

周扬, 王晓峰, 张高飞, 等, 2011. 基于聚吡咯微电极的 MEMS 微型超级电容器的研究[J]. 电子器件, 34(1): 1-6.

BURKE A, MILLER M, 2011. The power capability of ultracapacitors and lithium batteries for electric and hybrid vehicle applications[J]. J Power Sources, 196(1): 514-522.

CHEN M, LE T H, ZHOU Y X, et al., 2020. Thiourea-induced N/S dual-doped hierarchical porous carbon nanofibers for high-performance lithium-ion capacitors[J]. ACS Appl Energy Mater, 3(2): 1653-1664.

CHENG Q, TANG J, MA J, et al., 2011. Graphene and carbon nanotube composite electrodes for supercapacitors with ultra-high energy density[J]. Phys Chem Chem Phys, 13: 17615-17624.

CUI X W, HU F P, WEI W F, et al., 2011. Dense and long carbon nanotube arrays decorated with Mn_3O_4 nanoparticles for electrodes of electrochemical supercapacitors[J]. Carbon, 49(4): 1225-1234.

DENG J W, CHEN L F, SUN Y Y, et al., 2015. Interconnected MnO_2 nanoflakes assembled on graphene foam as a binder-free and long-cycle life lithium battery anode[J]. Carbon, 92: 177-184.

DU F, YU D S, DAI L M, et al., 2011. Preparation of tunable 3D pillared carbon nanotube-graphene networks for high-performance capacitance[J]. Chem Mater, 23(21): 4810-4816.

DU L, XING L X, ZHANG G X, et al., 2020. Metal-organic framework derived carbon materials for electrocatalytic oxygen reactions: recent progress and future perspectives[J]. Carbon, 156: 77-92.

GONG W, FUGETSU B, LI Q J, et al., 2020. Improved supercapacitors by implanting ultra-long single-walled carbon nanotubes into manganese oxide domains[J]. J Pow Sour, 479(Dec15): 228795.

HARSOJO, DOLOKSARIBU M, PRIHANDOKO B, et al., 2019. The effect of reduced graphene oxide on the activated carbon metal oxide supercapacitor[J]. Mater Today: Proc, 13: 181-186.

KAZARYAN S A, RAZUMOV S N, LITVINENKO S V, et al., 2006. Mathematical Model of Heterogeneous Electrochemical Capacitors and Calculation of Their Parameters[J]. J Electrochem Soc, 153(9): A1655.

KIM I H, KIM J H, CHO B W, et al., 2006. Synthesis and electrochemical characterization of vanadium oxide on carbon nanotube film substrate for pseudocapacitor applications[J]. J Electrochem Soc, 153: 13701-13705.

LARGEOT C, PORTET C, CHMIOLA J, 2008. Relation between the ion size and pore size for an electric double-layer capacitor[J]. J Am Chem Soc, 130(9): 2730-2731.

LI H B, YU M H, WANG F X, et al., 2013. Amorphous nickel hydroxide nanospheres with ultrahigh capacitance and energy density as electrochemical pseudocapacitor materials[J]. Nat Commun, 4: 1894.

LI H Y, WANG X, 2015. Three-dimensional architectures constructed using two-dimensional nanosheets[J]. Sci China Chem, 58(12): 1792-1799.

Liao Y, Tian Y F, Ma X H, et al., 2020. Flexible electronics directly written with an ultrastable ballpoint pen based on a graphene nanosheets/MWCNTs/carbon black nanocomposite[J]. ACS Appl Electron Mater, 2(12): 4072-4079.

LINDBERG S, JESCHKS S, JANKOWSK P, et al., 2020. Charge storage mechanism of α-MnO_2 in protic and aprotic ionic liquid electrolytes[J]. J Pow Sour, 460: 228111.

LIU J P, JIANG J, CHENG C W, et al., 2011. Co_3O_4 nanowire@ MnO_2 ultrathin nanosheet core/shell arrays: a new class of high-performance pseudocapacitive materials[J]. Adv Mater, 23(18): 2076-2081.

LUKATSKAYA M R, DUNN B, GOGOTST Y, 2016. Multidimensional materials and device architectures for future hybrid energy storage[J]. Nat Commun, 7(7): 12647.

MA X M, LIU M X, GAN L H, et al., 2013. Synthesis of micro- and mesoporous carbon spheres for supercapacitor electrode[J]. J Solid State Electr, 17: 2293-2301.

MILLER L M, WRIGHT P K, HO C C, et al., 2009. Integration of a low frequency, tunable MEMS piezoelectric energy harvester and a thick film micro capacitor as a power supply system for wireless sensor nodes[C]. San Jose: 2009 IEEE Energy Conversion Congress and Exposition.

NICOLAE S, AU H, MODUGNO P, et al., 2020. Recent advances in hydrothermal carbonisation: from tailored carbon materials and biochemicals to applications and bioenergy[J]. Green Chem, 22(15): 4747-4800.

SENOKOS E, RANA M, VILA M, et al., 2020. Transparent and flexible high-power supercapacitors based on carbon nanotube fibre aerogels[J]. Nanoscale, 12(32): 16980-16986.

SEO D H, HAN Z J, KUMAS S, et al., 2013. Supercapacitors: structure-controlled, vertical graphene-based, binder-free electrodes from plasma-reformed butter enhance supercapacitor performance[J]. Adv Energy Mater, 3(10): 1316-1323.

SHI Q, WANG Y D, WANG Z M, et al., 2016. 3D Interconnected networks constructed by in situ growth of N-doped graphene/carbon nanotubes on cobalt-containing carbon nanofibers for enhanced oxygen reduction[J]. Nano Res, 9(2): 317-328.

SIMON P, GOGOTSI Y. 2008. Materials for electrochemical capacitors[J]. Nat Mater, 7(11): 845-854.

TAMAI H, NISHITA M, SHIONO T, 2010. Preparation of activated carbons from polymer/carbon black composites as an EDLC electrode[J]. Journal of Materials Science and Engineering with Advanced Technology, 1: 121-134.

WU M S, HUANG C Y, JOW J J, 2009. Electrophoretic deposition of network-like carbon nanofiber as a conducting substrate for nanostructured nickel oxide electrode[J]. Electrochemistry Communications, 11(4): 779-782.

WU Z S, ZHOU G M, YIN L C, et al., 2012. Graphene/metal oxide composite electrode materials for energy storage[J]. Nano Energy, 1(1): 107-131.

XU X, LI H, ZHANG Q Q, et al., 2015. Self-sensing, ultralight, and conductive 3D graphene/iron oxide aerogel elastomer deformable in a magnetic field[J]. ACS Nano, 9(4): 3969-3977.

ZHANG J T, ZHAO X S, 2012. Conducting polymers directly coated on reduced graphene oxide sheets as high-performance supercapacitor electrodes[J]. J Phys Chem C, 116(9): 5420-5426.

ZHANG J Y, CHEN Z Y, WANG G Y, et al., 2020. Eco-friendly and scalable synthesis of micro-/mesoporous carbon sub-microspheres as competitive electrodes for supercapacitors and sodium-ion batteries[J]. Appl Surf Sci, 533(Dec15): 147511.

ZHANG L L, ZHAO X, STOLLER M D, et al., 2012. Highly conductive and porous activated reduced graphene oxide films for high-power supercapacitors[J]. Nano Lett, 12: 1806-1812.

ZHI M J, XIANG C C, LI J T, et al., 2013. Nanostructured carbon-metal oxide composite electrodes for supercapacitors: a review[J]. Nanoscale, 5(1): 72-88.

第9章 储能技术的应用案例

近十年来，我国在科技创新和重大工程建设方面取得了丰硕成果。储能技术是能源革命的关键，涉及诸多领域，其中影响储能大规模商业化应用的因素也很多，包括采购成本、寿命长短、安全性、产业规模、用户体验等。《"十四五"新型储能发展实施方案》提出，到2025年，新型储能由商业化初期步入规模化发展阶段，具备大规模商业化应用条件。

目前，商业化的储能技术有光热发电装置、锂离子电池、钠离子电池和超级电容器等。本章以光热发电装置、锂离子电池、钠离子电池、超级电容器为例，介绍其在储能技术领域的具体应用案例。

9.1 光热发电与储能技术联用案例

随着传统能源的日益消耗以致资源的日益匮乏，以及传统能源消耗所产生的环境污染问题的日益突出，推动着新能源的快速发展。太阳能是一种取之不尽、用之不竭的绿色能源，成为新型能源研究和应用的重点，然而太阳能资源具有波动性和间歇性，其调节控制困难，要大规模地并网运行会给电网的安全稳定带来显著的影响。而储能技术的应用可以在很大程度上解决新能源发电的随机性和波动性问题，使间歇性的、波动性较大的太阳能得以有效利用。

1. 光热发电技术的介绍

目前中国太阳能利用形式主要分为光热利用、光热发电技术、光伏发电技术和光化学技术等。其中，太阳能光热发电是利用大规模太阳能镜场将太阳能聚集起来，产生高温蒸汽驱动汽轮机发电的技术。相比于其他太阳能利用技术，能较好地解决太阳能的波动性和间歇性的问题，也有利于大规模的应用。按照太阳能镜场的集热方式，太阳能热发电主要分为槽式太阳能热发电、塔式太阳能热发电和碟式太阳能热发电。下面将分别介绍太阳能光热发电的原理。

1) 槽式太阳能热发电

槽式太阳能热发电是利用槽式抛物面聚光镜将太阳光聚在焦线上，并在焦线上安装管状的集热器，管状的集热器的功能类似于家用太阳能热水器的作用，主要用来吸收太阳辐射能对管体内的流体进行加热产生蒸汽，利用蒸汽的动力循环来发电。槽式太阳能热发电系统主要包括集热系统、储热系统、换热系统及发电系统，如图 9-1 所示。

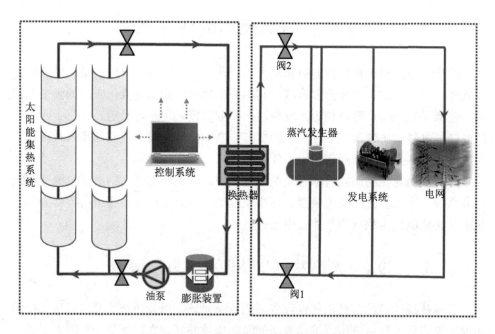

图 9-1　槽式太阳能光热发电系统示意图

2) 塔式太阳能热发电

塔式太阳能热发电应用的是塔式系统，又称为集中式系统。顾名思义，它就如同一座灯塔，在塔的周围设置镜面并将镜面反射过来的光集中到灯塔，从而采集光并转换为热能加以利用。具体的如图 9-2 所示，在塔的周围安装很多组大型的太阳能反射镜，这种太阳能反射镜又称为定日镜（heliostat），每组太阳能反射镜是由上千块的反射镜组成的，镜与镜之间有合理的布局，使所有的反射光都能聚集到较小的集热窗口上。每个太阳镜均配置了跟踪装置，能准确根据太阳光的照射方向来调整晶面的方向从而使太阳光反射集中到灯塔的接收器上，因此聚光接收灯塔上能接受倍率超过 1000 倍的太阳光。接收器将接收的太阳能传递给工质，经过蓄热环节将热能转化成动能，带动发动机最后转化为电能。整个系统主要由聚光子系统、集热子系统、蓄热子系统、发电子系统等部分组成。

3) 碟式太阳能热发电

碟式太阳能热发电系统犹如一个抛物面，利用抛物面汇聚太阳光，将太阳能转化为热能进行发电。如此庞大的抛物面很难由一块完整的镜面组成，因此碟式太阳能热发电的镜面是由各种大小的镜面按照一定的设置拼接出来的抛物面。将整个抛物面镜面组安装在斯特林机组支架上，通过安装跟踪转动装置在支架上，调节反射面的聚焦点，具体的如图 9-3 所示。使太阳能汇聚来加热流体，使太阳能转化为热能，从而推动发电机组产生电能。

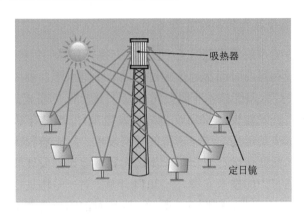

图 9-2　塔式太阳能光热发电装置示意图

图 9-3　碟式太阳能光热发电装置图

2. 热发电技术与储能联用技术

如前面所说，太阳能具有波动性和间歇性等特点，制约了太阳能热发电的连续性和稳定性，因此解决太阳能热发电的持续可供性是实现大规模应用、提高效率的关键所在。目前能有效克服光热发电技术波动性特点的方法是采用储热技术，储能技术就成了缓解大规模并网压力的一种有效手段，即太阳能光热发电技术与储能技术联用。储能技术是在日光充足的情况下将太阳能的热能储存起来，在日照不足或者夜晚无光照的条件下将热能释放出来发电。电力需求不足时将热能储存起来，在电力需求峰值时发电用来满足电力需求，实现电网的削峰填谷的作用。

3. 热发电技术与储能联合的案例

中国西部德令哈市的水资源匮乏，但是也有得天独厚的优势——充足的阳光，在这里日光辐照量和日照时间都远远超过中国的平均水平。利用其太阳光照充足的优势，由浙江中控太阳能技术有限公司建立了 10MW 的塔式热发电项目，中广核太阳能有限公司开发建设了 50MW 槽式热发电项目。2013 年德令哈市的 10MW 的塔式热发电技术成功运用，这一项目的并网发电，标志着我国自主研发的太阳能光热发电技术向商业化运行迈出了一步，为我国建设并发展商业化太阳能光热发电技术提供了强有力的技术支撑。而 2014 年底，对一号塔进行了熔盐系统改造工程，于 2016 年改造完成。如图 9-4 所示，当清晨的第一缕太阳光洒向这片大地时，光热发电就开始了，如塔式热发电系统，将太阳光准确地反射到高塔的顶端，瞬间，热量被熔盐系统吸收，热量到达厂房，将水加热成蒸汽，推动发电机发电。德令哈 10MW 太阳能热发电站是我国首座成功投运的规模化储热光热电站，也是全球第三座投运的具备规模化储能系统的塔式光热电站。

光热发电与储能技术
联合应用案例

图 9-4　德令哈 10MW 塔式热发电系统图

9.2 锂离子电池应用案例

锂离子电池以其优异的电化学性能在动力电池市场中脱颖而出。随着动力锂离子电池相关材料和工艺技术的成熟，获得高安全、长寿命、低成本的锂离子电池已成为现实，进而也推动了动力锂离子电池产业化的步伐。随着动力锂离子电池相应性能的完善，其应用领域也得到逐渐拓宽，在电动汽车和混合动力汽车、电动工具和储能领域等，都得到了广泛应用。

9.2.1 锂离子电池在新能源汽车领域的应用

日本松下集团是特斯拉电动汽车的锂电池供应商之一。目前双方正在美国建设面向纯电动汽车蓄电池的超级工厂，通过提升电池技术和分摊电池规模化生产成本来进一步降低电池的整体成本。特斯拉 Model S 使用的三元聚合物锂离子电池为松下生产的 18650 型产品，电池组容量高达 85kW·h，实际上这个电池组由 8142 个 3.4A·h 电池组成，如图 9-5 所示。

图 9-5 特斯拉 Model S 搭载的松下电池组

作为中国电动汽车的代表之一，比亚迪电动汽车一直采用自行研制的磷酸铁离子电池，因为其热稳定性较好。众所周知，比亚迪最早研究锂电池就是从磷酸铁锂入手的，而且数年来一直坚持使用磷酸铁锂电池并取得了非凡的成就，是其在电动汽车领域遥遥领先的基础。2020 年 3 月，比亚迪发布刀片电池产品(图 9-6)，采用磷酸铁锂技术。通过结构创新，在成组时可以跳过模组，在同样的空间内装入更多的电芯设计目标，实现体积利用率提高了 50%以上，达到了高能量密度三元锂电池的水平，具备超级安全、超级强度、超级续航、超级寿命的特点。比亚迪汉 EV 搭载了 77kW·h 容量刀片电池组，动力电池总质量 549kg，两驱综合续航里程为 605km，四驱为 550km。

图 9-6　比亚迪自主研发的刀片电池

9.2.2　锂离子电池在大规模储能领域的应用

锂离子电池储能技术主要功能是促进新能源的消纳，增强电力系统的调峰能力。规模化的锂离子电池储能技术与风光发电结合可以较好地解决新能源并网问题和弃光/风难题。位于青海省的"青海格尔木直流侧光伏电站储能项目"就是锂离子电池储能技术应用于光伏电站的案例（图 9-7）。该光伏电站规模为 50MWp，储能系统规模为 15MW/18MW·h，项目采用了分布式直流侧光伏储能技术，有效解决了储能系统与光伏电站间的接入匹配问题。储能系统安装于占地面积为 1965 m^2 的储能楼内。整套储能系统由 5 个 3MW/3.6MW·h 储能单元组成，每个储能单元由 1 个配电室、1 个变流器室、1 个电池室组成。整套磷酸铁锂电池储能装置安装了 200A·h 单体电池 28560 节。全部采用宁德时代新能源科技股份有限公司（CATL）生产的 200A·h 磷酸铁锂方形钢壳电芯，参数见表 9-1。

图 9-7　青海格尔木光伏-电池储能联合电站

表 9-1 200A·h 磷酸铁锂单体电池参数

参数名称	规格
额定容量/(A·h)	200
额定电压/V	3.2
工作电压范围/V	2.8～3.6
外形尺寸(长×宽×高)/mm	251×45×220
质量/kg	4.9±0.2
体积比能量/(W·h·L⁻¹)	258.59
重量比能量/(W·h·kg⁻¹)	130.61
无损伤储存温度/℃	–30～60
运行湿度(RH)/%	<80

格尔木时代新能源 50MWp 光伏/15MW 电池储能联合电站系统运行至今状态稳定。被认为光储联合发电模式具备可行性，符合新能源并网的要求，是解决大规模集中式光伏发电送出和消纳难题的重要途径之一，具有一定的示范作用。

9.3 钠离子电池应用案例

近年来，低成本储能技术日益增长的需求使得二次电池在新一轮能源变革中迎来新的发展机遇。其中，锂离子电池率先把握了这一发展机遇，得到了市场的认可，获得了巨大的成功。然而随着对锂离子电池需求的快速增长，导致锂资源的供应愈发紧张。目前全球已查明锂资源约 6200 万吨，且分布并不均匀。我国锂资源虽然在世界各国中较为丰富，然而超过 85%主要分布于青海和西藏等西部地区，开采难度大，导致超过 80%的锂资源供应依赖于进口。锂离子电池难以同时支撑新能源汽车和电网储能两大产业的发展。基于此，与锂离子电池具有相同工作原理的钠离子电池再次受到关注。与锂离子电池相比，钠离子电池具备几点优势。第一，钠资源储备丰富，地壳丰度达到 2.74%，是锂的 1000 倍以上，且分布广泛，易于开采。并且钠离子电池可以不用钴、镍等稀有贵金属，集流体可以使用较为便宜的铝箔，大规模商业化后具备较大的成本优势。第二，由于钠离子电池与锂离子电池工作原理、电池结构和生产工艺类似，可以以锂离子电池的生产线为基础稍作调整便可生产钠离子电池，因此产业化进程有望加快。第三，钠离子电池安全性更好，短路情况下瞬间发热量少，温度较低，不起火、不爆炸。还可以做到 0 V 运输，降低运输过程中的安全风险。第四，钠离子电池充电速度快，且具有较宽的工作温度区间：可以在–40～80℃的区间正常工作，在–20℃的环境下容量保持率接近 90%,高低温性能优于其他二次电池。

　　由于钠离子电池能量密度介于锂离子电池与铅酸电池之间,目前完全取代锂离子电池的可能性不大,更有望应用于对能量密度要求不高的领域,与锂离子电池形成互补的关系,满足不同的市场需求,起到多元化的作用。其潜在应用主要包括两轮车和储能领域:如电动自行车、中低速电动汽车、备用电源、数据中心、5G 通信基站、智能电网、可再生能源接入和家用储能产品等。这里以美国 Natron Energy 公司推出的一款钠离子电池产品为应用实例。

　　Natron Energy 公司采用水系电解质,普鲁士蓝类材料作为正极和负极,推出了业界首款 UL 认证的钠离子电池 BlueTray™ 4000(图 9-8),其性能参数见表 9-2。这是一款为工业用电池而设计的电池电力应用,包括数据中心、电信、电动汽车快速充电、工业移动和能源储存/网格服务应用程序。

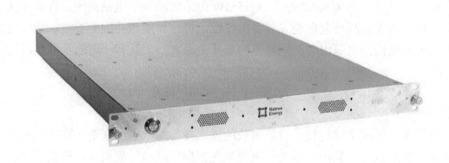

图 9-8　BlueTray™ 4000 机架式电池组

表 9-2　BlueTray™ 4000 机架式电池组性能参数

	0.5	5.7
	1	5.5
运行时间/min,负载/kW	2	4.0
	3	3.1W
	5	2.0
0%~99%充电时间/ min	8	
能量/(kW·h)	0.27	
容量/(A·h)	5.6	
能量效率($1C$-$1C$)/ %	>90	
库仑效率($1C$-$1C$)/ %	>93	

续表

循环寿命(90%能源利用率)	≥25000
工作温度/℃	−20～40
额定电压/ V	50.3
最大充/放电电流/A	72/142

　　基于该机架式电池组，Natron Energy 公司与 Xtreme Power Conversion 公司合作推出了首个采用钠离子电池的机架式不间断电源（uninterruptible power supply，UPS）系统，将钠离子电池的安全性、可持续性、高峰值功率容量和长循环寿命整合到一个紧凑的机架式 UPS 中(图 9-9)。该系统可以提供两种工作模式：3kV·A/3kW 120V，5kV·A/5kW 208V/230 V。并且最多可以实现 9 个模组的并联，容量最高可以达到 45kV·A/45kW。充电电流高达 60A，在 8min 的时间内可以充电 99%，并且具有高达 50000 次的循环寿命，保证了系统的可用性，旨在为消防安全、高峰值功率和频繁循环等领域的关键任务提供服务。

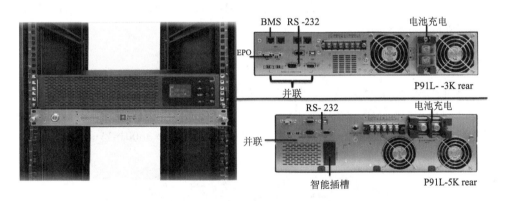

图 9-9　机架式不间断电源系统 P91L 3～5kW

9.4　超级电容器应用案例

　　基于超级电容器储能系统的太阳能LED路灯是以超级电容器为蓄能装置，设计一款太阳能 LED 路灯的绿色储能系统，超级电容器的端电压最大值为2.5V。

1. 系统结构框图（图 9-10）

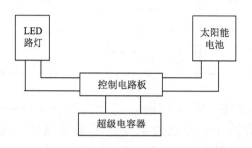

图 9-10　超级电容器蓄电结构组成框图

2. 太阳能电池片的匹配与计算

太阳能电池一般可采用串联 5 个的接法（输出电压最大值为 5×0.6V=3V）。同样，太阳能电池板采用单块输出电压为 0.6V 共 30 个串联（图 9-11），这样输出电压为 30×0.6V=18V。选用太阳能板型号 SWM-15W，峰值功率 15W，电压 18V，尺寸 29cm×24cm×1.7cm。

3. LED 路灯的匹配与计算

单个 LED 电流为 5mA，负载 LED 选用 98 个，单个额定电压为 1.2V，这样负载 LED 的功率为 98×0.005×1.2W≈0.6W，采取 7 个串联（电压 8.4V），14 个并联（图 9-12）。该 LED 路灯工作 1h 耗电 0.6W·h，即 0.6×3600J=2160J。

图 9-11　太阳能电池片的串并联

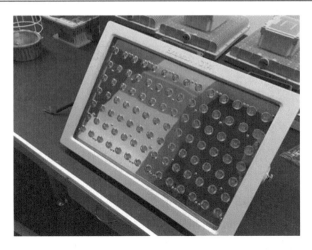

图 9-12　LED 路灯

4. 超级电容器的匹配与计算

储能单元的超级电容器则采用单体耐压 2.5V 容量为 100 F 的电容器 7 只串联，再 7 只并联，共 49 只，这样超级电容器组的电压为 7×2.5V=17.5V，容量约为 100F。超级电容器在放电过程中的电压变化较大，要充分利用储存在电容中的能量，还需要采用 DC/DC 转换器。例如，本例中的 LED 需要 8.4 V 偏压，则 DC/DC 转换器的输入电压为 10V 左右（考虑到其最大占空比和其他压差因素）。电容中的能量 $W=CV^2/2$，可用能量 $W = C/2(V_{charge}^2 - V_{dicharge}^2)$，本题中每串 7 个电容的 7 个电容串，可用能量 $W=7×\{(100F/7)/2×[(2.5V×7)^2-8.4V^2]\}=7×1683.5$ J$=11784.5$ J$=3.3$W·h。

综上可知，该超级电容器储能系统可供 LED 路灯连续工作 3.3÷0.6≈5.5（h）。在计算时要特别注意线路电能损耗和焦耳热的问题（大约扣除 10%），即 3.3W·h 不可能全部用于照明。

对于太阳能电池板（SWM-15W），在额定功率下工作时仅需要 3.3÷15×60=13.2min 充满超级电容器模组。一般情况下考虑到天气原因、地理位置和线路损耗等因素，留有 20% 的余量，即大约 16min。

5. BW6101 超级电容保护芯片

BW6101 超级电容保护芯片是专门针对超级电容串联模组的电容单体过压保护而设计的一款高性能、低价格芯片（图 9-13）。此芯片应用简单，性能可靠，可以替换原有的 TL431、XC61C 及其他的分立元件方案，电路简单，外围器件少，电压精度高。

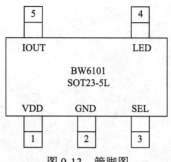

图 9-13　管脚图

　　本例中 2.7 V 100 F 串联保护应用电路如图 9-14 所示，使用外部金属-氧化物半导体 MOS（metal oxide semiconductor）进行泄流，泄流能力从几百毫安至几安都可以实现，取决于外部 MOS 管的电流能力与泄放电阻功率的大小。

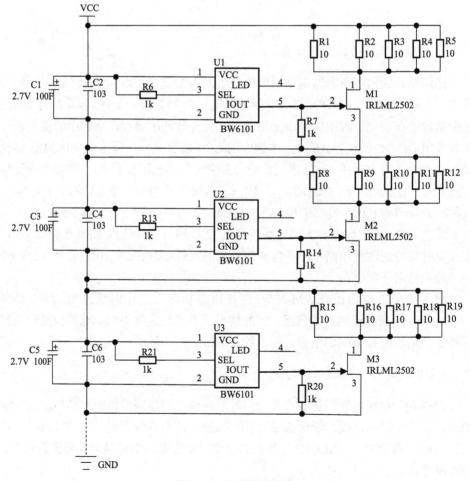

图 9-14　串联保护电路

6. 控制器的基本结构

控制器选用最大功率点跟踪 MPPT（maximum power point tracking）太阳能电池充电器（台州市椒江万胜电子有限公司，图 9-15），200W 降压充电器，具有高效 MPPT 实时跟踪功能，高效率同步整流方案，输出电压可调，LED 显示输入和输出的电压和电流，支持铅酸电池、锂离子电池等，防水、防尘、防震、无风扇。

表 9-3 为该控制器的主要参数。

表 9-3　控制器主要参数

产品名称		降压型 MPPT 太阳能电池充电器
特点		(1) LED 显示输入和输出的电压和电流
		(2) 输出电压可调
		(3) 支持铅酸电池、锂离子电池等各种电池
		(4) 高效率同步整流方案
		(5) 高效 MPPT 实时跟踪功能
		(6) 防雨、防尘、防震
适用电池		各类电池（充电电压为 10～30V）
产品型号		EL-MD200SP、EL-MD300SP、EL-MD400SP
适合光伏板参数	开路电压	18～55 V
	最大功率电压	17～55 V
充电模块	光伏输入功率	200W、 300W、400W
	光伏输入启动电压	18～55V
	光伏输入跟踪电压	17～55 V
	输出到电池电压	10～30V（可调）
	输出到电池电流	最大 25A
	空载损耗	0.35 W
	电压调整率	1%
	负载调整率	1%
	PWM 转换效率	97%
	MPPT 效率	99%
保护模块	电池端短路保护	有
	电池防反保护	无
	防护等级	IP66
	温度保护	有

续表

保护模块	电池欠压保护	有
	过流保护	有
工作温度		−40～65℃
安装线长		5cm
外形尺寸		120mm×80 mm×40mm
成品净重		450g

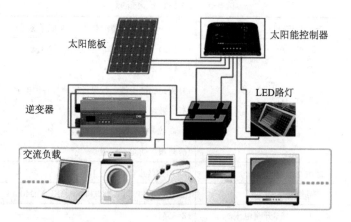

图 9-15　控制器应用框图

习　　题

一、选择题

1. 通过储热技术能极大地解决光热发电（　　　）等问题。

A. 间歇性　　　　　　B. 波动性　　　　　　C. 随机性　　　　　　D. 稳定性

2. 下列不属于新能源汽车的是（　　　）。

A. 特斯拉 Model S　　B. 宝马 i3　　　　　　C. 大众宝来　　　　　D. 蔚来 ES8

3. 新能源汽车有哪些分类。（　　　）

A. 纯电动汽车　　　　B. 混合动力车　　　　C. 燃料电池车　　　　D. 天然气车

4. 混合动力汽车的特点有（　　　）。

A. 电驱动+发动机驱动　B. 续航里程短　　　　C. 结构简单　　　　　D. 依赖石油

5. 下列属于混合动力汽车的是（　　　）。

A. 比亚迪 E6　　　　　B. 丰田 Prius　　　　C. 理想 one　　　　　D. FF 91

6. 若一辆纯电动车的电池容量为 120A·h，充电电流为 3A，则充电时间为（　　）。

A. 20h　　　　　　　B. 30h　　　　　　　C. 40h　　　　　　　D. 无法计算

7. 下列关于超级电容说法正确的有（　　）。

A. 一种大容量的电容　　　　　　　　B. 使用寿命超长的装置

C. 充放电速度比动力电池要快　　　　D. 一般作为辅助能源使用

二、简答题

假设选择使用两串由四个 2.7V、10F 电容组成的电容串和由八个相同电容（串联）组成的一个电容串。虽然两种配置可储存总电荷和能量是相同的，但电容串的可用电压范围使单个串联串具有优势。例如，如果有一个需要 5V 偏压的负载，则 SW2 需要的电压为 6V 左右（考虑到其最大占空比和其他压差因素）。请分析哪种方式总能量高。

参 考 文 献

蔡肇颖, 2016. 江干: 全国首座规模化熔盐储能光热电站成功投运[J]. 杭州 (周刊) (19): 58.

董云峰, 2018. 太阳能路灯控制器设计[J]. 科技创新与生产力 (3): 53-55.

胡敏, 王恒, 陈琪, 2020. 电动汽车锂离子动力电池发展现状及趋势[J]. 汽车实用技术 (9): 8-10.

黄梓龙, 2018. 浅谈智能式 LED 太阳能路灯控制器的设计[J]. 科技与创新 (3): 128-129.

刘丹, 2020. 探究电动汽车用锂电池的现状及其发展趋势[J]. 内燃机与配件, 17: 176-177.

容晓晖, 陆雅翔, 戚兴国, 等, 2020. 钠离子电池: 从基础研究到工程化探索[J]. 储能科学与技术, 9 (2): 512-522.

宋永华, 阳岳希, 胡泽春, 2011. 电动汽车电池的现状及发展趋势[J]. 电网技术, 35 (4): 1-7.

汪德良, 张纯, 杨玉, 等, 2019. 基于太阳能光热发电的热化学储能体系研究进展[J]. 热力发电, 48 (7): 1-9.

王旭, 2021. 新能源电动汽车关键技术发展现状与趋势[J]. 汽车实用技术, 46 (7): 13-15.

辛华, 2009. 低碳经济与电动汽车发展: 趋势与对策[J]. 开放导报 (5): 31-35.

许岩, 2016. 中国太阳能光热发电技术研究现状[J]. 能源与节能, 6: 84-86.

岳松, 李明, 2019. 光热发电储能技术及系统分析[J]. 应用能源技术, 7: 54-56.

赵思宁, 2017. 太阳能路灯控制器研制[J]. 中国科技信息 (15): 75-76, 15.

朱明海, 吴战宇, 姜庆海, 等, 2020. 浅谈太阳能路灯用控制器[J]. 电池工业, 24 (1): 38-42.